U0151217

古建修繕紀錄

【城墙卷】

张爱民　马　猛　编

文物出版社

图书在版编目（C I P）数据

古建修缮纪录 · 城墙卷 / 张爱民 马猛编 . -- 北京 :
文物出版社 ,2022.6

ISBN 978-7-5010-6600-1

Ⅰ . ①古… Ⅱ . ①张… Ⅲ . ①古建筑－修缮
加固－中国②城墙－修缮加固－中国Ⅳ . ① TU746.3

中国版本图书馆 CIP 数据核字 (2021) 第 102761 号

古建修缮纪录 · 城墙卷

编　　者：张爱民　马　猛

封面题签：鲍贤伦
策　　划：秦皇岛闲庭文化艺术发展有限公司
责任编辑：孙　霞
装帧设计：李东皎　公维杰
责任印制：陈　杰

出版发行：文物出版社
社　　址：北京市东城区东直门内北小街 2 号楼
邮　　编：100007
网　　址：http://www.wenwu.com
经　　销：新华书店
印　　刷：北京启航东方印刷有限公司
开　　本：889 毫米 ×1194 毫米　1/16
印　　张：27
版　　次：2022 年 6 月第 1 版
印　　次：2022 年 6 月第 1 次印刷
书　　号：ISBN 978-7-5010-6600-1
定　　价：368.00 元

修缮方位示意图

目　录

序 一

以记录的方式传承文脉

古建筑是铭刻历史记忆的丰碑和文化灵魂的殿堂。有了屹立不朽的历史建筑，文化就能沉淀积累、世代传承。

建筑是有生命的，会在时间的流逝中老去，需要后人不断对其“养生修复”，使之“延年益寿”。在我国当下的古建筑修缮与保护的过程中，还存在许多的问题。因此，不断提高古建筑文物的修缮与保护水平，具有十分重要的理论价值与现实价值。由张爱民先生主持所编的《古建修缮纪录》系列丛书，就是一部记录、总结、探秘、研究古建筑修复实例的科学论著。

古建筑的修缮如何能够记录和体现出所有参与者的经历和感受，如何把那些看不见、摸不着的非物质文化遗产的基因原汁原味地薪火相传，如何让文化遗产成为真正的人类社会生态学意义上的一门学问，是一项全新的文化遗产新课题。

记录的过程本身也是一种传承的过程，更是一种科学的方法。有了记录就相当于有了数据，积累起来就是一座数据库，后来者就可以在这个基础上做得更好更快、更有据、更高效。记录可以产生很多价值，因为手艺是会失传的，记忆毕竟是有限的，如果把每一次实践的过程都记录下来，无疑能建立起一个传承系统，获得不易得知的第一手资料。在传统古建筑手工技艺的行当里，制作技艺由辉煌、鼎盛直至走向衰败、失传的个案层出不穷。成功在于积累，《古建修缮纪录》系列丛书以“显微镜”式的笔触，力求不放过任何一个施工中的细节。细节的实质是认真的态度和科学的精神。如果能够把所有细微的环节和经历事项都记录下来，应该能够帮古建筑修复工程建立一个难得的传承谱系，让那些成功或不如人意的操作和工程都具有参考和借鉴价值。

“纸上得来终觉浅，绝知此事要躬行。”一门手艺传承到今天，往往是丰厚的文化积淀和数代能工巧匠智慧的结晶，将这些古建筑修复工匠或传承人心中的记忆和手上的技艺全方位地记录下来，无疑是文化遗产保护中的物质及非物质的珍贵文献和重要遗产。

传统古建技艺的传承，向来以师徒相授、口耳相传、行为示范为主要方式。比如，其中有很多口诀、行话、禁忌、俗信等，其本质是手工艺匠内在知识和经验的传承。而这种知识和经验大部分无法量化和通过实验来证明，常常表现为“只可意会无法言传”的特点，徒弟对某一技艺只能通过反复观察揣摩、学习和实践才能领悟获得。从传统古建技艺的知识体系机制上看，不仅具有非正式性、封闭性的特征，且大部分工匠都在相对封闭的地域文化圈内，在其世代相承的工艺规范内坚守传统知识和技能的传递，其技艺也基本局限于行业内部，核心技艺往往只掌握在少数杰出工匠手中，大部分工匠只需世代相承，守住前辈的成果，因而很多建造和修复工艺表现出“千年不变老样子”的现象。这既是传统古建技艺一直保持“原真性”的重要原因，也是古建技艺难以传播的桎梏。

“业精于勤荒于嬉，行成于思毁于随。”通过《古建修缮纪录》系列图书的编写，以促使形成传承人的文化自觉，将古建技艺的传承适应当代社会的发展，不断增强古建筑传统技艺的传承活力，实现传统技艺的可持续发展。把“隐形的技艺”传承变成“显性的知识”体系，在传统技艺的传承中嵌入现代科学的知识理念，让传统技艺由封闭转向开放，从而促进传统古建营造技艺的振兴发展，为传统文化的复兴带来新的发展机遇。

“君子慎始而后无忧，慎而思之，勤而行之。”记录和总结的目的都是为了思考，而思考需要反复进行，而加入反思后的思考才能更有效，就像记录和总结时，通过反思发现光做还不行，需要认真细致地去做，认真细致地去做了以后，还需要持续地做，持续地做了，还需要反复修正地去做。如此，尚需要我们处理好传统手工技艺如何与现代工艺接轨及生存的问题，从而在文化自觉层次上生发出良性的变迁和积极的传承。

保护和修复古建筑的价值和意义，不应在保护和修缮中止步，要发挥出前人智慧结晶的当代价值和时代意义，要“古为今用”让古建重焕生机，这不仅是古建修缮工作者的使命。还要看到，当古建筑修缮成为我们民族的文化遗产时，也需要得到社会各界的重视才能得到保护传承和发展，从而留住流逝岁月的感情，让非物质文化遗产技艺焕发出时代光彩，留下将要逝去的历史记忆，以及由这种历史记忆所带来的独特美感和情感。

历史总是在一些具体的细节中给人们以汲取智慧、继续前行的力量。虽然这部《古建修缮纪录》只是一个古建筑修缮工程的记录，但其中所蕴含的格物致知、正心诚意的生命哲学，以及技进乎道、超然达观的职业操守，可以让我们从中看到一种对职业敬畏而产生的工匠精神，这种工匠精神不仅是古建艺人的安身立命之本，也是企业的金色名片，以及民族品格国家形象的荣誉写照。

罗杨

2020 年 11 月

序　二

长城还有多少，可以给后世留存下去？

——写在《古建修缮纪录之城墙卷》出版之前

张爱民是我交往了30多年的老朋友，他是一个不以功利得失为做人和做事标准的人。《古建修缮纪录·城墙卷》出版在即，作为一个大半生致力于长城保护与长城历史文化研究者，我感到很高兴。长城遗址遗存历经了多则两千余年，少则数百年风雨侵蚀，大部的墙体都处于残损状态。针对性地对长城墙体及相关建筑进行保护性修缮，是保护长城的重要举措。

这部《古建修缮纪录·城墙卷》的出版，对于其施工所涉及的城墙历史及现状的记载，对修缮设计及施工的记录，将为研究、保护城墙建筑，提供专业的文献级的资料。长城到底应该怎么修，长期以来存在着很大的争议。对已经完成的长城修缮项目进行回顾和总结，从中找出经验和教训并深化成为规律性的认识，对今后的工作显得尤为重要。

2019年国家出台的《长城保护总体规划》，进一步明确了长城保护应坚持“价值优先，整体保护；预防为主，原状保护；因地制宜，分类保护”的原则。长城的保护和修缮，不仅要确保其本体和周边环境安全，还要充分重视和尊重时间赋予长城的历史厚重感，保护长城承载的文化价值、精神内涵。

《古建修缮纪录·城墙卷》是一部对板厂峪长城、西连峪北朝长城、山海关城墙、正定古城墙四段不同时期的城墙修缮记录为编撰对象的专业性文献，书中穿插了大量照片，通过图文并茂的形式，呈现了与传统工艺、工序相结合的施工原貌，尽可能地做到了文物修缮“四原则”的施工水平。部分章节引入历史文献、照片，以地方志为基本资料，以考古勘察及相关资料为依据，力求全书资料的准确无误。

华文团队做的长城修缮项目，他们的工地我基本上都去过。近20年来，我一直坚持主张最小干预的原则。可是这段时间里，大部分的长城修缮工程的设计，往往不同程度存在着干预过度的问题。而作为长城修缮项目的施工方，又必须严格地按照设计方案施工。即便是在这样的情况下，对我的一些具体意见，在允许的范围之内，他们都还是尽力地吸取了一些。从这一点，也可以看到张爱民是一个有文化情怀的人。

长城的修缮一定会继续，因为长城越来越老了，病害也就越来越多了。长城国家文化公园建设的五大工程中，首要的工程就是“推进保护传承工程。实施重大修缮保护项目，对濒危损毁文物进行抢救性保护，对重点文物进行预防性主动性保护”。2003年8月刊行的《中国国家地理》，曾发表我的一篇文章《长城如父》。在文章的结尾，我写道：“长城就像我们的父亲一样，不断地在走向衰老。但我们多么渴望他长寿些，再长寿些。”

我们修缮长城，就是让长城可以更多、更久远地留存下去。祝愿华文团队，在参与长城国家文化公园建设过程中，为长城的保护传承事业做出更大的贡献。

董耀会

2020年10月20日

前　言

这是一本关于城墙、长城和古城修缮的书，无论是长城还是古城，其主体都是城墙。城墙、城池、长城，这三者你中有我，我中有你，形制相通。城墙是城池之本，城池是长城之源，长城是城墙的极致。在中国人的心中，城墙垛口的轮廓是特有的文化符号，城楼城门的形象是印在脑海里的乡愁，而长城更因它是世界七大奇迹之一，还是从月球上唯一能看到的地球上的建筑，因而最为中国人引以为傲。据国家文物局对先秦到明代现存长城的测量，长度近 21200 千米。也有人做过这样的统计，如果把古代各国曾经修建过的长城都计算在内，长城的总长度可达到 50000 千米，超过了地球的周长。对于中华民族而言，长城就是最具有民族性格、民族精神的建筑。长城精神已成为中华民族的精神脊梁。

城墙的建筑特点是以砖石结构为主体，“城砖”一词，即是因城墙用砖而得名。城墙是集中了古代砖石所有工艺做法的建筑，又是最能体现古代土工技术的建筑，还是最能体现在极端困难条件下古代施工技术的建筑。

我们祖先的生活始终与修墙筑城的活动相伴，经过了几千年的积淀已孕育出了长城文化和古城文化。沿长城一线，还形成了长城文化带。生活在长城和古城周边的人们，不但世代与长城和古城相伴，生活方式也与长城和古城息息相关。他们对城墙有着特殊的情感，对长城和古城有着特殊的责任感，秦皇岛华文环境艺术工程有限公司的员工们就是这样的一些人。他们把呵护好长城和古城当作他们应该做的事，同时也把修葺长城和古城的研究心得整理成书贡献社会当作是自己的责任。

我阅读本书书稿后，感觉这是一本第一手资料丰富，在史实方面有许多新发现的书。书中详细展示了当代对长城和古城保护修缮工作的全部过程，再现了我们祖先营建长城和古城的场景。当下虽然所有的文物保护工程也都要经过同样的勘察、研究、设计和施工过程，但修缮后，大部分的研究成果就归档收存了，从此其他人很难看到，研究成果也就很难再发挥社会作用了。有了像《古建修缮纪录·城墙卷》这样的书籍，情况就会有所不同了。也正是因为有了对城墙有情怀、对文物有责任感、对社会有担当的企业，他们才会愿意付出，愿意让别人分享成果，这类书籍也才能得以出版。这样的企业值得我们敬重。这样的企业是秦皇岛的骄傲。

近年来，长城和古城的修缮经常会成为热点话题，是焕然一新美，还是残缺更美，常常是众说不一。修得太完整了会引起争议，不完整又常常难以在不露加固痕迹的情况下确保文物安全。为此本书在如何保护修缮方面也做了一些探讨和尝试。本书的编者有感于要做好文物保护工作首先要深入研究，因而把研究方面的内容作为了重点内容。由此想到，目前我国对长城和古城的研究视角还处在相对单一的阶段，需要从多学科、多专业的视角进行研究。例如，建筑专业的视角可以包括规划、设计、工程力学、施工技术、建筑材料、建筑史等，其他学科或专业可以包括中国历史、考古、物理、化学、陶瓷、硅酸盐、地质、岩土、地震、水文气象、植物学等。可喜的是，针对上述部分学科，本书也作了一些尝试性的探讨。

这本书呈现的是不同单位的集体成果，有了中国文化遗产研究院等单位的共同付出，这本书的内容才能这么丰富。长城和古城的保护需要这种协作精神。如果能有更多的企业加入到对长城和古城的研究工作中来，如果社会各界能共同努力，那我们就一定能把前人留给我们的长城和古城保护得更好，并把这些宝贵的遗产更完整、更真实地留给后人。

刘大可

2020 年 10 月

古建修缮

第一章 板厂峪长城修缮

郎晓光（摄）

关欣（摄）

板厂峪概况

抚宁区位于河北省东北部，明代隶属京师永平府，今属秦皇岛市管辖，东临辽宁省绥中县，南邻秦皇岛市区，海岸线长17公里，北临青龙县，西临昌黎、卢龙两县。其地北倚燕山，南临渤海，是华北与东北之间的咽喉地带，京哈铁路、京秦铁路、大秦铁路、205国道、102国道、京秦高速公路横贯境内东、西。

抚宁区北部地属燕山余脉，明代长城坐落其上，地理位置在东经 119°7′～119°45′，北纬 40°6′～40°14′ 范围内，沿线自东而西经驻操营、石门寨、大新寨、台营4个乡镇。在明代万里长城防御体系中，抚宁县境内长城隶属长城九镇中的蓟镇管辖。在蓟镇东路协守处所辖燕河路、台头路、石门路、山海路中，抚宁有台头、石门二路，嘉靖年间（1522～1566年）有戍边官兵 7000余人，万历年间（1573～1619年）可达万余人。

抚宁长城东起九门口，南与山海关长城相连，西至干涧沟与卢龙长城相连，长城资源调查成果显示，县辖明长城墙体长度 142.5千米，空心敌台 423座，实心敌台、战台、墙台共 93座，烽火台 57座，关堡 24座。板厂峪段抢险保护工程内容包括敌台6座，编号分别为159敌台、160敌台、163敌台、164敌台、165敌台、166敌台，墙体 1360米。

除明代长城外，山下遗存一段早期长城遗址，与长城有关的遗迹较为丰富，砖窑遗址，灰窑遗址，瓦窑遗址，铁炉遗址，制石厂窑遗址，造兵器库遗址等多处。另外，还存在一些其他历史遗迹，如明代城堡遗迹三座，天然寺遗址、马神庙遗址、老爷庙、龙王庙遗址、观音庙遗址、山神庙遗址、菩萨寺、青龙寺遗址、板厂峪北洞、溪岩寺遗址、地藏菩萨寺遗址、土地庙遗址、翟真人道观遗址、财神庙遗址、福神庙遗址、尼姑庵遗址等。

板厂峪牌楼

第一节 历史沿革

抚宁区板厂峪段长城（明）属板厂峪堡管辖，义院口段长城属义院口堡管辖，隶属蓟镇石门路。《永平府志》载："洪武十四年（1381年），徐达发燕山屯卫兵万五千一百人，修永平、界岭三十二关。"

《临榆县志》载："景帝景泰元年（1450年），提督京东军务右佥提督御史邹来学修喜峰迤东至一片石各关城池。"

《明史·列传记载》："弘治十一年（1498年），洪锺擢右副都御史，巡抚顺天，整饬蓟州边备，建议增筑塞垣。自山海关西北至密云古北口黄花镇直抵居庸，延亘千余里，缮复城堡二百七十所。"

《明史·列传记载》："自嘉靖（1522～1566年）来，边墙虽修，墩台未建。继光巡行塞上，议建敌台。略言'蓟镇边垣延袤二千里，一瑕则百坚皆瑕，比来岁修岁圮，徒费无益。请跨墙为台，睥睨四达。台高五丈，虚中为三层，台宿百人，铠仗糗粮具备。令戍卒画地受工，先建千二百座。'督府上其议，许之……五年（1571年）秋台功成，精坚雄壮，二千里声势连接。"

《永平府志》记载："神宗万历元年（1573年）夏四月乙卯，增修蓟镇、昌平敌台二百座。"

《隆庆二年巡抚右佥都御史刘应节议修边险疏略》记载："据永平兵备佥事王之弼呈会同参将史纲等勘议，得青山口关内外平漫难守，今议自正关东西两琵琶稍敦顺梁而下修城一道。……义院口、长谷岭东西墙一道，设在窪坡，平漫难守，面前山势逼起，中外险绝……工程差拨官军协力修筑，期以明年秋防之前完报。"

1-1 明长城

1-2 板长峪砖窑群遗址

1-3 古砖窑

民国十八年（1929年）《临榆县志》记载："义院口城高三丈四尺，周四百六十六步""板厂峪城已颓废。"

明《四镇三关志·建置》记载："义院口下：甘泉堡（洪武年建）……义院口关（洪武年建）、板厂峪堡（洪武年建）……边城一十八里（嘉靖三十年创修，三十六年、三十八年、隆庆元年增修，二年创修长峪校厂冲边五百余丈），附墙台六座（嘉靖三十年、四十三年节次建），空心敌台四十八座（隆庆三年至万历元年节次建）。"

清《畿辅通志》记载："板厂峪关，在县北七十五里。有堡，堡东北二里许皆涧水碎石，约二三十丈。路旁有石城，今废。又东北里余为老边城，旧有水关二，已圮。出老边城东北二里抵新边城，山势险峻。岭侧有口，可通马。口外仅至平顶峪，余无别路。南十里（县志作五里）至义院口（府志）"。

清《畿辅通志》记载："义院口关，在县北六十五里（县志）。旧设守备，康熙初改把总，属石门路（《大清一统志》）。旧有城，最壮丽（《郡国利病书》）。关西北向，高二三丈，迤南四山连属，长五六里。关门倾圮，设栅稽出入。叠石为墙，高四尺，上披荆棘，下开水窦。关外大路宽敞，人马通行。城南为校厂。有水入关为大石河，濒河居民五千余家。由关西行三里至山神庙，合拿子峪路，又十二里至三岔山，又十五里至三间房，合箭杆岭路，又二十里至龙王庙，又十五里至偏石，又十五里至烟台子，又二十里至干沟，为临榆之巨镇（府志）。口北九十里地名长海，又北二十八里曰三岔口，又北三十五里曰红草沟。关西南十二里曰石桥谷，又南十三里曰石门寨。东八里为长谷营（《方舆纪要》）。西二里至拿子峪（县图册）。"

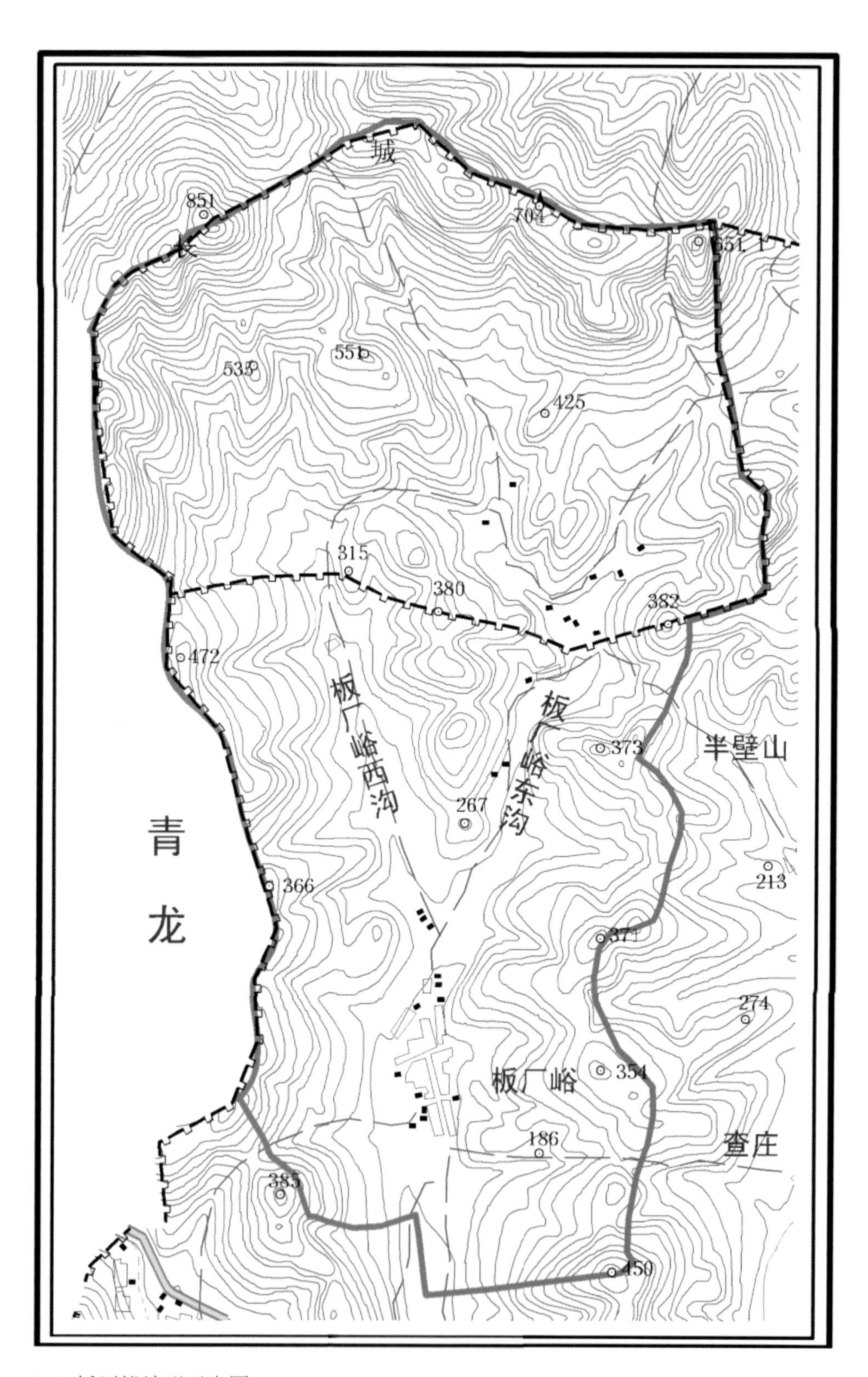
长
城
851
704
651.1
535
551
425
315
380
382
472
板厂峪西沟
板厂峪东沟
373
半壁山
267
青
龙
366
213
371
274
354
板厂峪
186
查庄
385
450

1-4 板厂峪地形示意图

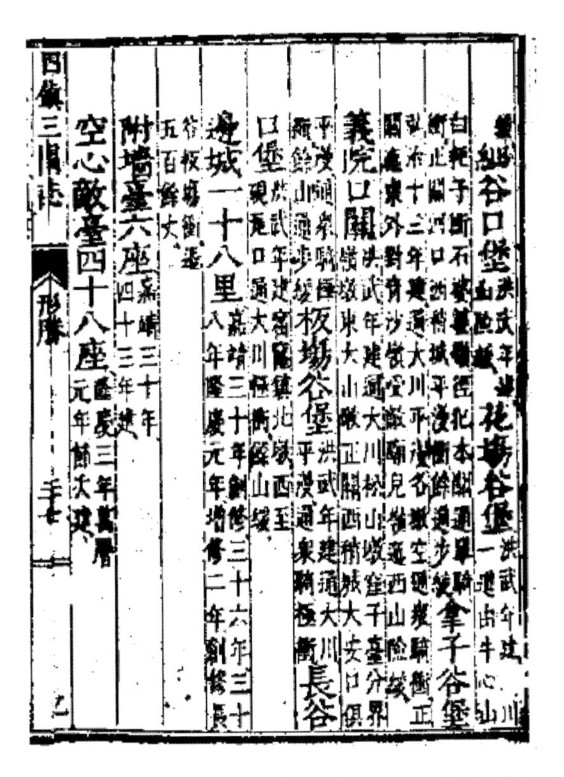
四镇三关志　形勝

花場谷堡　拿子谷堡　義院口關　板場谷堡　長谷口堡

邊城一十八里　嘉靖三十年創修三十六年三十八年隆慶元年增修二年創修

谷板場衝　五百餘丈

附墻臺六座　嘉靖三十年四十三年建

空心敵臺四十八座　隆慶三年萬曆元年節次建

附图 1 明万历年《四镇三关志》关于板厂峪堡的记载

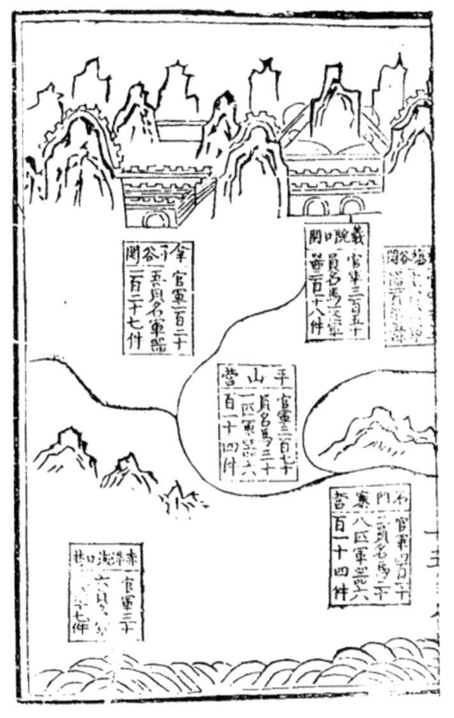
附图 2 明嘉靖《山海关志》

关于板厂峪关图

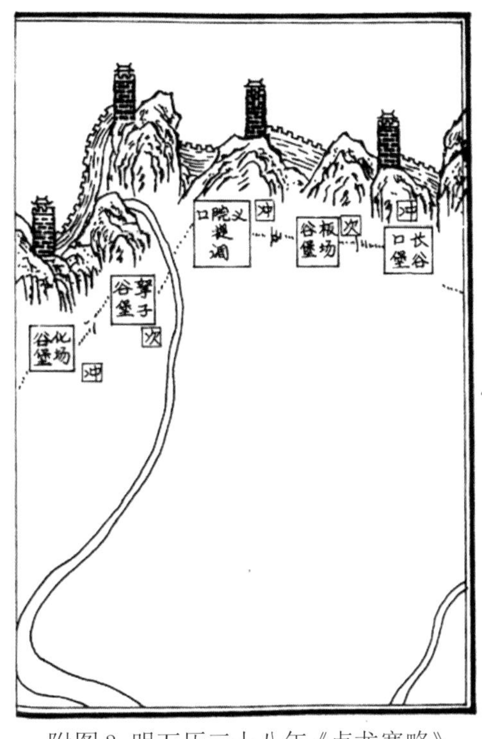

附图 3 明万历三十八年《卢龙塞略》

关于板厂峪堡图

抚宁县辖明长城筑城纪事碑记载年代与上述文献记载基本相符，修筑时间上限为明洪武十四年（1382 年），其下限至明万历元年（1572 年）。清朝建立后，虽然板厂峪、义院口关堡仍为守卫京东的要塞，但长城原有的军事防御功能逐渐丧失，逐渐成为通关利民的关口。

中华人民共和国成立后，板厂峪、义院口段长城由抚宁县文物保管所负责保护与管理工作，历届县委、县政府对长城保护工作非常重视，拨出专款对抚宁县境内的明长城进行数次详细调查，2002 年，发现了板厂峪明长城砖窑遗址 60 余座。2003 年，抚宁县政府成立 “长城保护与开发利用工作领导小组”，下发了《关于进一步加强长城及附属建筑物保护工作的意见》，率先在河北省实施了长城保护员制度。县文管所专门聘用了 18 名长城沿线村庄村民担任文物保护员，制定了《文物保护员职责》《长城保护员管理办法和要求》《文物保护员年终考评标准》等规章制度，长城沿线的乡镇、村庄相继成立了 39 个长城保护组织。在加强保护管理、实施长城保护员制度的同时，建立和完善了长城记录档案，先后出版《秦皇岛长城》《抚宁长城》等研究专著。2004 年，抚宁县文物管理所建立了“长城抚宁段（明）”记录档案，备案时间为 2004 年 8 月 18 日。

1-5 《秦皇岛长城》《抚宁长城》

第二节 价值评估

历史价值

抚宁板厂峪段长城存有许多石刻、石臼、炮铳等重要的长城文物遗存，遗存实物具有丰富的历史信息，可以证实、纠正和补全历史文献上关于其位置、走向、建造年代等史实的记载。

2-1 石刻

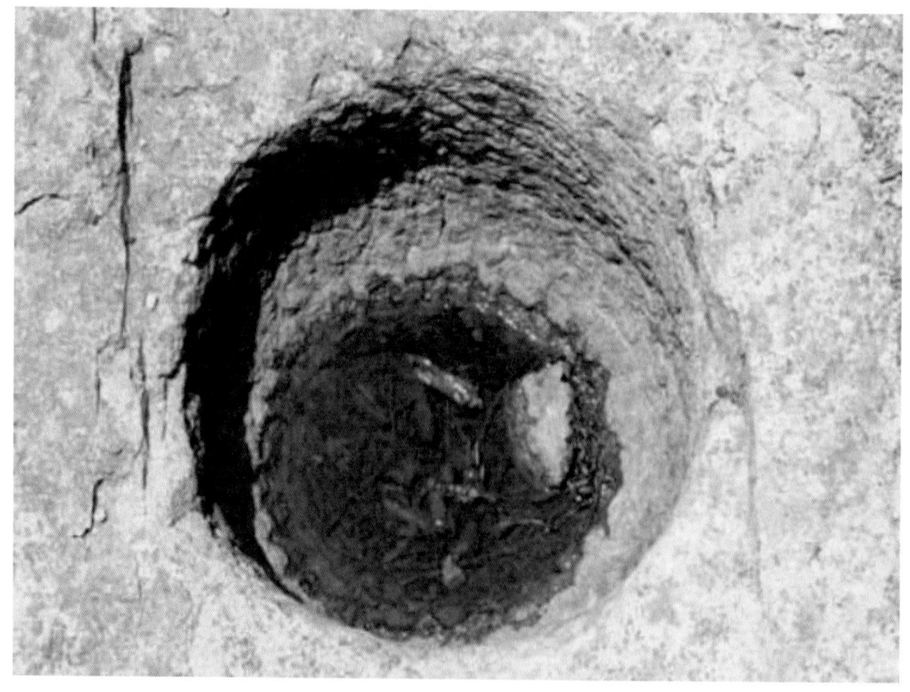

2-2 石臼

2-3 石刻

抚宁县段明长城相关遗存记述了重要事件和人物。石刻及门额等反映其所属年代在建筑、文学、雕刻、书法等方面珍贵的历史信息。其中，有筑城纪事碑29通，记录了建造敌台、城墙的时间、地址、规格、主修官员、施工单位、工匠姓名；天马山、背牛顶等10余处摩崖题刻抒发了戚继光、张臣等当年戍边将领的广阔的胸襟；《香山纪寿》石刻准确地记载了戚继光的生辰年月。

2-4 炮铳

抚宁县明长城还发现了大量的明代长城兵器，有石炮、镭石、铁炮、铜火铳、弹丸、火药。其中，城子峪发现的胜字铜子母铳，反映出古代前装式火器向现代后装式火器发展的进程，为兵器发展史填补了实物空白，其中之一于1985年入藏中国军事博物馆。

板厂峪长城防御体系的规划设计具有鲜明的特点，近年调查发现长城陷马坑群，规模宏大，数量众多，保存完好，陷马坑内曾多次出土过保存完好的铁蒺藜和陷马陶筒，为国内仅见，为古代军事史的研究提供了重要资料。

板厂峪段长城沿线留传下来很多有关长城的故事传说，为正史增添了人文色彩。

2-5 铁蒺藜和陷马陶筒

艺术价值

板厂峪段长城建筑、匾额、石刻、碑刻的完美结合，形成了独特的人文景观，具有很高的景观艺术价值。

2-6 石刻

科学价值

板厂峪段长城的规划设计体现出科学价值。其选址布局在重要道口、山口设立了板厂峪城堡，既便于交通，又利于防守。城墙、敌台、城堡及周围的烽火台等构成完整的军事防御体系。

板厂峪段长城的结构、材料和工艺体现出当时的科技水平。它所经地形极为复杂，又就地取材、因地制宜地采用夯土、块石、砖石混合等多种结构，坚固实用。

板厂峪砖窑遗址群展示了明代长城砖的烧制技术。

历史上，板厂峪、义院口段长城经受了多次地震破坏，累积了重要的地质科学信息。

社会价值

板厂峪段长城敌台建筑结构类型多样、文化内涵丰富，是长城研究的重要基地。

板厂峪段长城是秦皇岛市的重要文化资源，对地方社会文化和经济发展有积极的促进作用。

第三节 建筑形制

“抚宁板厂峪 159 号敌台”前接墙体

此段墙体位于“抚宁板厂峪 159 号敌台”东北侧，与敌台相接，墙体以自然基岩为基础，结构分为上下两段。下段墙体内外毛石包砌，白灰勾缝，墙芯为土石夯筑，墙顶宽 4.8 米，墙高 3.2 ~ 4.5 米。上段为条石拔檐及砖砌垛口墙、宇墙，拔檐石厚 100 毫米，长 620 ~ 850 毫米，城砖 400 毫米 ×200 毫米 ×95 毫米。墙顶马道为大块毛石铺墁，墙体内侧设置石质出水嘴。墙芯为“土石混筑”。

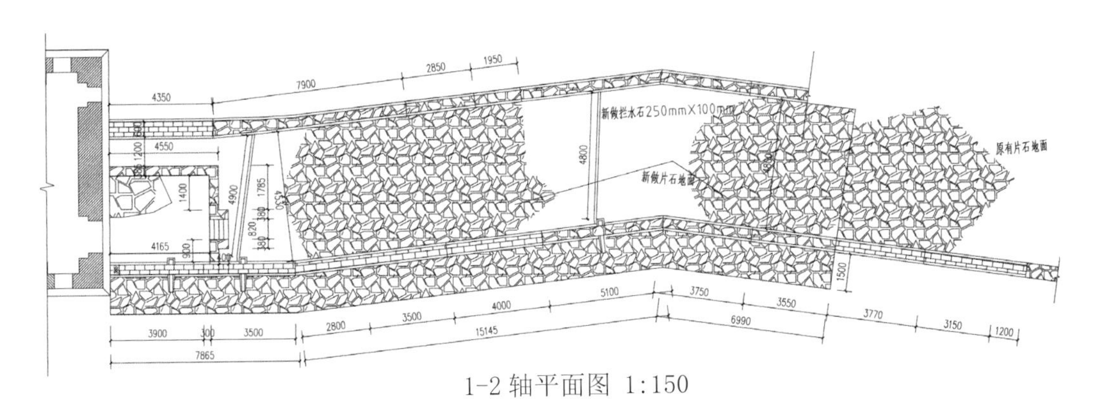

1-2 轴平面图 1:150

3-1 159 号敌台前接墙体实拍图

"抚宁板厂峪 159 号敌台"

"抚宁 159 敌台"（平顶峪村 26 号敌台），位于"抚宁 158 号敌台"西南 173 米，方位北偏西 20°，坐标：北纬 40°13′46.5″，东经 119°33′31.8″，海拔 675 米。地处马鞍形山谷之地势鞍点上，南北向与城墙相接。敌台平面形制为矩形，立面及剖面呈梯形，空心敌台。敌台分上下层，一层为三券室三通道，地面为 380 毫米 ×380 毫米 ×85 毫米墁地，外墙厚 1 米，南北两侧辟六个箭窗，东西辟一门二箭窗。二层台顶四周筑垛口墙，墙厚 400 毫米。台体立面为三段式，下段为基础，两层条石砌筑，高 0.54 米；中段为城砖包砌，城砖规格 400 毫米 ×200 毫米 ×95 毫米，灰泥砌筑，白灰勾缝，高 9.72 米；上段为垛口墙，高 1.75 米，垛口墙上布置射孔、擂石孔，中段与上段之间用三层砖砌拔檐分隔，高 405 毫米。台体剖面为三券室拱券结构，门、窗为"二伏二券"。台体北侧 3 米处存障墙一段，城砖砌筑，白灰勾缝，墙上有圆形喇叭状射孔三个。

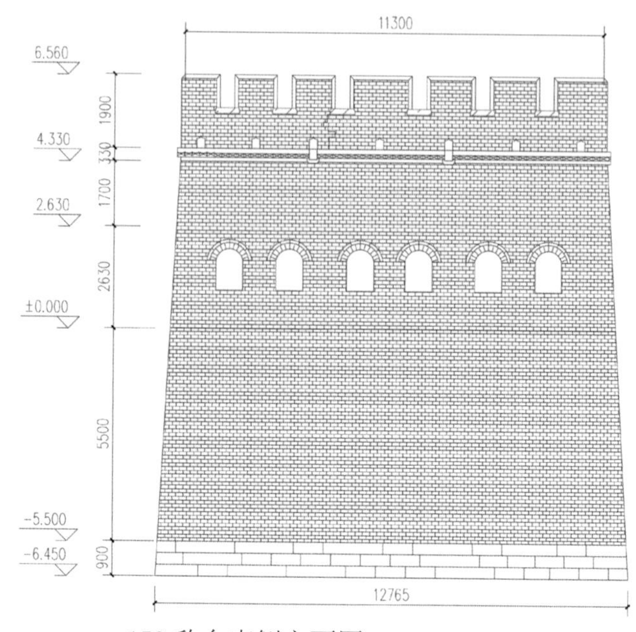

159 敌台南侧立面图　1:80

3-2 159 号敌台南侧立面墙体实拍图

“抚宁 159 号敌台”与“抚宁 160 号敌台”之间墙体

此段墙体东北接“抚宁 159 号敌台”，西南接“抚宁 160 号敌台”， 城墙结构形式分为两段。下段外包毛石、白灰勾缝，墙芯大部分为土石混筑、桃花浆灌实，少量为夯土，墙顶宽 4.1 米，外墙高 4.2 米。上段为条石拔檐及砖砌垛口墙、宇墙，条石厚 100 毫米，城砖 400 毫米 ×200 毫米 ×95 毫米。墙顶马道为大块毛石铺墁，墙体内侧设置石质出水嘴，墙芯为“土石混筑。”

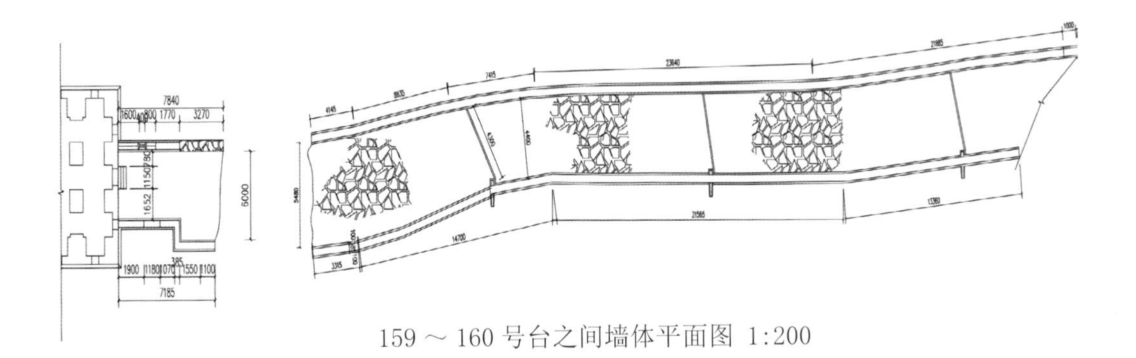

159 ～ 160 号台之间墙体平面图 1:200

3-3 159 号敌台前接墙体实拍图

“抚宁板厂峪 160 号敌台”

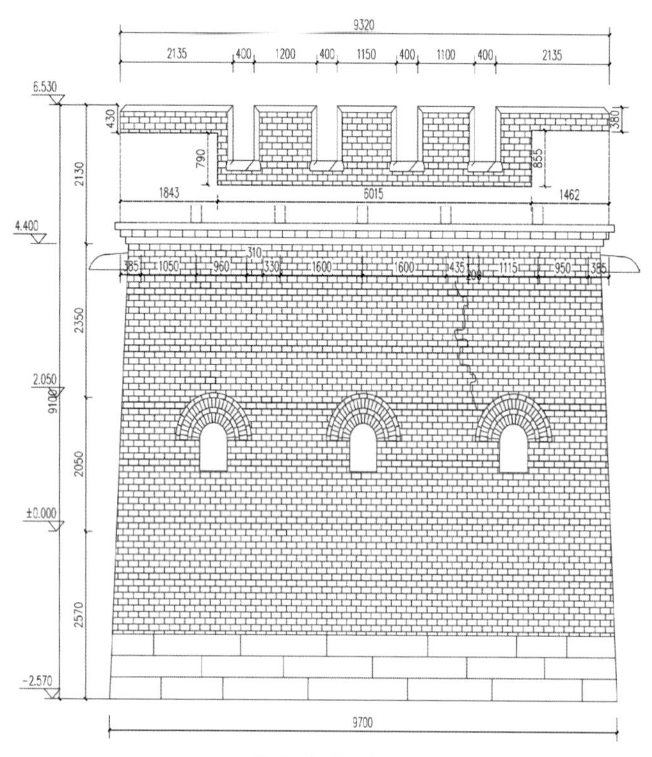

160 敌台南立面　1:50

“抚宁 160 号敌台”（“平顶峪 27 号敌台”）位于“抚宁 159 号敌台”西 190 米。方位北偏西 16°，坐标：北纬 40°13′42.5″，东经 119°33′28.9″，海拔 687 米。“抚宁 160 号敌台”位于山脊转向点上，南北与墙体相接，西侧为陡坡，东侧地势较平缓。

敌台平面形制为矩形，立面及剖面呈梯形，空心敌台。敌台分上、下二层，一层为三券室三通道，地面为城砖墁地，外墙厚 1.1 米，南北两侧辟三个箭窗，东西辟一门二箭窗；楼梯布置在南侧，砖砌十级台阶。二层台顶中间建硬山式铺房三间，四周筑垛口墙，墙厚 400 毫米。台体立面为三段式，下段为基础，四层条石砌筑，高 1.19 米；中段为城砖包砌，城砖规 400 米 ×200 米 ×95 米，灰泥砌筑，白灰勾缝，高 6.29 米；上段为垛口墙，高 1.30 米，垛口墙上布置五个方形射孔、擂石孔，中段与上段之间用三层砖砌拔檐分隔， 高 400 毫米。台体剖面为三券室拱券结构，门、窗为“二伏二券”。

3-4 抚宁板厂峪 160 号敌台实拍图

"抚宁板厂峪 160 号敌台二层铺房"

铺房，是古代打仗时作为掩体和士兵居住的地方。根据设计方案要求，对 160 敌台二层铺房进行清理，并恢复槛墙砌筑及室内方砖墁地。

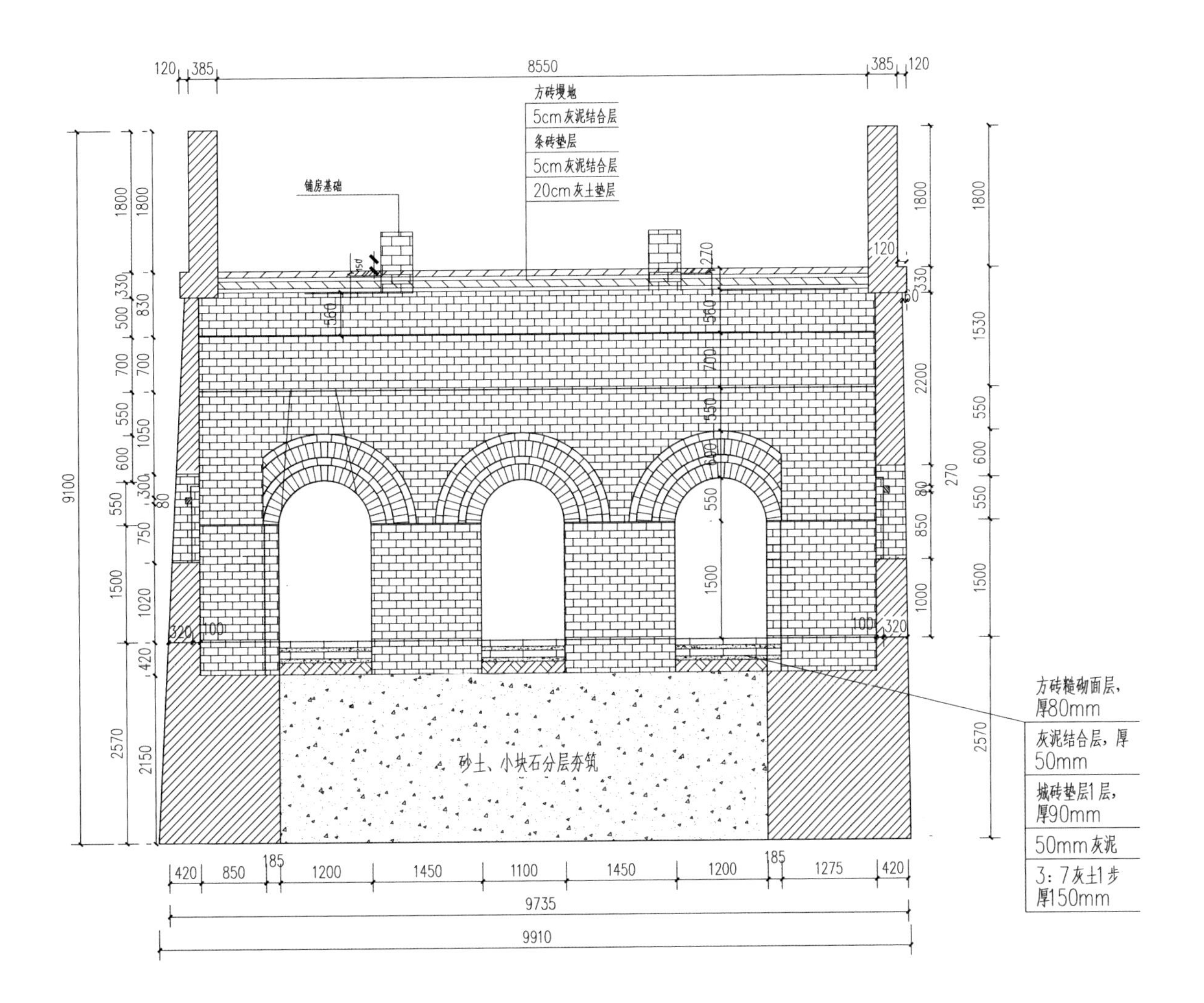

160 敌台剖面图　1:50

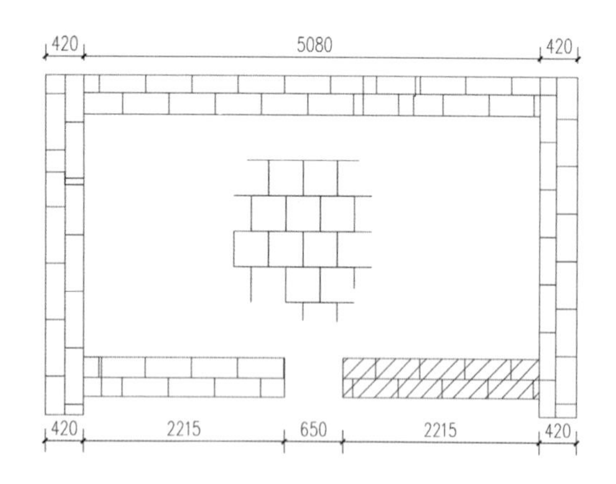

160 号二层铺房地面遗址平面图 1:50

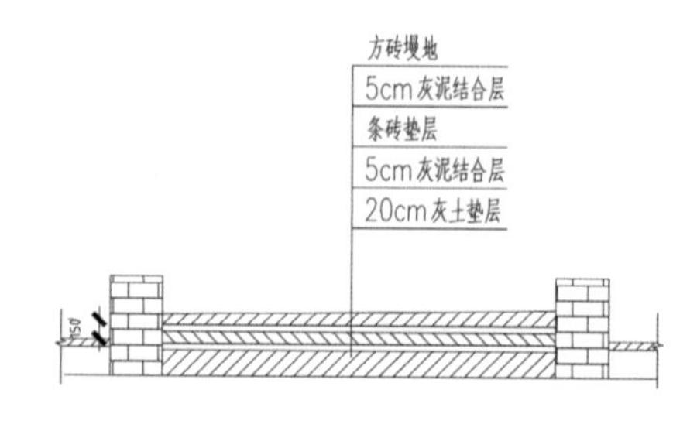

1-1 铺房地面遗址保护剖面图 1:50

3-5 抚宁板厂峪 160 号敌台二层铺房实拍图

于文江 （摄）

3-6 抚宁板厂峪 160 号敌台二层铺房基址

“抚宁板厂峪 160 号敌台”后接墙体

此段墙体城墙结构形式分为两段，下段墙体内外毛石包砌，白灰勾缝，墙芯土石混筑，墙顶宽 4.8 米，墙高 3.2 ～ 4.5 米。上段为条石拔檐及砖砌垛口墙、宇墙，条石厚 100 毫米，城砖 400 毫米 ×200 毫米 ×95 毫米。墙顶马道为大块毛石铺墁，墙体内侧设置石质出水嘴。墙芯为土石混筑 。

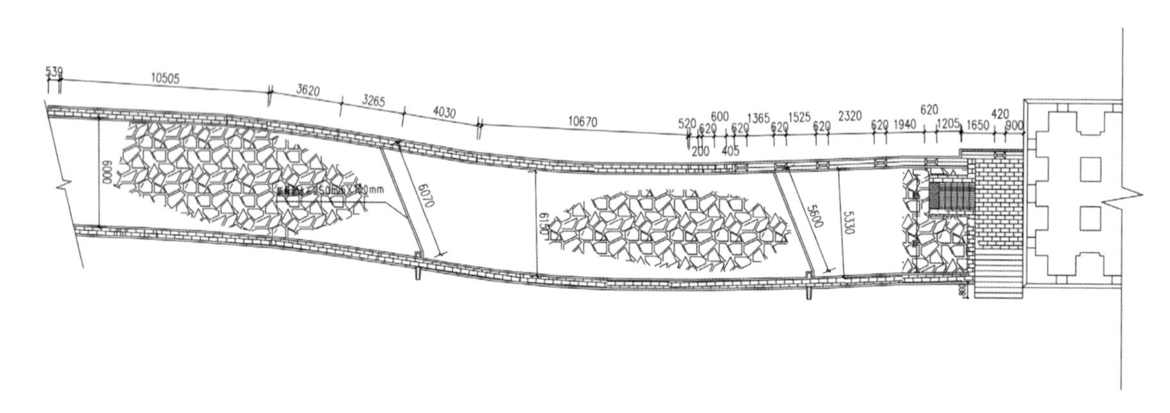

160 段④～⑤轴之间墙体平面图 1:50

3-7 抚宁板厂峪 160 号敌台后接墙体实拍图

“抚宁板厂峪 163 号敌台”

楼体平面为方形，边长 10.37 米，通高 11.43 米，楼体平面布局为回字形，三筒拱四柱式。一层南北各设箭窗三个，东西墙中部各设门一个，两侧各设箭窗一个。二层设楼橹一座。外墙台基为七层条石，内墙台基用两层条石。

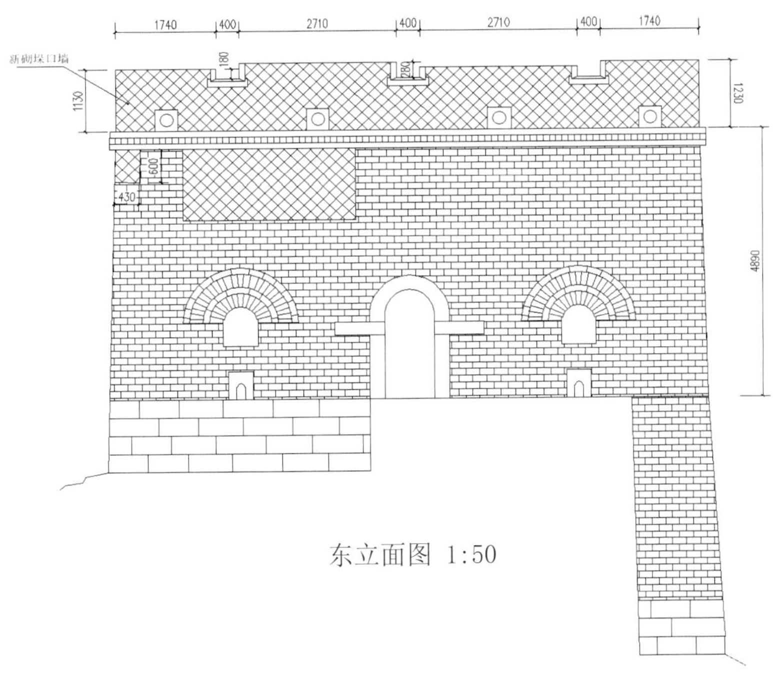

东立面图 1:50

3-8 抚宁板厂峪 163 号敌台实拍图

“抚宁板厂峪 164 号敌台”

楼体平面为方形，边长 9.7 米，通高 10.06 米，楼体平面为回字形，三筒拱四柱式。南北各设箭窗三个，东西各设箭窗两个，门一个，东侧门在东墙南侧，西侧门在西墙中间。通过一层南墙东西蹬道上至二层，二层设楼橹一座。外墙台基六层条石，内墙台基两层条石。总体保存较好。

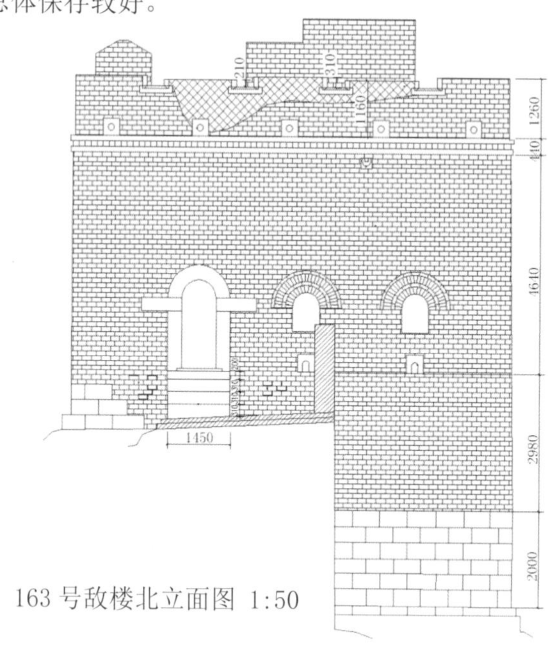

163 号敌楼北立面图 1:50

3-9 抚宁板厂峪 164 号敌台实拍图

“抚宁板厂峪 164 号敌台”影壁

影壁，也称照壁，古称萧墙，是中国传统建筑中用于遮挡视线的墙壁。板厂峪长城作为军事防御工事的长城敌楼，在构建各种防御措施后，又依照民俗设计建造了一般用于民居建筑的影壁，是长城载入中国建筑史册的一个佐证。

3-10 抚宁板厂峪 164 号敌台影壁实拍图

"抚宁板厂峪 165 号敌台"

楼体平面为长方形，长 9.88 米，宽 7.3 米，通高 8.48 米，楼体平面为目字形，三筒拱无柱式。一层南北各设箭窗三个，东西墙南部各设门一个，北部设箭窗一个。通过一层中筒拱中部洞口通向二层，二层设楼橹一座。内、外墙台基均用条石两层。

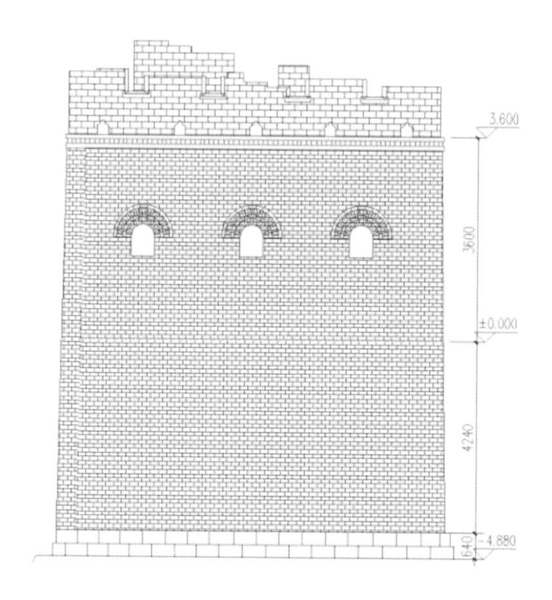

165 敌楼南立面

3-11 抚宁板厂峪 165 号敌台实拍图

“抚宁板厂峪 166 号敌台”

楼体平面为长方形，长 12.06 米，宽 7.8 米，通高 10.44 米，楼体平面为目字形，三筒拱二柱式。一层东西各设箭窗三个，南北墙东部各设门一个，西部设箭窗一个。通过一层北筒拱中部洞口通向二层，二层设楼橹一座。内、外墙基均用四层条石砌筑。

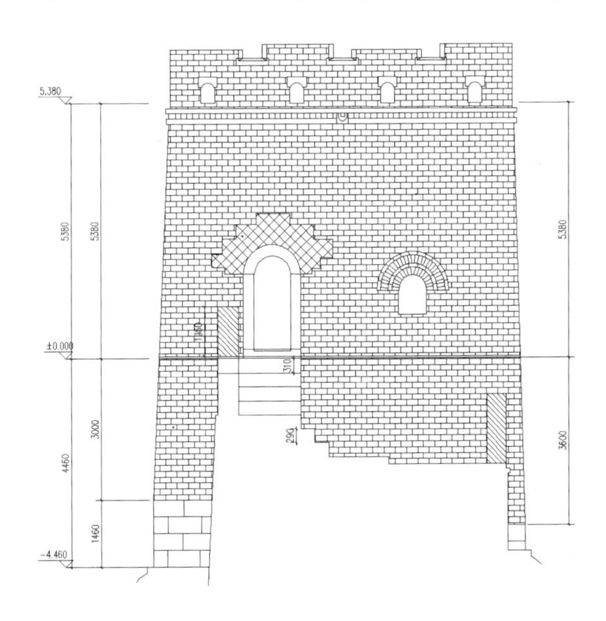

166 敌楼北立面图 1:50

3-12 抚宁板厂峪 166 号敌台实拍图

“抚宁板厂峪 163 ～ 166 段之间墙体”

墙体以块石砌筑，局部用砖包砌。外墙高为 3 ～ 6 米，顶宽 3 ～ 4 米不等。顶部外侧筑垛口墙，内侧基本无女墙（仅 3 号敌台东存 6.5 米的女墙），垛口墙高 1.6 米左右，两垛口中间外设箭孔，垛口用垛口砖。部分地段城墙随山形极陡，故地面上设有蹬道台阶，此为板厂峪长城所特有，倒挂长城即指此类城墙。

城墙内外杂草树木较多，尤其是城墙内墙根下，特别是城墙地面之内直接为山体的地段，树木直接对城墙产生破坏，其破坏作用与城墙地面上生长的树木是一样的，并且，杂草树木的生长不利于城墙的保护。

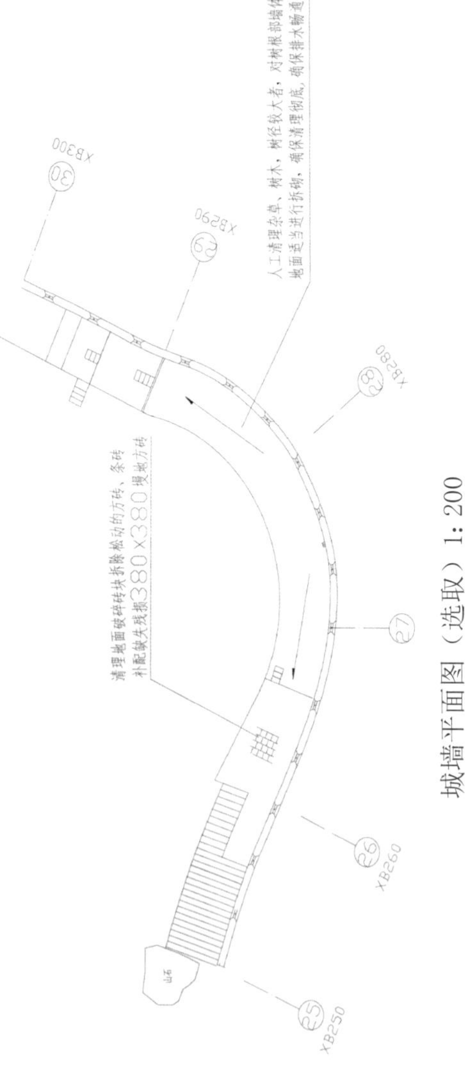

3-13 抚宁板厂峪 163 ～ 166 段之间墙体实拍图

板厂峪山顶有一段长城，犹如游龙巨蟒从崖顶逶迤而下，直插谷底，又依山背奔腾而上，自然形成“长城倒挂”之势，令游人赞叹不已。此段墙体为城砖砌筑，地面采用方砖墁地，白灰勾缝。根据施工方案要求，对该段所有酥碱补砌的城墙、缺失的地面砖进行剔除重砌，对敌台范围内山体间坍塌外墙重新补砌。所有补砌都按块石城墙原有做法，白灰勾缝；对墙面灰缝进行检修，勾补缺失严重的灰缝。

清除墙面上所有杂草、树木。对部分松动城墙可进行适当拆砌，控制缩小拆砌范围。

上部方砖、条砖缺失地段，墙体上部松动较多，进行检查拆砌，坍塌的部位，清理后用块石重新补砌，清除墙面上所有杂草、树木。

对 166 号敌台北出入口台阶、墙体进行拆砌检修，清理至稳定基岩，重新用块石砌筑，按南侧蹬道砌筑墙上台阶，解决安全隐患。

对近期砌筑的垛口墙进行拆除重砌，对结构松散、松动的垛口墙砖进行拆砌，对垛口墙不再完全修复，用白灰补砌超过垛口砖三层，要求砌出的垛口墙与残存的垛口墙外观协调，现有的披水砖集中分段使用。

垛口墙坡度大于 15 度的地段，使用白灰浆砌筑，白灰勾缝。

对于 602 米、674 米、777 米处垛口墙上界碑边框，按残存边框修复整个边框，并复制界碑镶于边框内。

3-14 602 桩点界碑边框

3-15 777 桩点界碑边框

3-16 界碑镶嵌完毕

3-17 酥碱地面砖进行重新铺墁

3-18 垛口墙砌筑

3-19 墙体局部补配

3-20 新旧墙体搭接

3-21 墙体砌筑

3-22 打点勾缝

3-23 倒挂长城完工后照片

3-24 板厂峪倒挂长城

第四节 现状及病害

"抚宁159号敌台"前接墙体

保存现状差。外墙毛石约65%面积坍塌，地面毛石墁地90%面积缺失，拔檐局部残损，垛口墙85%面积坍塌。敌台东侧仅存垛口墙一段，长约 21 米，高约 100 ～ 800 毫米。擂石孔仅存三个，宇墙、拦水及出水嘴均已无存。

4-1 159 号敌台前接墙体病害实拍图

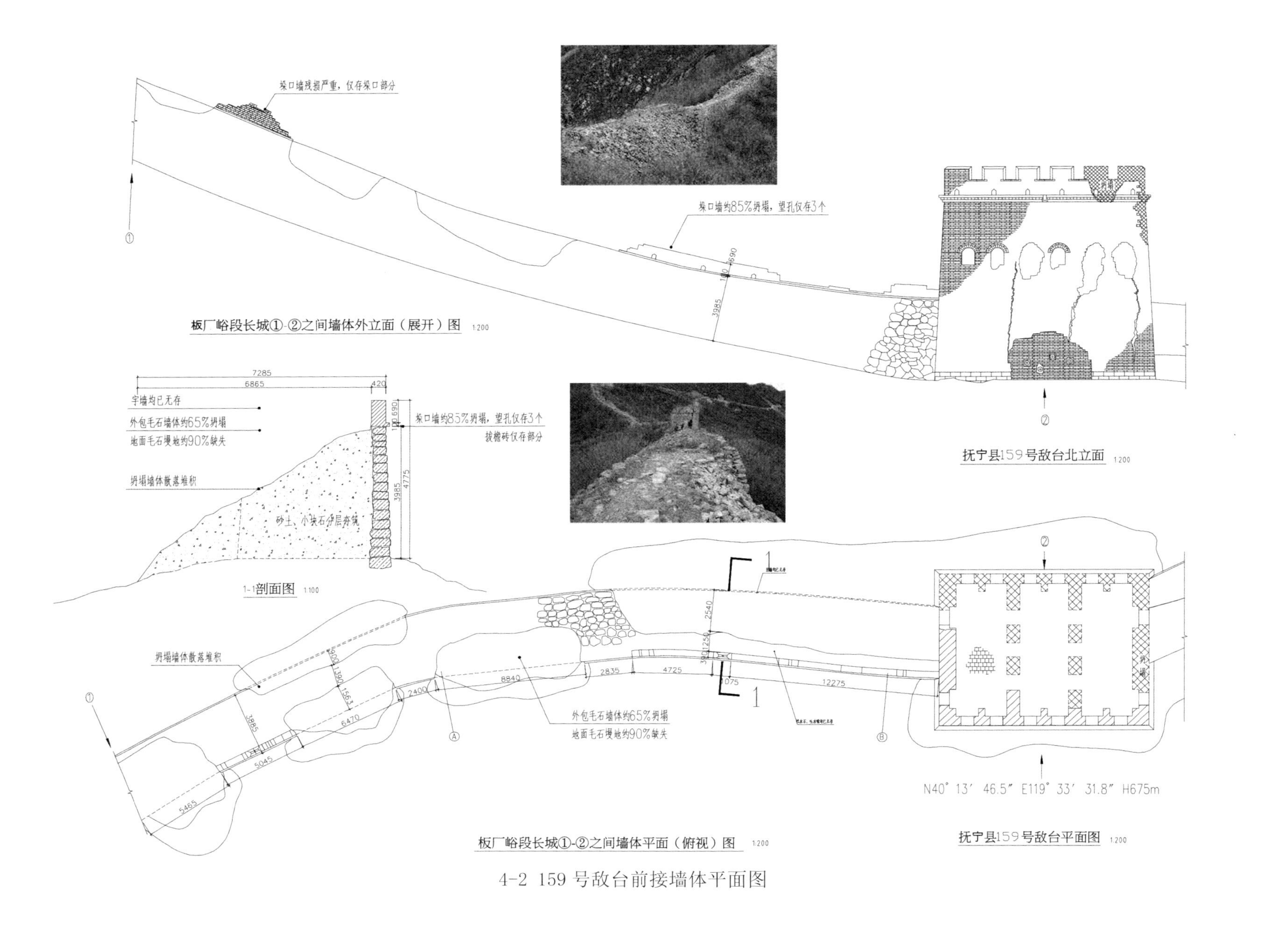

4-2 159号敌台前接墙体平面图

“抚宁 159 号敌台”

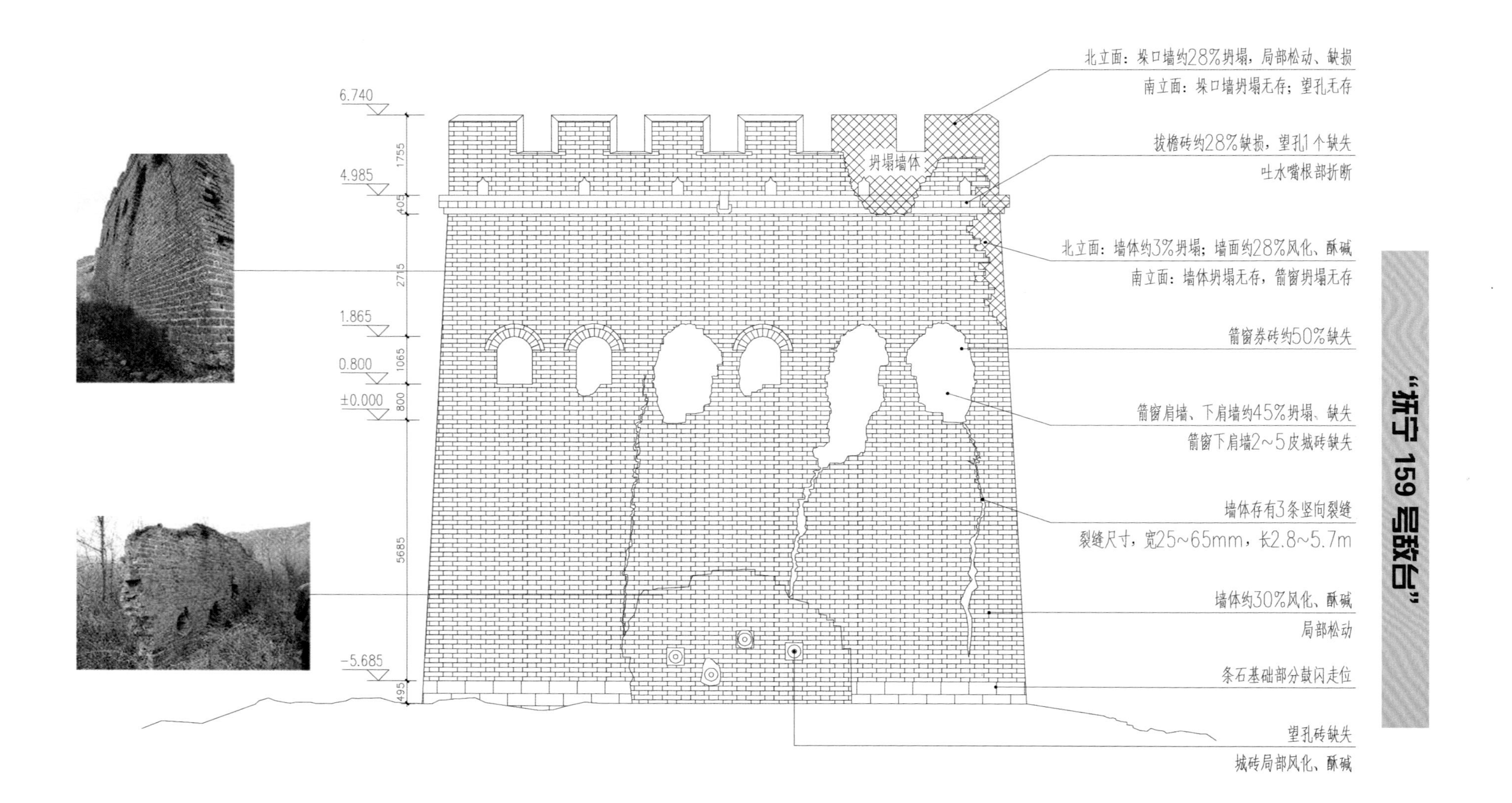

4-3 159 号敌台北立面实测图

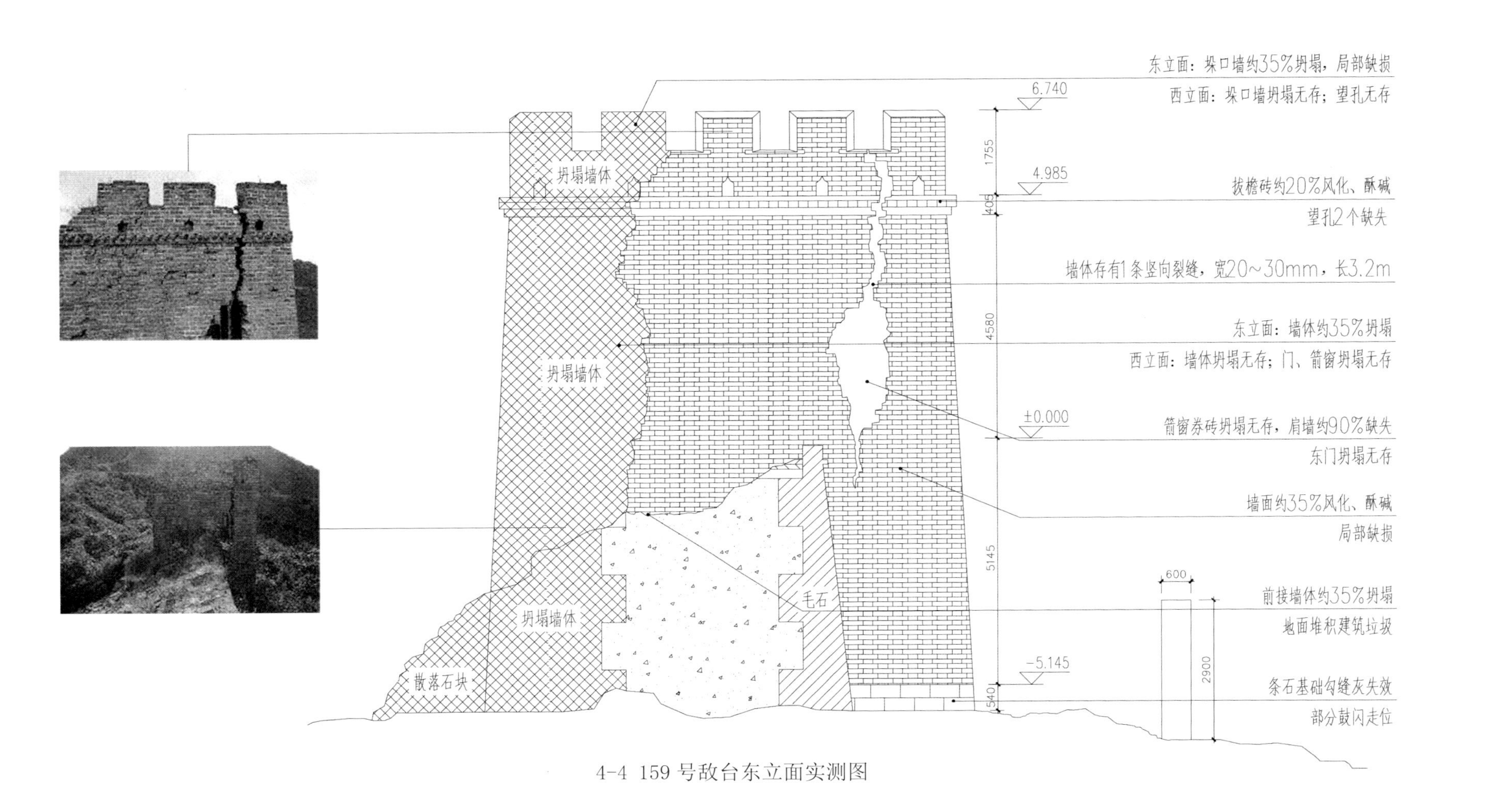

4-4 159号敌台东立面实测图

保存现状差。一层地面被坍塌的建筑垃圾覆盖，局部可见380毫米×380毫米×80毫米方砖地面，无楼梯残迹。二层券顶99%面积坍塌，台体外墙现仅存北墙及东墙西段，南墙、西墙及东墙南段已坍塌，东、西券门无存，券脸石、门柱石及门槛石塌落在城墙根，敌台北墙存有箭窗六个，券砖缺失约58%，北墙及西墙存有四条上下贯通裂缝，西墙上部外闪约70毫米。二层垛口墙除北、东面存有部分垛口外，顶部及铺房均已无存。敌台墙外侧原有“U”字形障墙，保存现状差。现东、西墙无存，仅存北墙一段，墙厚 600毫米，长6.3米，高3.1米。

4-5 159敌台西立面病害图

4-6 159敌台内部病害图

“抚宁159号敌台”与“抚宁160号敌台”之间墙体

保存现状差。此段墙体内墙坍塌1处，长度约6.8米，外墙坍塌3处，长度约107米，中部拔檐石、出水石无存，上部垛口墙及宇墙无存，“抚宁160号敌台”东接墙体9米处原有一座便民通道，现坍塌为一处豁口。

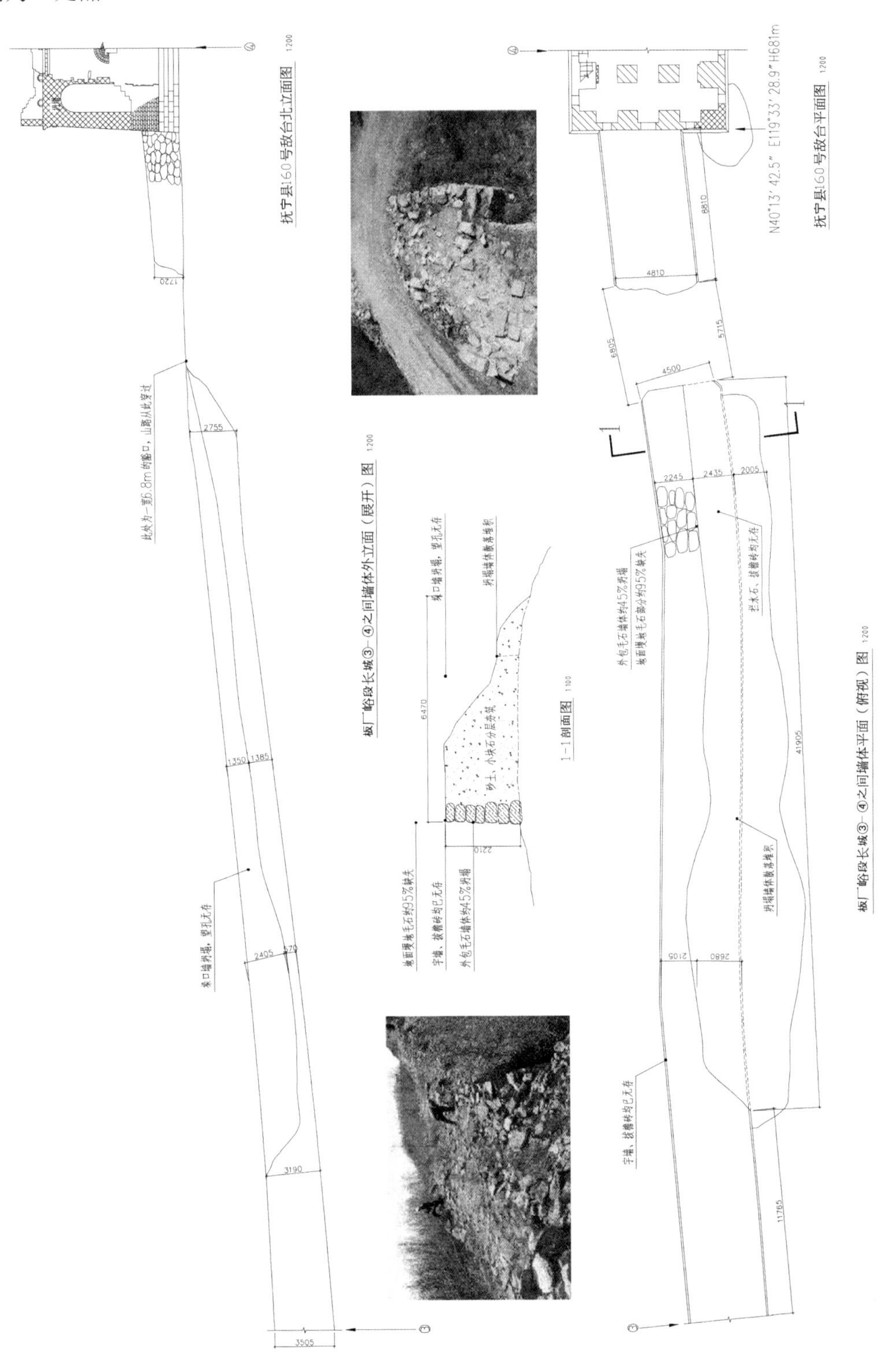

4-7 159号敌台与160号敌台之间墙体实测图

4-8 159 号敌台与 160 号敌台之间墙体病害图

4-9 板厂峪 160 号敌台后接墙体病害图

“板厂峪 160 号敌台”

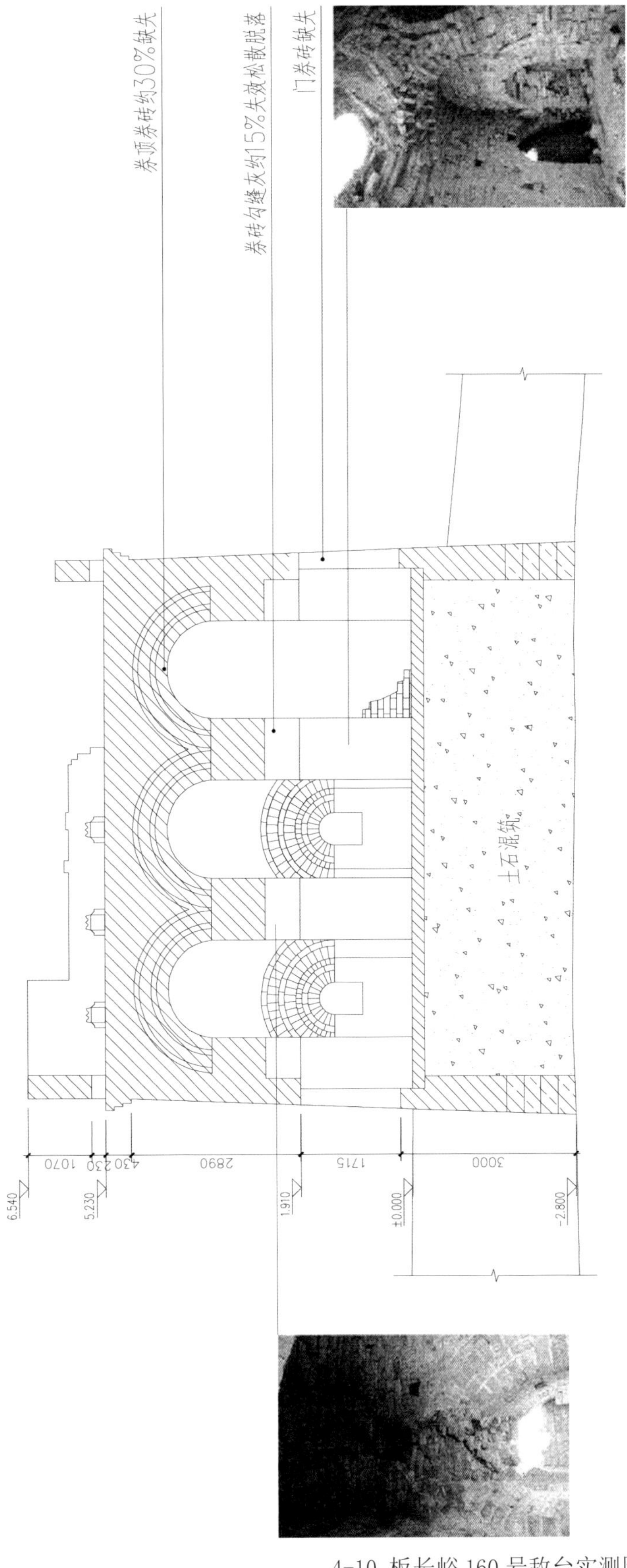

4-10 板长峪 160 号敌台实测图

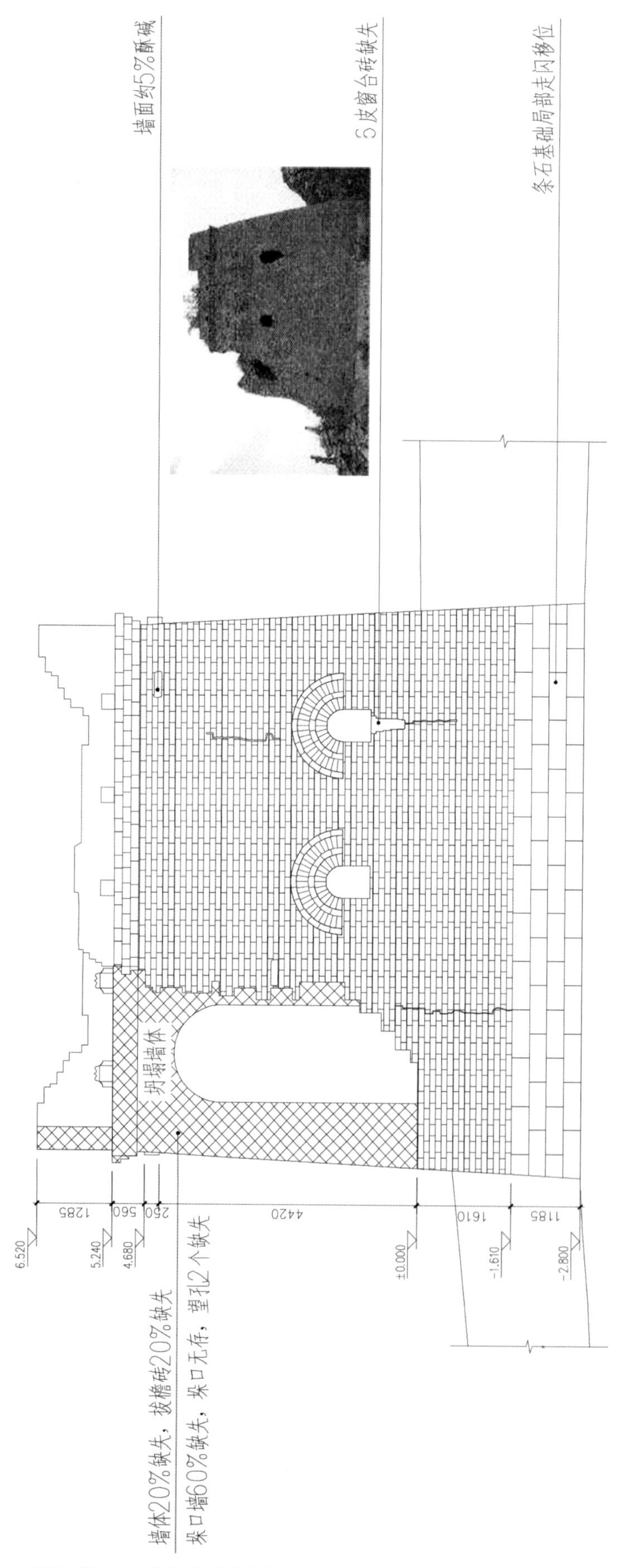

4-11 板长峪160号敌台实测图

保存现状较差。一层地面被坍塌的建筑垃圾覆盖，局部可见 400×200×95 毫米城砖地面，楼梯踏步 45% 面积残损，二层券顶 15% 面积坍塌，坍塌圆洞直径约 2 米；台体外墙东北角坍塌，南、北外墙存有三条裂缝，裂缝长 0.9～1.3 米；东、西券门券脸石、门柱石及门槛石无存；敌台内部券顶下沉变形约 40 毫米，券砖缺失约 30%，勾缝灰 15% 面积脱落；台顶垛口墙约 25% 坍塌，出水嘴折断。

4-12 板长峪 160 号敌台病害图

4-13 板长峪 160 号敌台二层病害图

于文江 （摄）

“板厂峪 160 号敌台”后接墙体

保存现状差。内墙毛石坍塌 1 处，长度约 11.5 米；外墙毛石坍塌 1 处，长度约 40 米，上段拔檐石、出水石无存，垛口墙及宇墙无存；地面墁地毛石缺失约 90%。

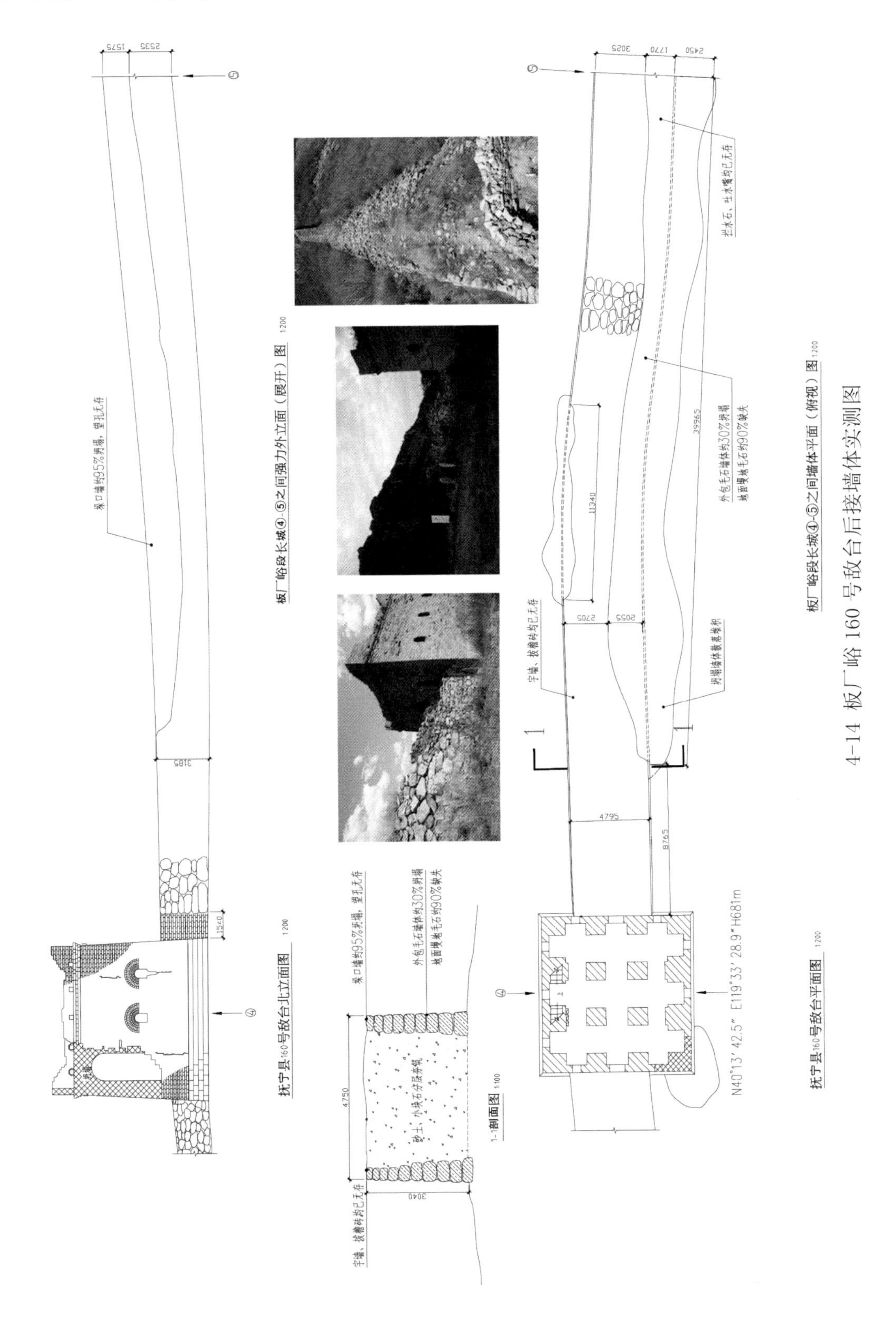

4-14 板厂峪 160 号敌台后接墙体实测图

"抚宁 163 ~ 166 号敌台"

四座敌台中两座保存相对较好，两座坍塌严重，马面、墙台保存基本较好，城墙总体状况较好，但地面砖缺损、碎裂严重，多处墙体、垛口墙为近期抢险补砌，做法简陋，与原墙体对比明显。从补砌痕迹分析，此段城墙外墙体小段豁口较多，垛口墙亦无存，另有约 1/5 垛口墙为近期利用旧砖补砌加高。城墙上及内外墙体根部杂草树木丛生，树根深入墙体，破坏较为严重。

163 号敌楼一层平面图 1:50

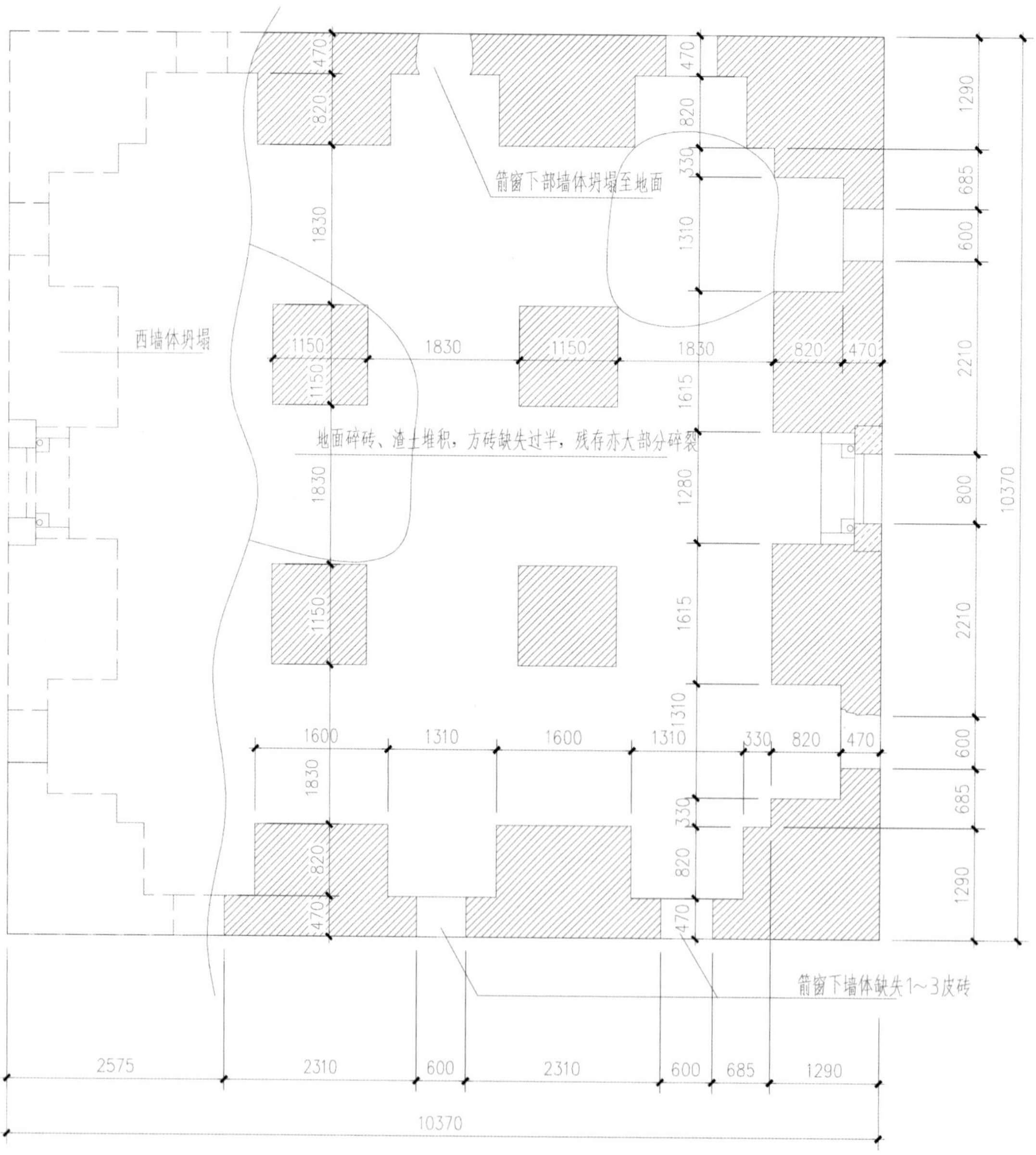

4-15 板厂峪 163 号敌台一层实测平面图

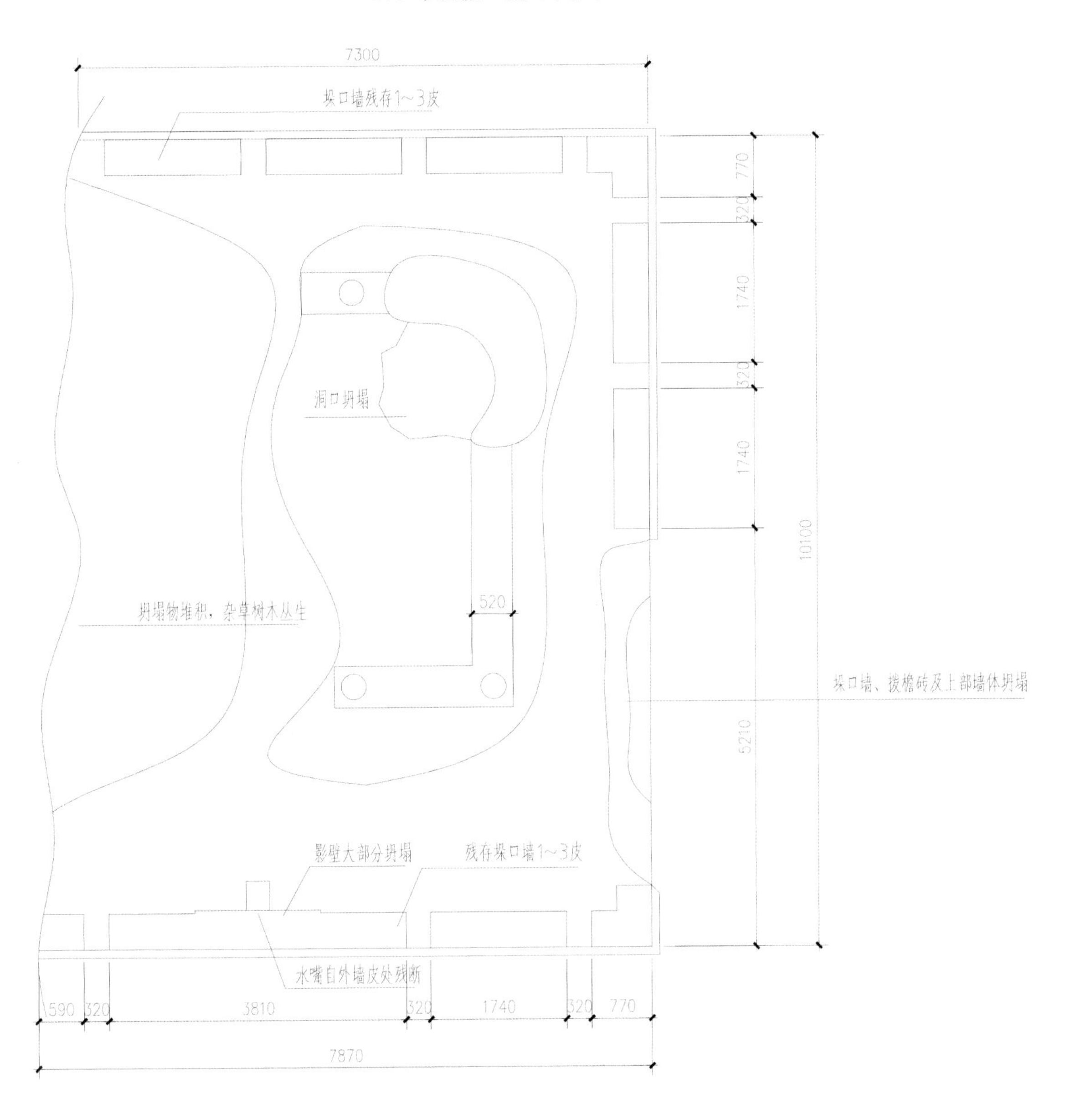

4-16 板厂峪163号敌台二层实测平面图

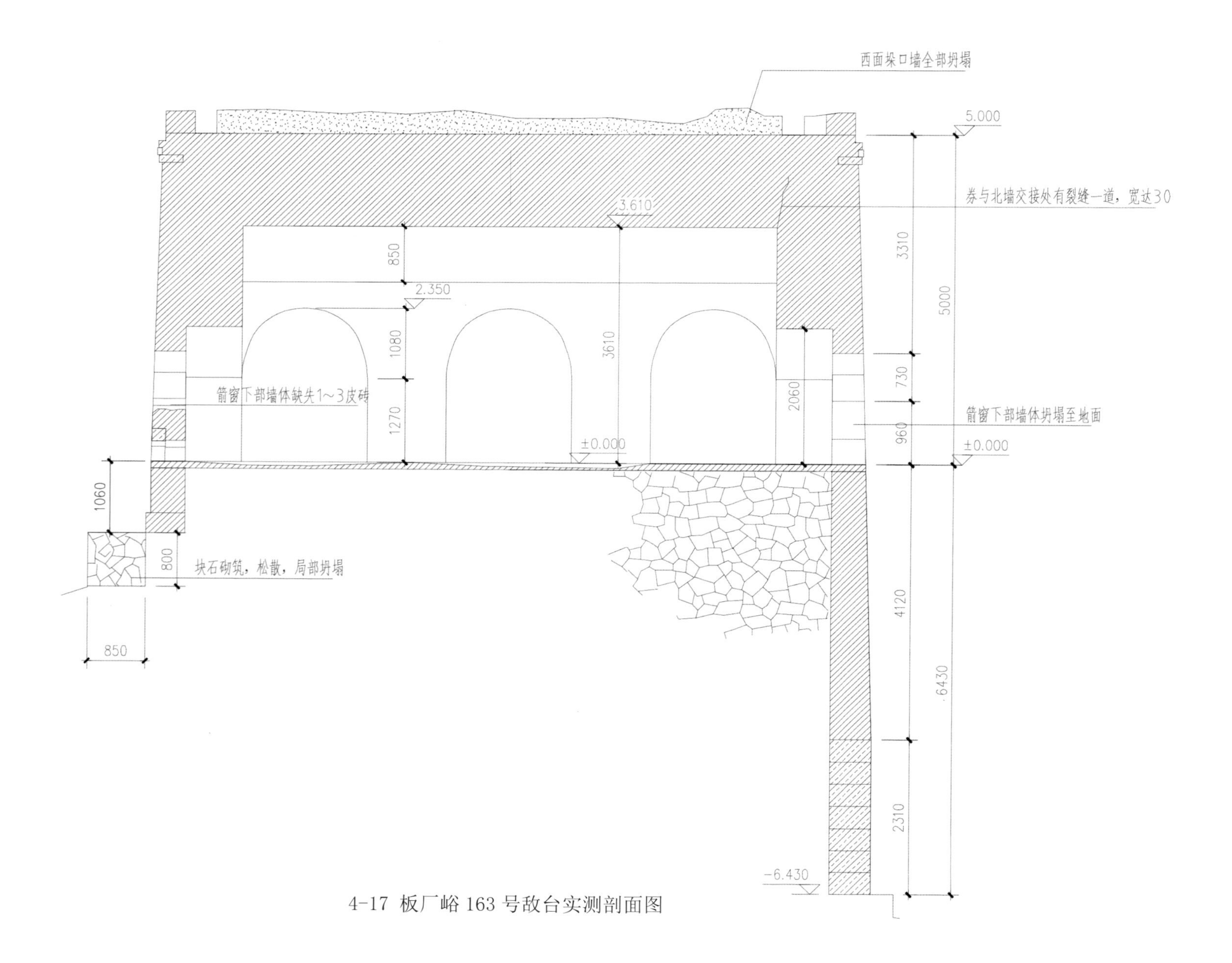

4-17 板厂峪163号敌台实测剖面图

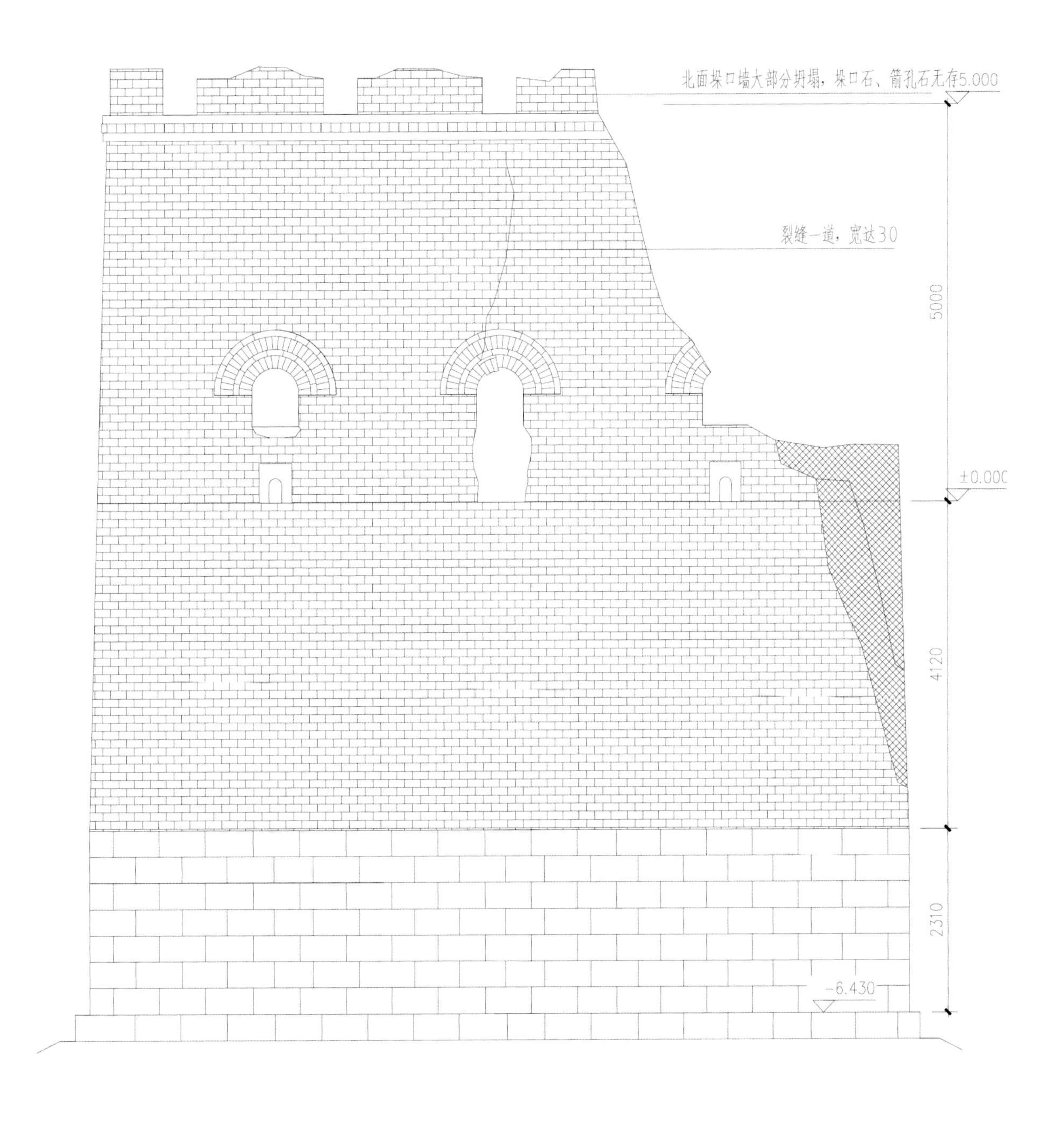

4-18 板厂峪 163 号敌台实测外立面图

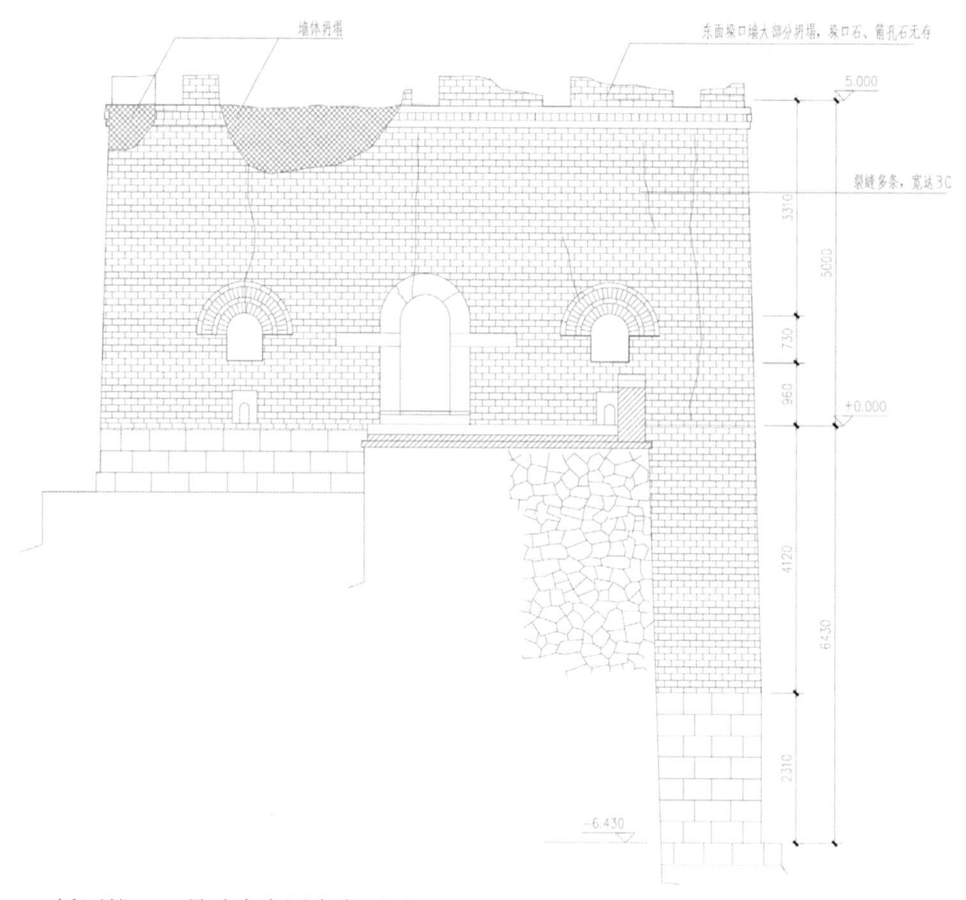

4-19 板厂峪 163 号敌台实测东立面图

4-20 板厂峪 163 号敌台东门券断裂下沉

4-21 板厂峪 163 敌台一层箭窗坍塌、洞口坍塌、地面现状

4-22 板厂峪 163 号敌台西孔券坍塌现状

4-23 板厂峪 163 号敌台二层楼橹坍塌现状

4-24 板厂峪 163 号敌台外立面现状

4-25 板厂峪 163 号敌台南侧 5 米山坡山风化严重石碑（仅辨“军、整”二字）

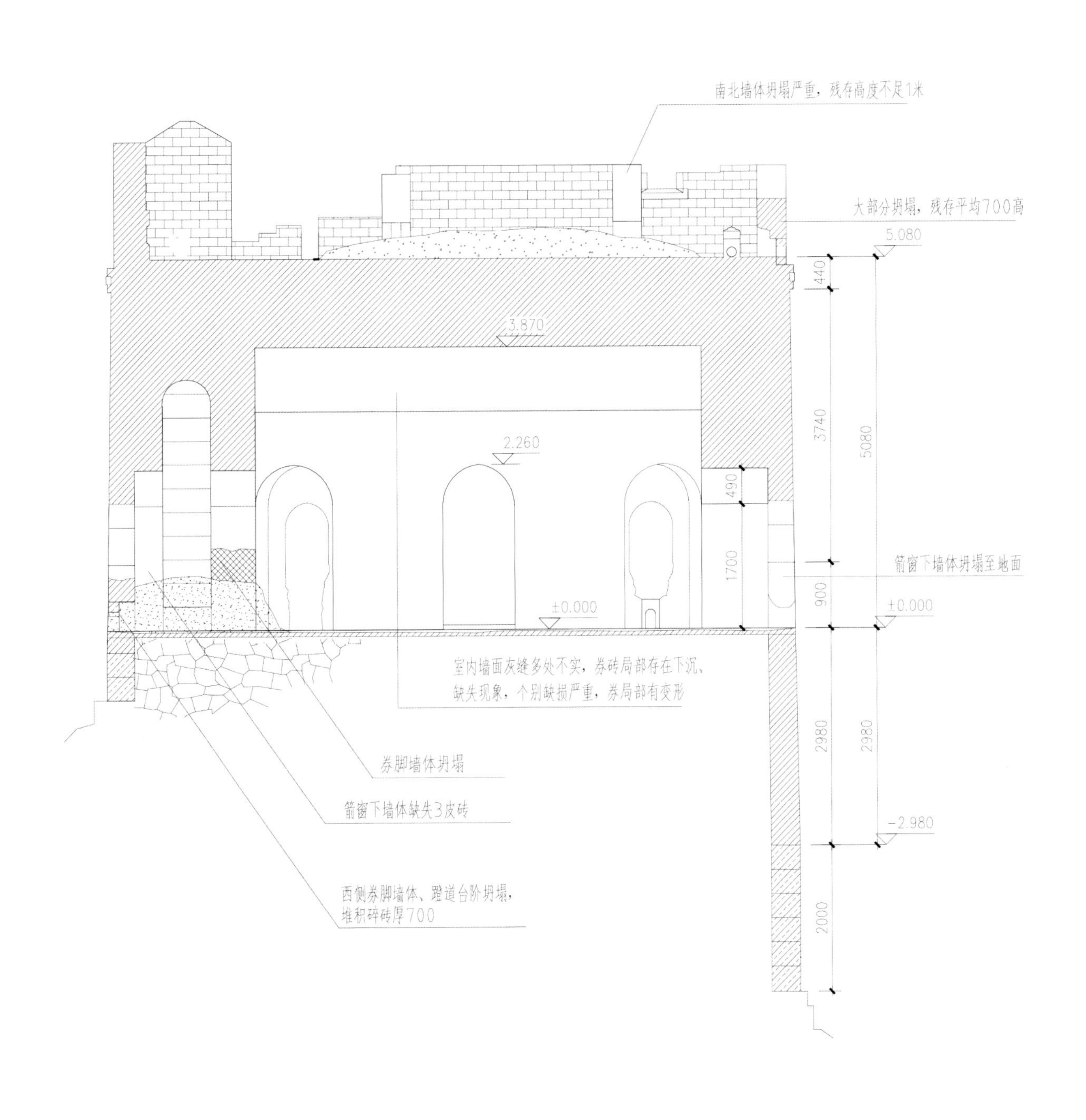

4-26 板厂峪 164 号敌台实测图

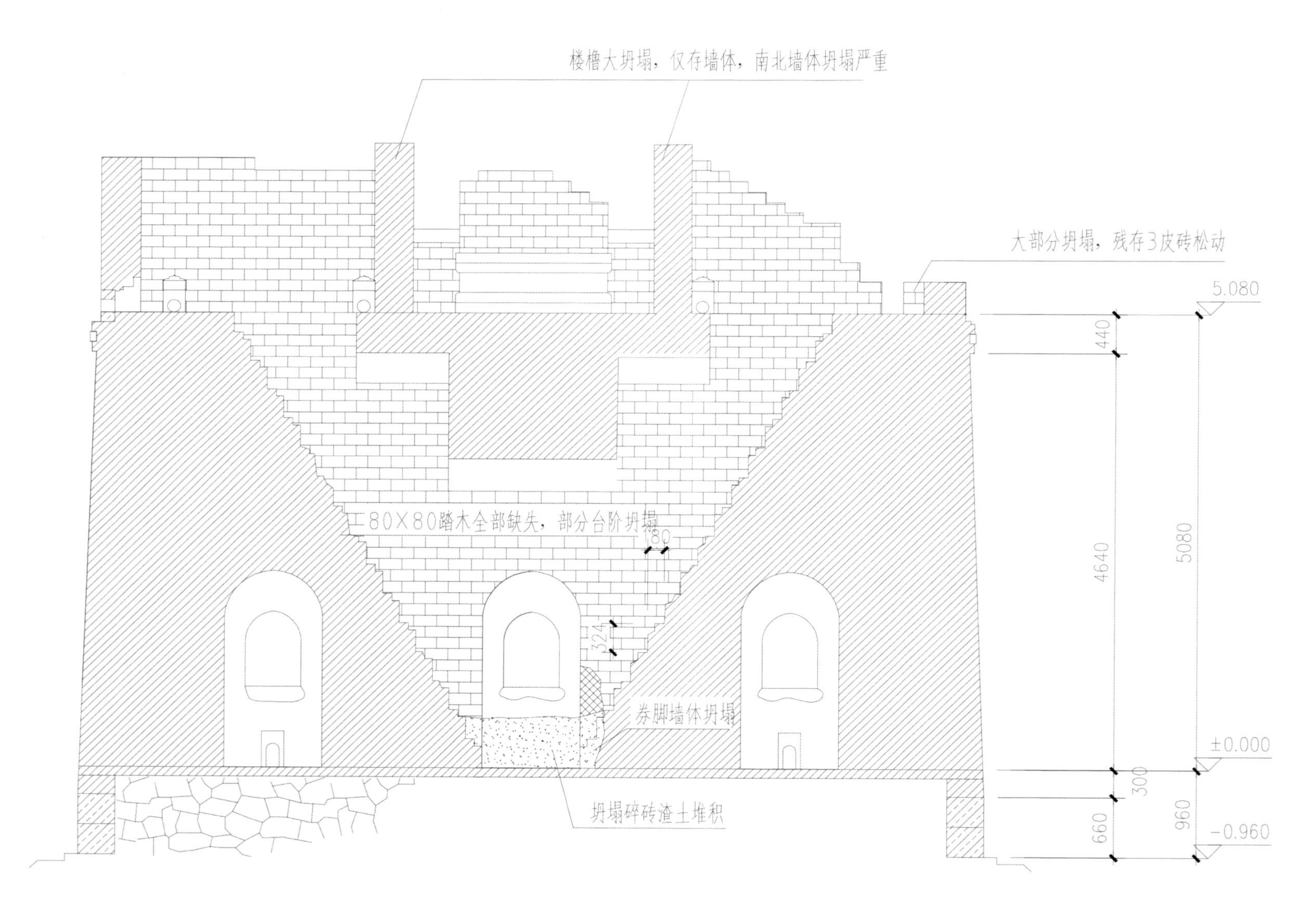

4-27 板厂峪164号敌台蹬道实测图

4-28 板厂峪 164 号敌台二层楼橹南墙影壁、地面现状

4-29 板厂峪 164 敌台二层楼橹南墙影壁、地面现状

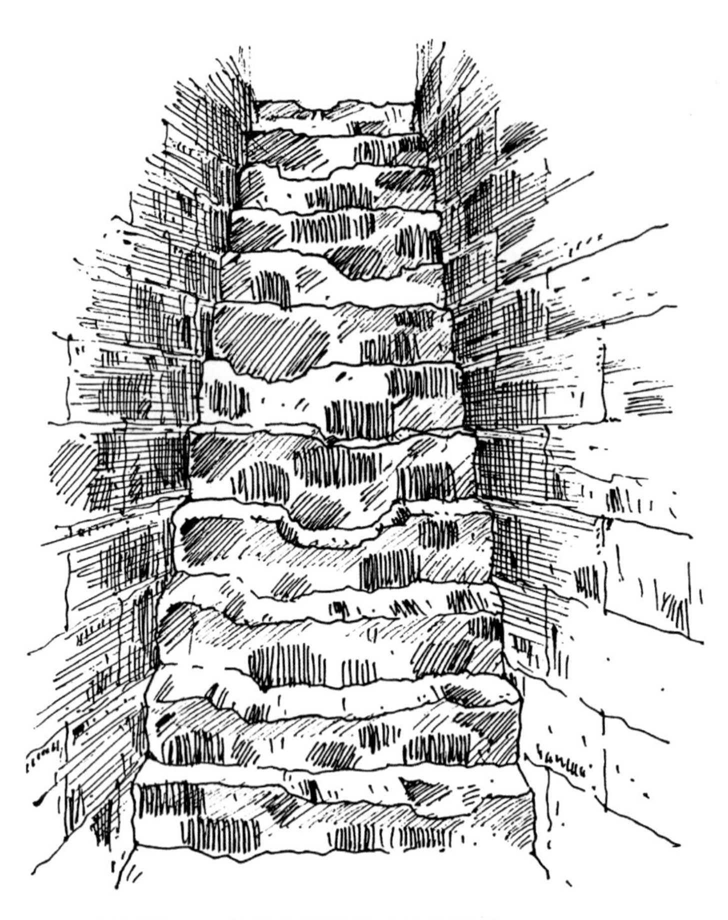

4-30 板厂峪 164 号敌台蹬道踏木缺失现状

4-31 板厂峪 164 号敌台二层楼橹东墙现状

4-32 板厂峪 164 号敌台立面现状

4-33 板厂峪 165 号敌台东侧 1.5 米处石碑风化严重（字不能辨）

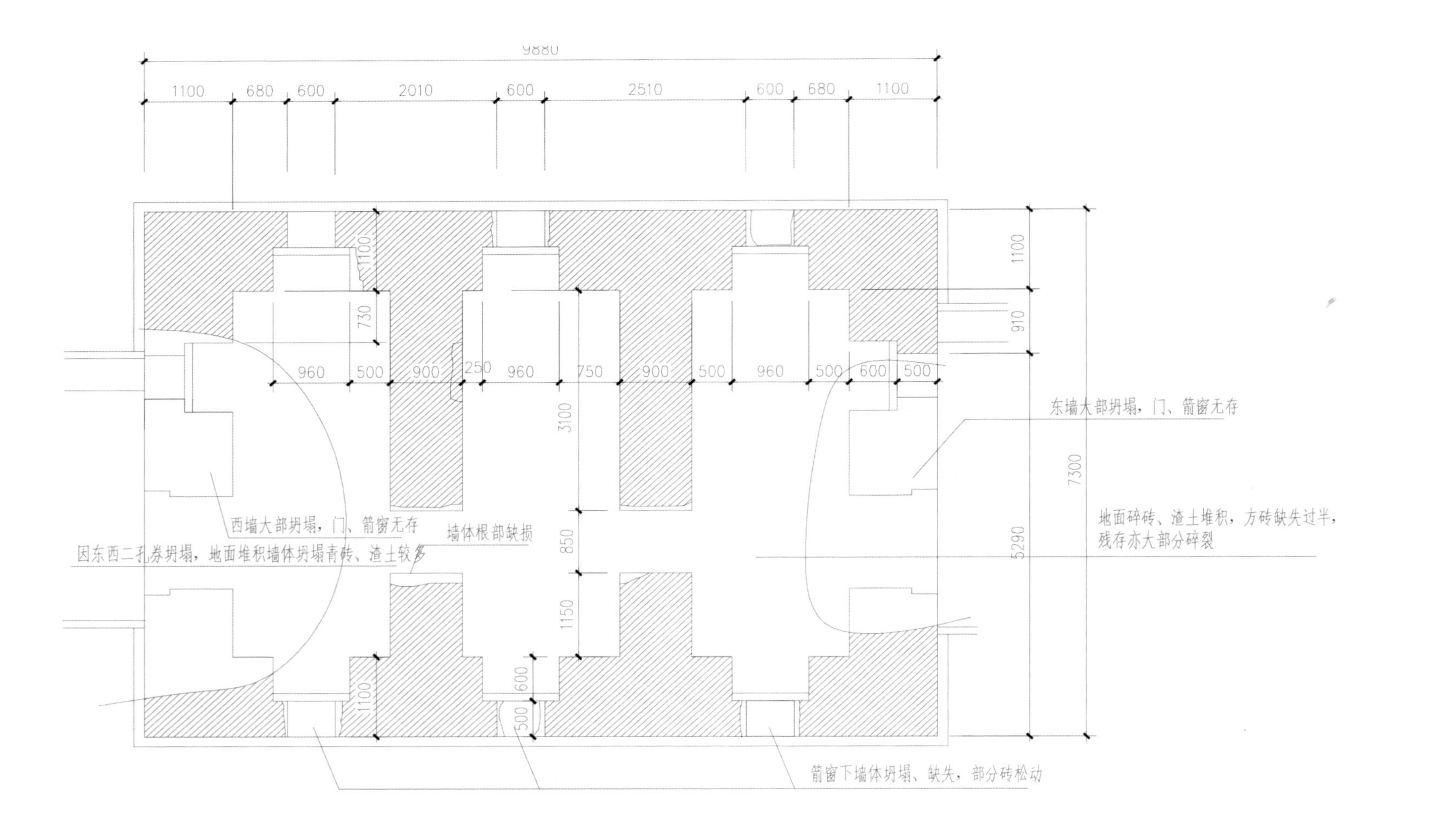

4-34 板厂峪 165 号敌台二层实测图

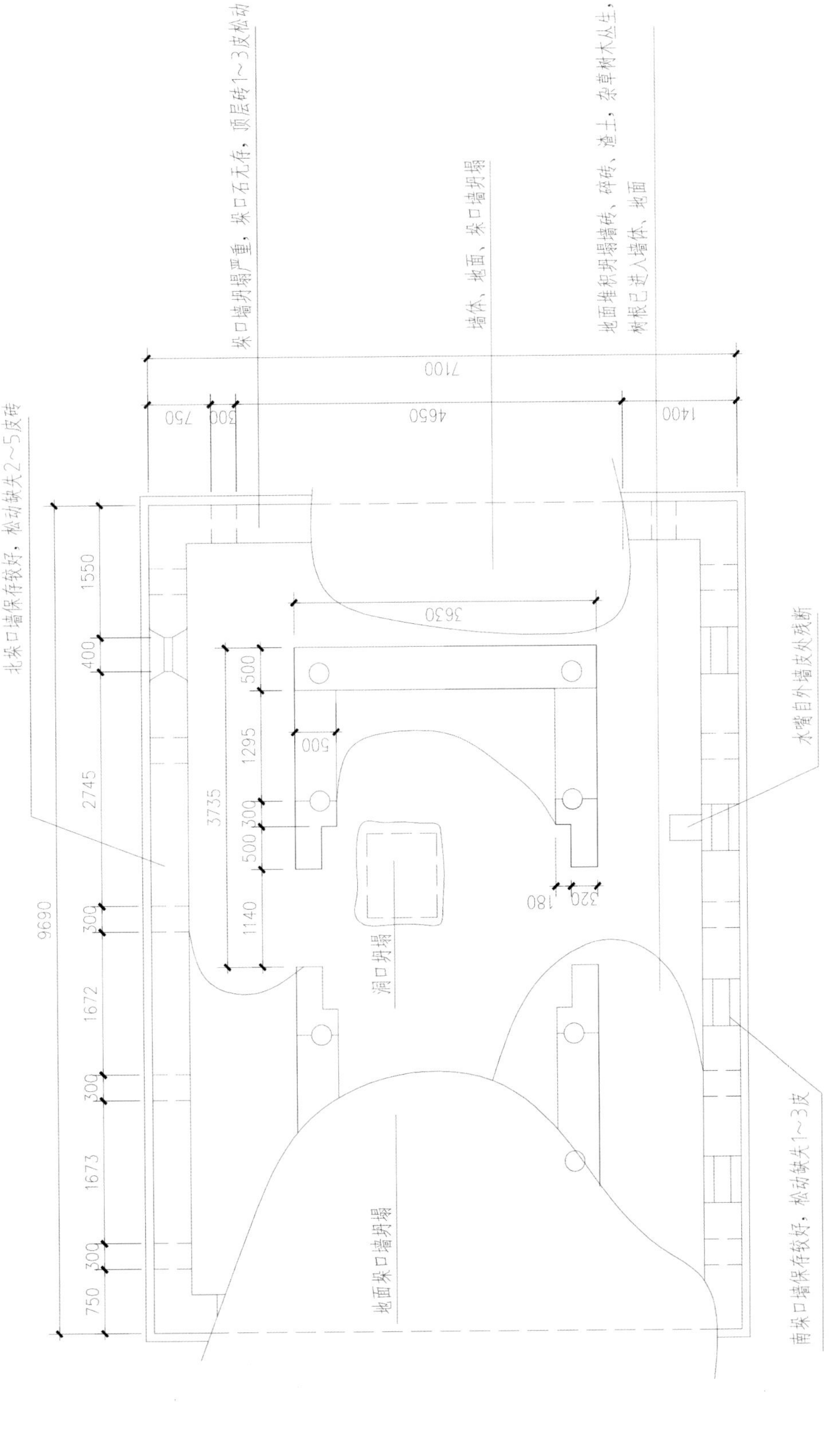

北垛口墙保存较好，松动缺失2～5皮砖

9690

750 300 1673 300 1672 300 2745 400 1550

3735

1140 500 300 1295 500

500

垛口墙坍塌严重，垛口石无存，顶层砖1～3皮松动

地面垛口墙坍塌

洞口坍塌

3630

750 300 4650 1400

7100

墙体、地面、垛口墙坍塌

180 320

地面堆积坍塌墙砖、碎砖、渣土，杂草树木丛生，树根已进入墙体、地面

南垛口墙保存较好，松动缺失1～3皮

水嘴自外墙皮处残断

4-35 板厂峪 165 号敌台实测剖面图

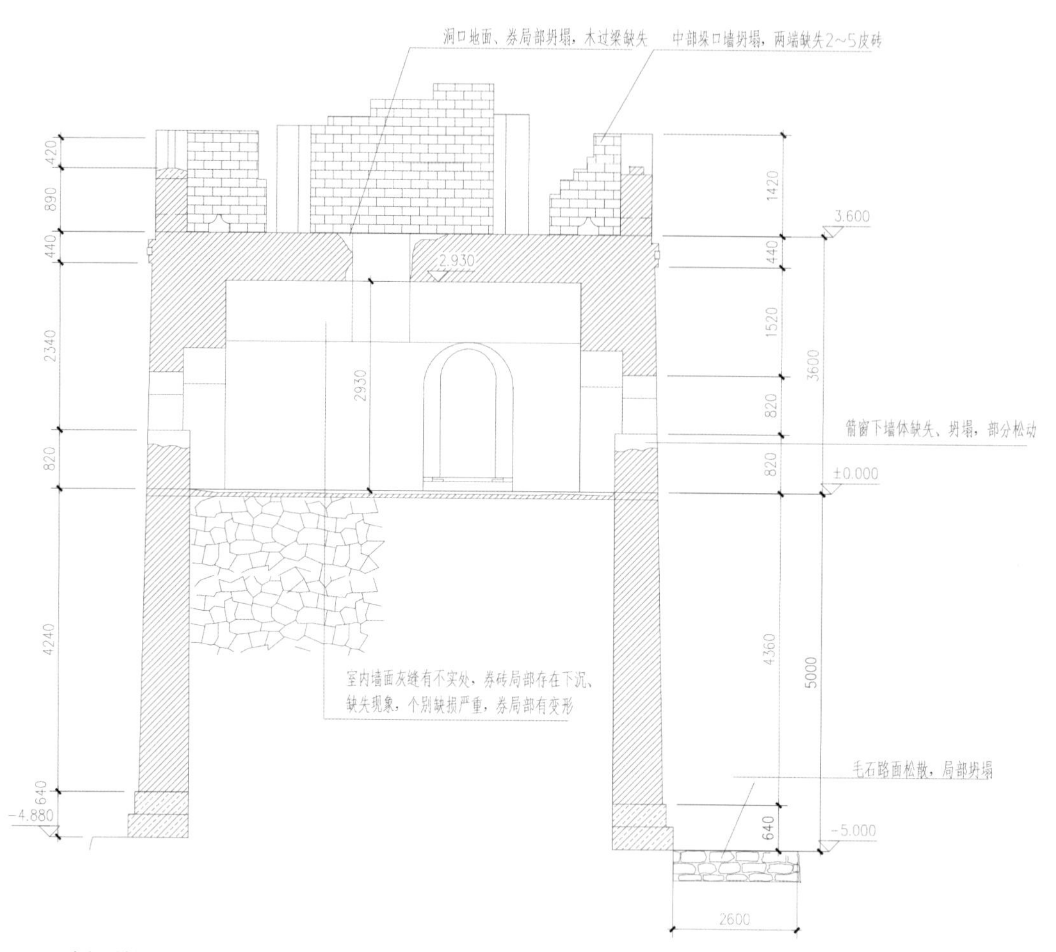

4-36 板厂峪 165 号敌台实测剖面图

4-37 板厂峪 165 号敌台一层坍塌堆积、墙体裂缝、地面破损现状

4-38 165号敌台西侧坍塌近景

4-39 165敌台二层楼橹坍塌现状

4-40 165 敌台立面现状

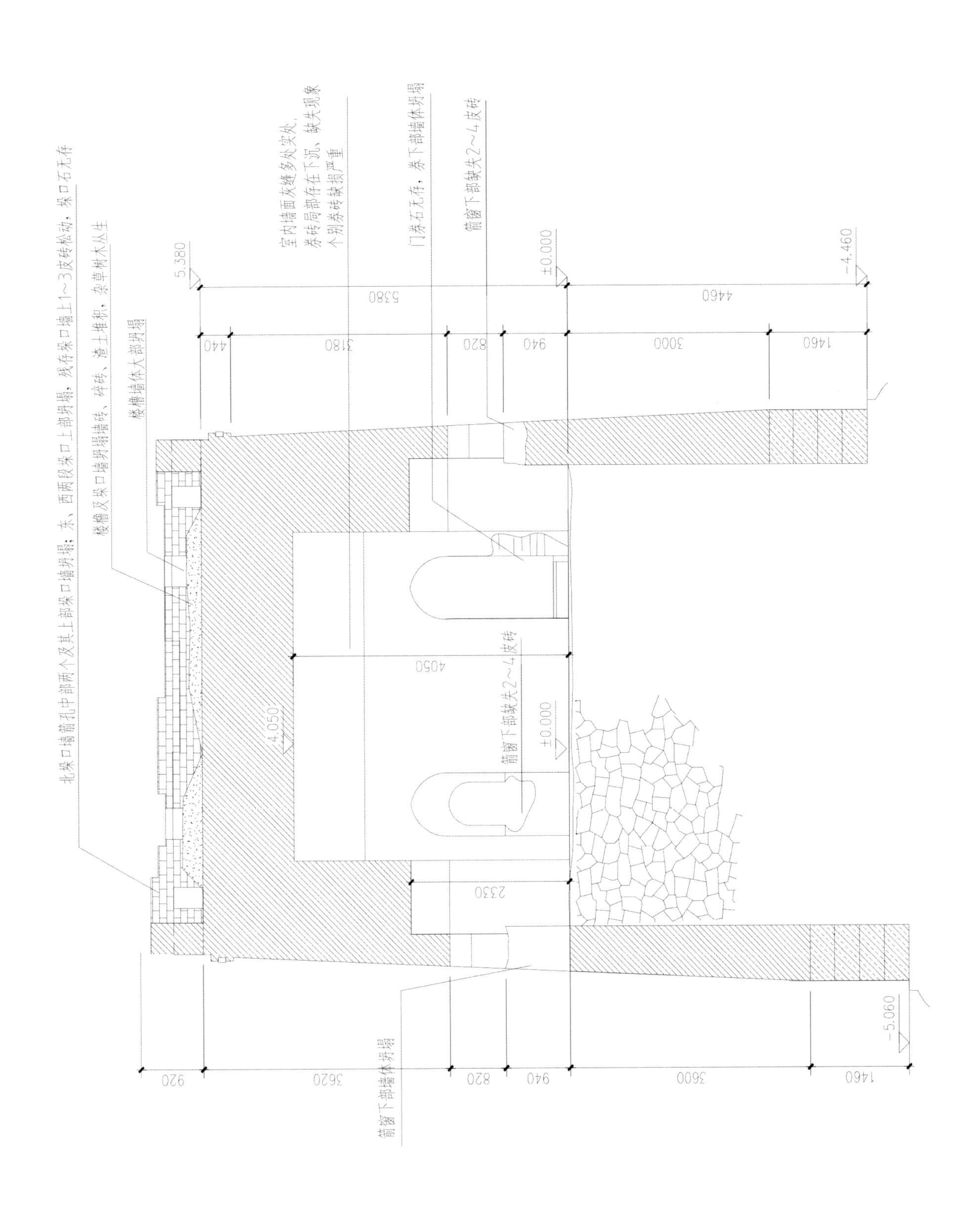

4-41 板厂峪166号敌台实测横剖面图

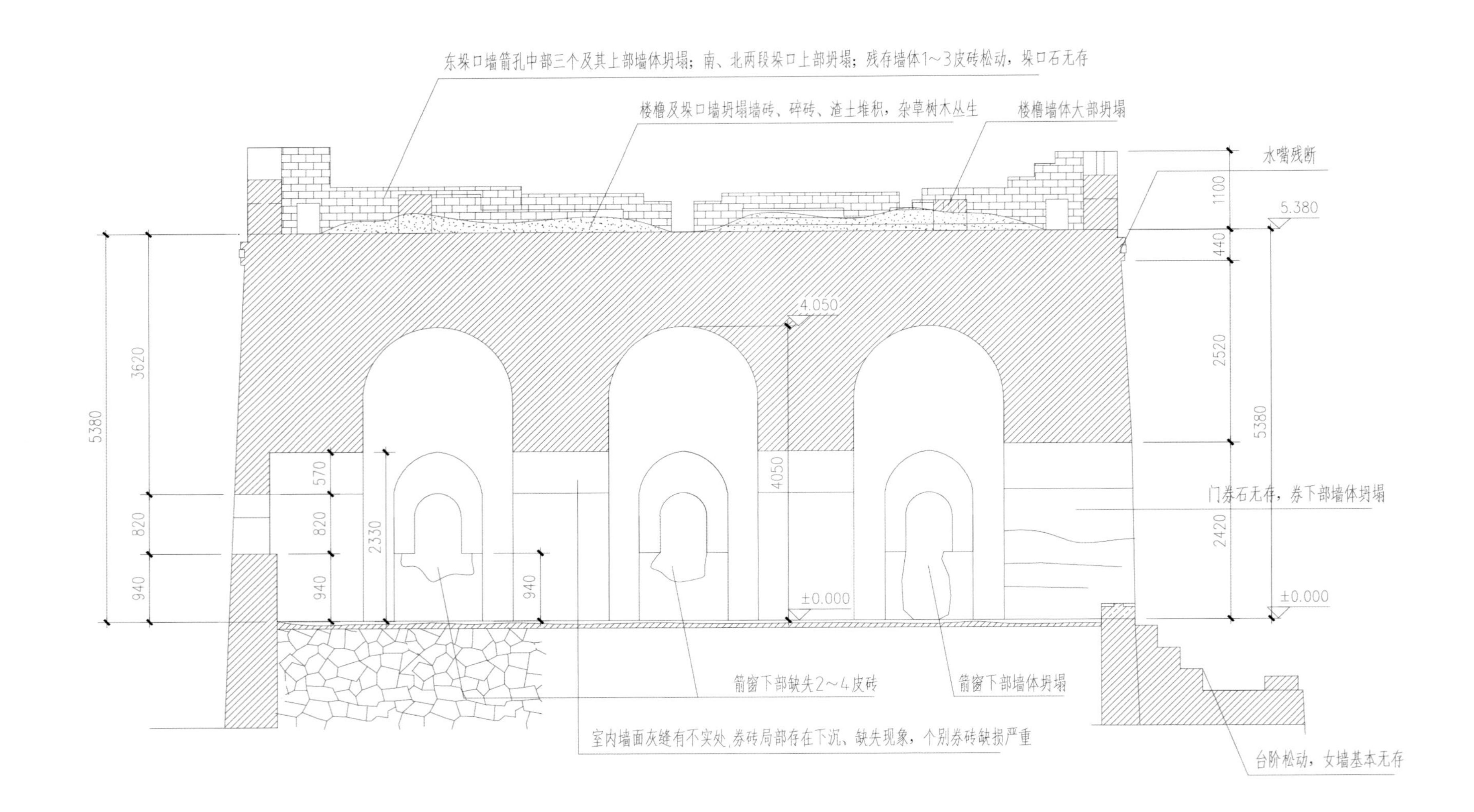

4-42 板厂峪166号敌台实测纵剖面图

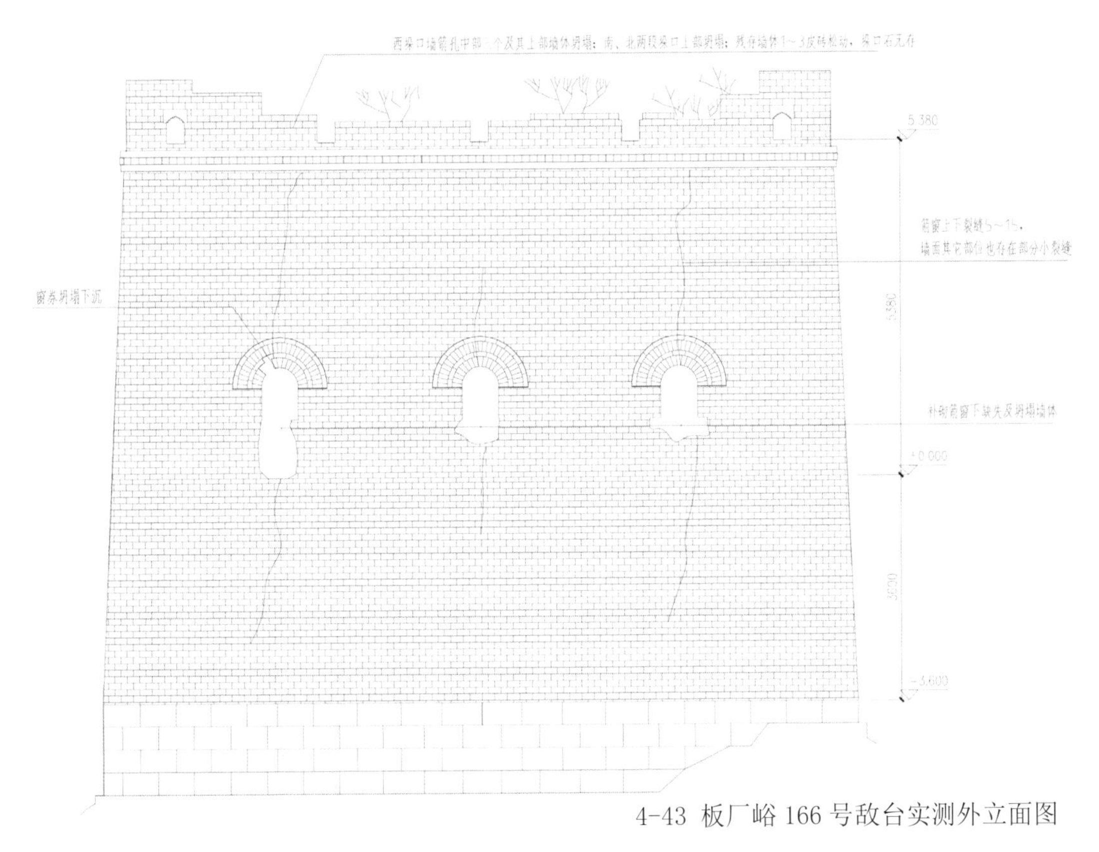

4-43 板厂峪 166 号敌台实测外立面图

4-44 166 号敌台通二层洞口坍塌现状

4-45 166号敌台门券脚坍塌现状

4-46 166号敌台外墙裂缝现状

4-47 166号敌台立面现状

“板长峪 163 -166 号敌台之间墙体”

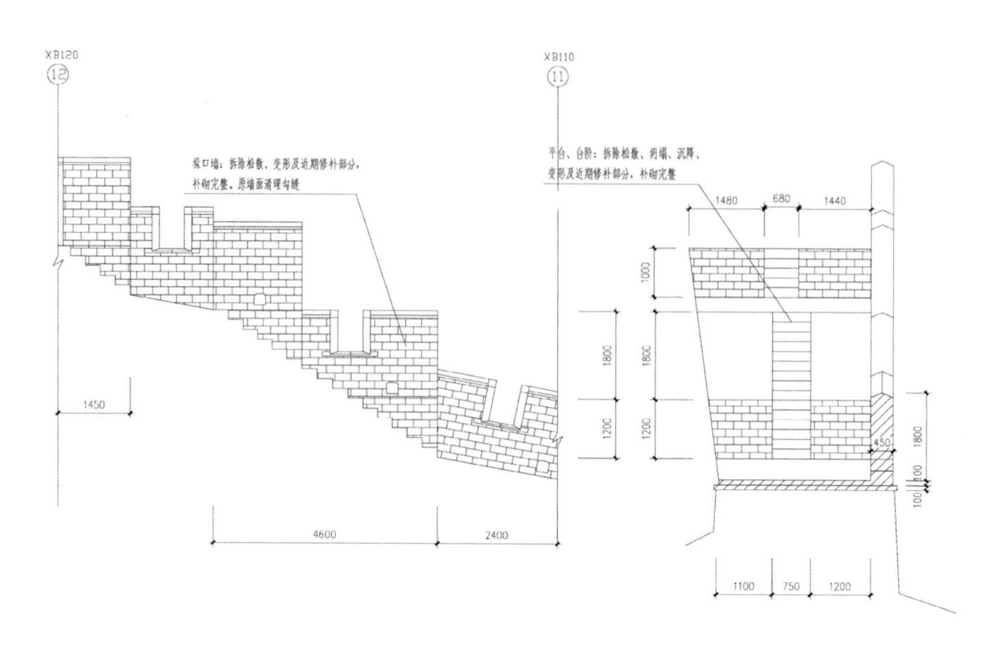

XB120-110 平台、台阶纵剖面图　1:50

横剖面图　1:50

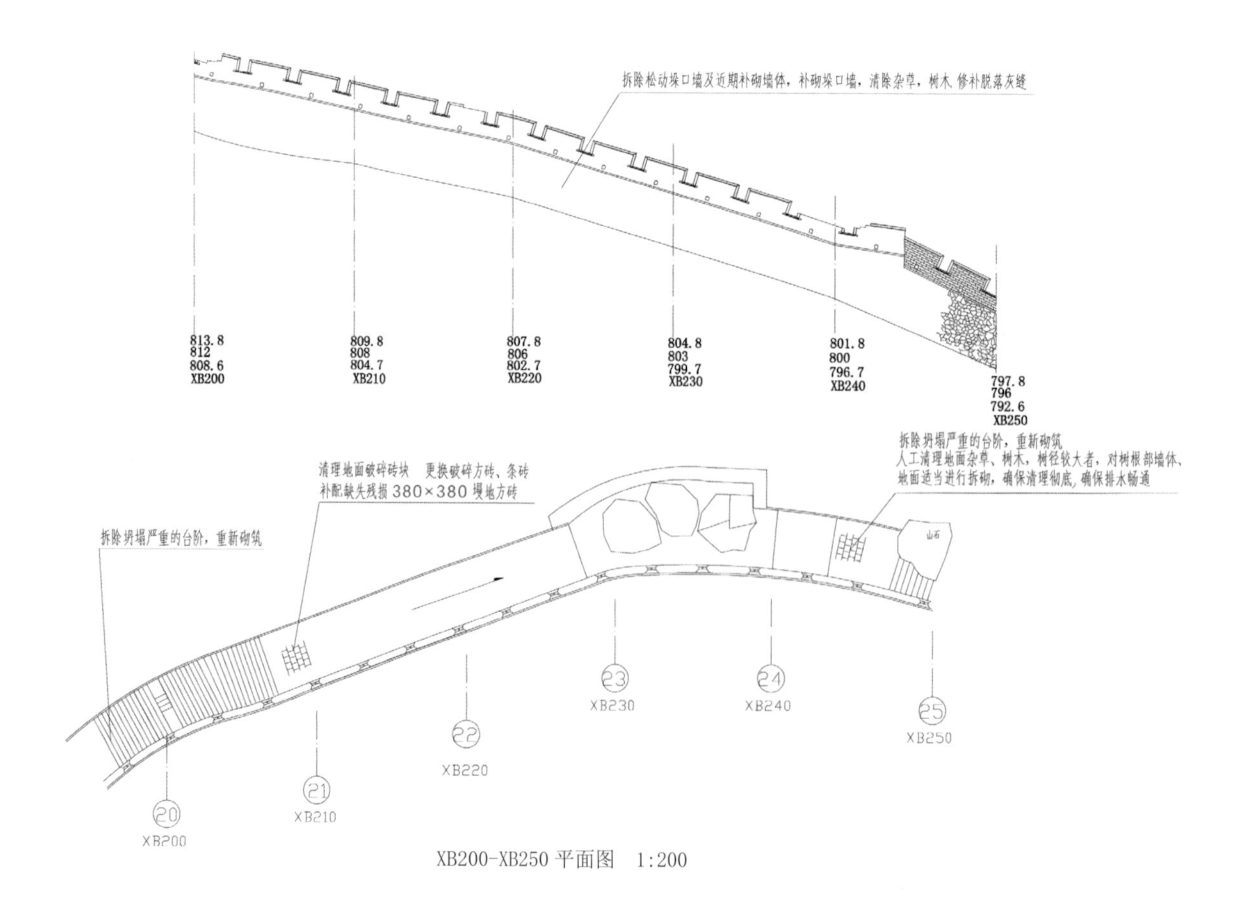

XB200-XB250 平面图　1:200

4 -48 板长峪 163 ～166 号敌台之间墙体实测图

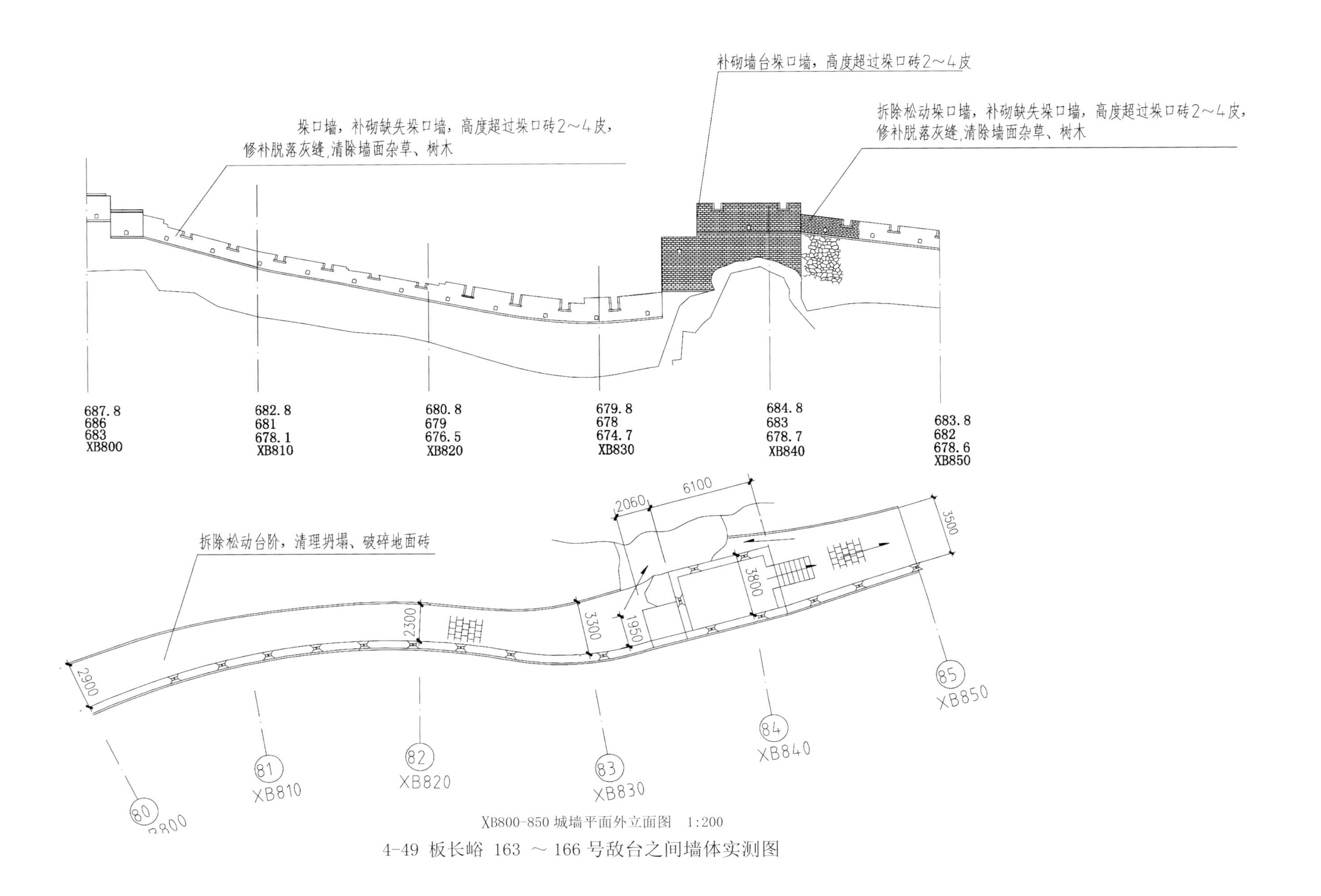

XB800-850 城墙平面外立面图　1:200

4-49 板长峪 163 ～ 166 号敌台之间墙体实测图

此段长城地势较高，平均海拔超过700米，最近的村庄海拔200米，距离长城超过3千米，据此分析，此段城墙的破损主要是自然变化引起，人为干扰较少，仅在近期有过补修。自然因素主要表现为雨水侵渗、冰雪冻融、草木生长。城墙地面排水不畅，引起地面积水，渗入地面下。冰雪冻融作用引起面层砖在外力作用下不断膨胀、收缩，直到碎裂；而杂草树木的破坏作用更是引起城墙多方面的破坏的重要原因，树木生长过程中的根劈作用，引起地面、墙面起鼓、裂缝等，带来排水不畅，加速地面砖的破损，直接引起局部坍塌、墙体松散等。生长在城墙里的杂草也破坏着城墙地面，引起地面排水不畅。

4-50 43 号桩点台阶（近期砌筑）

4-51 730 桩点保存较为完整的内墙水嘴（仅一处）

4-52 垛口砖（二砖拼砌）

第五节 施工运输

施工前期准备

一、材料运输

板厂峪因地形结构复杂，运输材料成为一大难题，我方根据各地形结构形式，采用了驮队、索道、人工挑抬三种运输方式。

（一）驮驴运输

板厂峪施工范围较长，机械设备不能达到的施工区域，配以驮驴进行运输。运输过程中，提前规划好行驶路线，途中备好草料和饮水。

（二）索道运输

本工程所用索道为塔式索道，由于受施工场地局限性，山上山下索道塔架搭设位置选取成为难点。我方综合以上因素，最后把山下索道塔架搭设地点设置在北齐长城遗址下坡拐角处；山上索道塔架搭设地点设置在 XB660 桩点所对应的山体处，利用工具将场地清理平整。

确定了山上、山下索道塔架位置，开始着手制作塔架基础，人工清理－开挖基槽－放线定尺－预埋铁定位－混凝土浇筑－养护等工序陆续进行。

索道厂家到现场指导塔架及索道安装，经过认真的调试，索道检测合格后，方投入正常使用。

本次索道用电从板厂峪景区酒店变电室接出，采用 75 平方 YJV 电缆 2000 米沿山路及山沟引至施工现场，沿途设置两个型号 JXF1-7050/20 配电箱，满足山下生活、生产所需用电。

（三）人工运输

板厂峪长城 163 ～ 166 段及中间墙体施工区域，地势落差大，台阶较多，为把材料运输到施工区域，采用人工挑抬方法进行分配倒运。

5-1 驮驴运输

5-2 索道基础混凝土垫层浇筑

5-3 索道电机安装

5-4 索道支架安装

5-5 装运料斗

5-6 索道安装完成

5-7 人工挑抬

5-8 人工传递

5-9 人工抗运

第六节 修缮说明

植被清理

采用人工砍伐清理，彻底清除城墙内外施工范围内荆棘及乔木、灌木。

1. 伐树前，将周围有碍砍伐作业的草丛和藤条清除。上树前应检查是否有马蜂窝，如果有，应采取可靠的安全措施。

2. 上树作业时，手脚应放在适当的位置，防止被斧、锯划伤。

3. 防止树木（树枝）倒落在导线上，应设法用绳索将其拉向与导线相反的方向，绳索应有足够的长度，以免拉绳的人员被倒落的树木砸伤。

4. 在树木的倒落方向绑好两条控制绳索，绳索要有足够的长度，以免拉绳人员被倒落的树木砸伤。

5. 在树木的倒落方向侧锯树，深度达树木直径的 1/3 时停止。然后在另一侧锯树，锯口要比对侧锯口高 20 毫米左右。

6. 紧绳索，继续锯树，当深度接近树木直径的 2/3 时，锯树人躲开，用力拉紧绳索，使树木按要求的方向倒落。

7. 不得多人在同一处对向砍伐，或在安全距离不足的相邻处砍伐。树木倾倒的安全距离为其高度的 1.2 倍。

8. 砍树时，锯口在树木离地面 100 ～ 200 毫米处。

9. 砍剪的树木下面和倒树的范围内应有专人看守，不得有人逗留，防止砸伤行人。在人口密集区砍伐树木时，应设安全遮拦。

10. 装车前，应将大树进行分段截断，先大后小，从底向上整齐堆放。截锯时，三叉马和树干垫撑必须稳固。随后将截断的树木装上汽车运离现场。

6-1 春夏砍伐作业

6-2 秋冬砍伐作业

脚手架搭设

根据本工程的立面特征及结构特点，本工程外脚手架拟采用传统着地式的双排单立杆脚手架，外脚手架沿建筑外围搭设。脚手架根据计算、试验立柱柱距 1.5 米，步高为 1.8 米，排距 0.5 米。脚手架的离墙距离应满足建筑物外墙装饰的需要。

1. 脚手架的基础

本工程施工用外脚手架着地搭设，脚手架的自重及其上的施工荷载均由脚手架基础传至地基。

2. 脚手架搭设

建筑施工用的钢管脚手架搭的基本要求是：横平竖直，整齐清晰，图形一致，平竖通顺，连接牢固，受荷安全，有安全操作空间，不变形，不摇晃。

（1）外脚手架采用双排外脚手架。脚手架立柱跨距 1.5 米，步距为 1.8 米，距离长城本体 0.2 米。

（2）外脚手架两端，转角处以及每隔六～七根立杆应设剪刀撑，剪刀撑与地面夹角不应大于 60°。

（3）外脚手架紧跟施工进度搭设，并高出施工作业面一步。使用过程中，随时检查加固，以保安全。

6-3 脚手架搭设

石作工程

1. 石活归安

石活脱离了原有位置，需进行归安时，复位前应将里面的灰渣清理干净，用水洇湿，然后重新坐灰安放，石材与周围结构裂缝较大时应做灌浆处理。

施工方法：拆除前先照相，拍资料。拆除石活时要先将石缝中泥土杂物清除干净，用木棍或用铁撬棍垫木板将石活松动，卸下运至安全地带，运送时用称车、麻绳，使用钢丝绳时垫木枋、木板，避免造成蹦棱掉角。

（1）拆除下来的石料灌浆部位，如条石背面将残留的灰浆用小铁錾子、钢刷子清除干净，用水将浮土冲净。

（2）在拆除下来清理干净的石活背面用墨笔汁注明石料部位，以备将来安装时对号入座，归位安装。

（3）石活归安前，先将砖砌好，检查无误后，方可归安石活。

（4）归安石活要按石料原有位置归安，不得错位，并按原位置、原标高将石活稳好。

（5）石活就位前，可适当铺做灰浆，下面预先垫好木枋以便撤去绳索。再用撬棍将石活撬起，拿掉垫在下面的木枋。石活如不跟线或头缝不合适时使用撬棍找活，要注意石活的楞角，防碰棱掉角。

(6)石活放好后,按线找平、找正、垫稳。用坚固的石片背山。后口立缝要背山并背实。

（7）灌浆前要先勾缝。如石料间缝隙大，应用麻刀灰锁口，然后灌清水湿润，在适宜的位置留浆口和出气口。小缝隙用石膏勾抹严实。

（8）灌浆采用石灰浆，分三次灌浆。第一次较稀，以后逐渐加稠。每次灌浆间隔4个小时以上，灌浆完成后，将石面清洗干净打点勾缝。

2. 条石整修

对歪闪、变形失稳的基础石材进行拆安归位。在拆卸墙体前应对条石的位置进行编号，分类码放，待重砌时按原状归位，最大限度地恢复原貌。拆除时，用瓦刀和撬棍一层一层拆除。重砌时按原有做法砌筑，对需要更换的条石进行补配，做到墙体的协调。对脱落条石基础用白灰补缝。

3. 石构件补配

按缺失条石规格、材质和色泽进行补配，归安、整修前，依据设计图纸对各殿座进行全面复查核对，并进行测量记录，明确归安部位和石活位移尺寸。归安时，应挂通线或顺线找规矩，将石构件拼缝和后口清理干净，用撬棍将位移石构件移至原位，用撬棍拔撬石构件时要轻缓，力度适中，并特别注意保护好棱角。对损坏严重的石活进行添配时，查明原建筑物所用石材材质，现场量出所需添配石材的尺寸，进行场外加工订货，石材的加工与安装皆要符合传统工艺。

①拱券石：拱券石位于敌台的券门上，或是一整块半圆形的石材，或由两三块石材组合而成。

②吐水嘴石：形制一头大一头小，大的一头置于长城或敌台的内侧，小的一头挑出墙外。

③垛口石：安装在垛口墙上，两侧的三角形与垛口砖相契合。对于中央圆孔功能有很多推测，比如架设火铳、安装盾牌、插放旗帜……至今未有定论。

④望孔石：顾名思义，望孔是为军事瞭望功能而设置的。

6-4 石活拆安归位

6-5 条石整修

6-6 石构件运输

6-7 拱券石补配

6-8 吐水嘴补配

6-9 垛口石补配

6-10 补配望孔石

望孔形式

长城的敌台、墙体由于相对偏狭，地势局促，所以必须在适当的地方开孔以利瞭望，这是望孔的主要功用。有的望孔也兼有向外施展武器、发射弓弩火炮等的作用，这样的望孔，也可以叫作射孔。

板厂峪段长城已经发现的四种望孔形式（如图所示）：

6-11 倒“U”形望孔

6-12 围墙望孔外侧

6-13 普通直口形望孔

6-14 上尖下方望孔

敌台砌筑工程

159 敌台砌筑工程

“六眼楼”在《长城志》中的编号是 159 号敌台，坐落的位置古称“长谷口”，是一个对外贸易的通关口，有驻兵把守。因为关口防御的需要，开了 6 个射箭窗口，故称“六眼楼”。

“六眼楼”在万里长城中极为罕见，目前只在八达岭水关、板厂峪等少数地方存有。“六眼楼”北面有障墙一面，长 15 米、高 3 米，配有射箭孔，外侧沿线挖有壕沟，都属于长城立体防御工事，有效提高了长城防御能力。

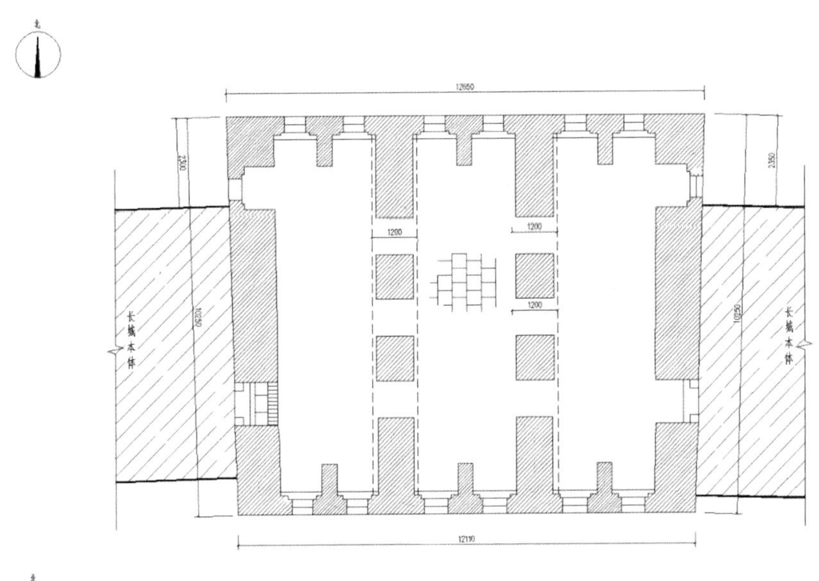

159 敌台一层平面图　1:80

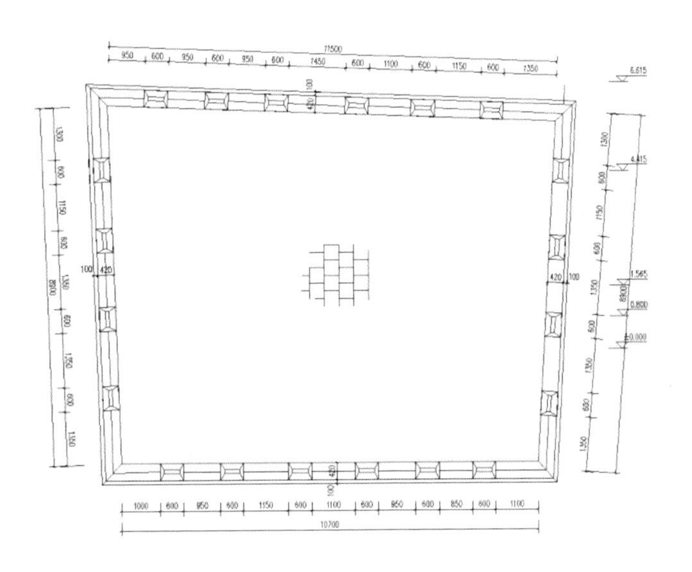

159 敌台二层平面图　1:80

1. 修缮内容：

根据现场修缮情况及敌台构造，恢复159敌台南侧基础条石，重新按制式砌筑坍塌墙体；重新发券，补配洞口木过梁；恢复一、二层地面方砖墁地；补砌箭窗及楼内坍塌下沉窗券及缺失石质门过口拱券石。

6-15 基址清理

6-16 毛石基础砌筑

6-17 条石基础砌筑

6-18 墙体砌筑

（1）石料加工

除了检查石料的裂痕、表面平整度和截头是否方正之外，主要检查石料的打道密度是否符合设计要求或原型制作法。用錾子加工出来的道纹应直顺、均匀，宽窄、深浅一致，无乱道、断道等现象。

石料加工的允许偏差

序号	项目		允许偏差（毫米）
1	表面平整	砸花锤、打糙道	4
2	截头方正		2
3	打道密度	糙道（10 道 /100 毫米宽）	±2 道

（2）石料安装

石料安装的质量控制要求见下表。

石活安装的允许偏差

序号	项目	允许偏差（毫米）
1	截头方正	2
2	轴线位移	3
3	外面平整度	2
4	外棱直顺	5
5	相邻石接槎（高低错缝）	2
6	相邻石接槎（出进错缝）	2

（3）发券要点：

a. 以券腿上皮为起点支设券模板。

b. 在模板上要进行的放样、弹线、砖的试摆。

c. 砌筑时，上下错缝，内外搭砌，灰浆饱满、平直。

d. 灰浆的强度达到要求后，将模板拆除。

e. 清理打点。

6-19 拱券模板制作

6-20 券腿砌筑

6-21 发券

6-22 找平

6-23 二层地面垫层

6-24 地面完工

6-25 159 敌台完工后照片

160 敌台砌筑工程

根据现场修缮情况及敌台构造恢复 160 敌台东北角坍塌墙体；重新发券，补配洞口木过梁；恢复一、二层地面方砖墁地；铺房基础；补配楼梯蹬道木。

根据裂缝残损程度对裂缝进行修补，剔补部分墙面断砖，补配各楼缺失坍塌的石券，补配缺失的望孔石及敌台蹬道台阶踏木。

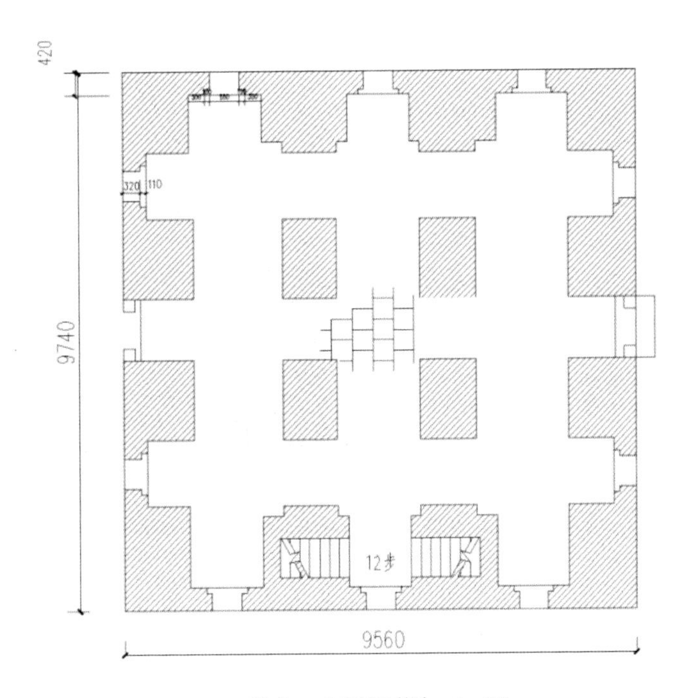

160 敌台一层平面图　1：60

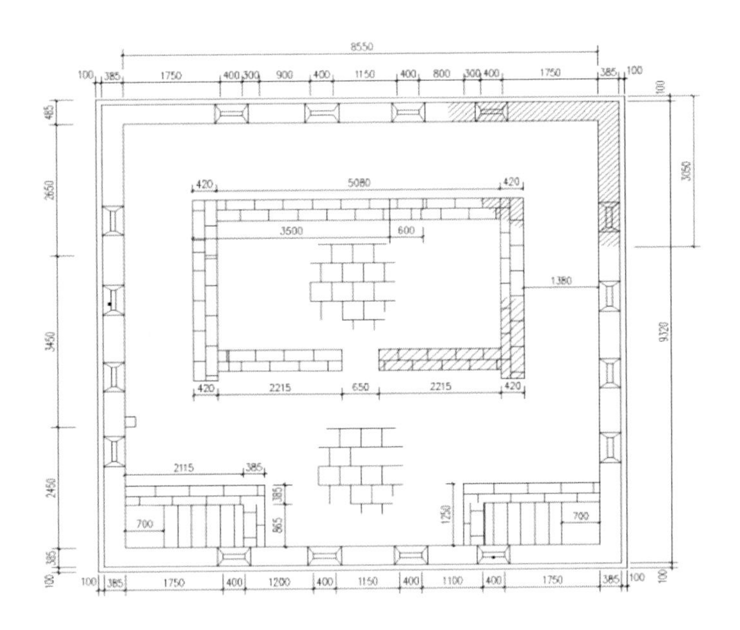

160 敌台二层平面图　1：60

6-26 160 敌台一层清理

6-27 160 敌台二层清理

6-28 券腿砌筑

6-29 发券

6-30 东北角砌筑

6-31 垛口墙砌筑

6-32 铺房墙体砌筑

6-33 地面尺二方砖墁地

6-34 补配过口木

6-35 补配蹬道木

6-36 160 敌台修缮后照片

郎晓光　（摄）

166 敌台砌筑工程

166 敌台主体砌筑方式同其他敌台不同之处在于：166 敌台经过现场勘查，发现上人孔为悬梯，采用“半券”形式，在板厂峪长城相邻地段很少见。

6-37 上人孔修缮前

6-38 上人孔修缮后

6-39 上人孔（顶拍）

城墙砌体工程

毛石干砌

159～160敌台墙体之间为石墙体，采用内外包干砌毛石，外白灰勾缝，墙芯为砂土、小块石分层夯筑，交错组砌，内外拉接，上下错缝，拉结石交错设置。

1. 施工准备

技术准备：在接到施工图纸后，项目技术负责人组织编制施工图，组织相关技术人员认真审阅，尽快编制施工方案、施工技术交底，以及施工作业指导书。

材料准备：进购毛石，对要进购的毛石提出以下要求：

（1）石材不能够有隐残、开裂。

（2）要求毛石必须至少有一面平整。

（3）石材材质同本体石材材质。

2. 毛石基础砌筑

基础垫层：于毛石基础坐落于原始地基上，要求将垫层垫平、夯实。

毛石基础砌筑：

（1）毛石分两层砌筑，第一层沿整个槽宽砌筑，第二层较第一层向内推20厘米。

（2）第一层毛石砌完之后，必须对墙芯进行一次夯筑，再砌筑第二层毛石。

（3）毛石基础的总高度为60厘米，应注意把第二层毛石的标高误差控制在20毫米之内。

3. 质量保证措施

施工人员教育、培训：针对砌筑工程特点，根据质量目标，制定创优规划，组织协调各部门围绕质量目标开展工作。加强全员质量意识，牢固树立“质量第一”的思想，操作人员利用岗前教育，岗位培训作为质量管理的措施，利用严格的质量管理制度做约束，把质量管理工作变为职工的实际行动，做到四个一样，即：有人检查无人检查一样，隐蔽工程外露工程一样，突击施工和正常施工一样，坚持高技术高标准一样。

控制毛石材质和砌筑质量：

（1）毛石材质

严格控制砌筑毛石的石质，除了要求不得进购山皮石料外，还要求进购的毛石必须至少有一面平整，以利于毛石的砌筑及毛石之间的拉结。

（2）毛石砌筑

毛石砌筑的质量控制要求见下表：

毛石砌筑的允许偏差

序号	项目	允许偏差（毫米）
1	轴线位移	3
2	顶面标高	±20
3	表面平整	20

6-40 毛石基础砌筑

6-41 毛石墙体干砌

土石混筑

1. 工艺流程

（1）将长城本体内多余的浮土、渣土清理干净后，用人力夯将最底层基础夯实坚固。

（2）在已夯实的基础上分别回填 200 ～ 250 毫米碎石，每块碎石叠放要严实饱满。

（3）本工程为砂土、小块石夯填，也必须控制好含水率。

（4）回填土应分层铺摊，一般人力夯机每层铺土厚度为不大于 200 毫米，每层铺摊后，随之耙平。

（5）回填土每层至少夯打三遍。打夯应一夯压半夯，夯夯相连，纵横交叉。

（6）墙体两侧回填标高不可相差太多，以免把墙挤歪。

（7）填土全部完成后，应进行表面拉线找平，凡高出容许偏差的地方，应及时依线铲平。

2. 质量保证

（1）基底处理必须符合设计要求和施工规范的规定。

（2）回填的土料，必须符合设计要求和施工规范的规定。

6-42 土石混筑

地面工程

1. 159 ～ 160 敌台之间墙体地面按照原形制为三七灰土垫层，片石地面铺砌，白灰勾缝，缝宽为 2 ～ 3 厘米。铺好的地面在 2 ～ 3 天内禁止上人。 163 ～ 166 之间墙体地面为方砖铺墁，白灰勾缝。

2. 室内敌台方砖墁地

敌台地面现状，经探查后，地面砖为双层，面层为尺二方砖，尺二方砖下为城砖基底。此次修缮只拆除松动、空鼓的地面城砖垫层，糙墁方砖地面。对面层的尺二方砖要求保留完整部分的砖，即不裂、不碎、表面较为平整的砖，拆下来进行保留，使用在不换部位的碎砖位置。拆除过程中不准使用大锤砸，使用铁镐刨墁砖掺灰泥，将砖拆起。铁镐不准撬动基底城砖，防止用力过大将基底城砖刨碎。拆除过程中自内向外施工，运碎砖车行走在没有拆除的地面上。

3. 方砖地面施工工艺

尺二方砖糙墁地施工工艺流程：基层处理→抄平、弹线→冲趟→样趟→揭趟→墁地→白灰浆灌缝→白灰浆灌缝

（1）垫层处理：用灰土夯实作为垫层，另铺一层砖仍作垫层，灌一次生石灰浆。

（2）按设计标高抄平，室内可在四面墙上弹出墨线。

（3）冲趟：在两端拴好曳线并各墁一趟砖叫“冲趟”，室内方砖地面，应在正中再冲一趟。

（4）样趟：在两道曳线间拴一道卧线，以卧线为标准铺泥墁砖，泥不要抹得太平太足（应为“鸡窝”泥）。砖要平顺，缝要严密。

（5）揭趟、浇浆：将墁好的砖揭下来，泥的低洼处进行补垫，然后在泥上从每块砖的右手位置沿对角线向左上方浇洒白灰浆。

（6）打点：地面全部墁好后，若砖面上有残缺或砂眼，用砖药打点。

4. 质量保证措施

（1）面层和基层必须结合牢固，砖块不得松动。

（2）地面砖必须完整，不得缺棱掉角、断裂、破碎。

（3）缝或勾缝严密，深浅一致，灰缝内不空虚。

（4）砖墁地面的允许偏差和检验方法应符合下表的规定：

糙墁地面的允许偏差和检验方法

序号	项目	允许偏差（毫米）	检验方法
1	表面平整	5	用 2 米靠尺和楔形塞尺检查
2	砖缝直顺	5	拉 5 米线，不足 5 米拉通线，用尺量检查
3	灰缝宽度	2	抽查经观察测定的最大偏差处，用尺量检查
4	地面整体坡度	每米 ±2	用短平尺贴于高出的表面，用楔形塞尺检查相邻处

于文江 （摄）

6-43 板厂峪风光

6-44 三七灰土垫层打夯

6-45 片石地面

6-46 方砖墁地

6-47 勾缝

6-48 敌台地面拆除（面层为方砖，基层为条砖）

6-49 基层清理

6-50 方砖墁地

6-51 勾缝

6-52 完工后地面

施工照片对比

6-53 ①～②轴修缮前

6-54 ①～②轴修缮后

6-55 159 敌台修缮前

6-56 159 敌台修缮后

6-57 ②～③轴修缮前

6-58 ②～③轴修缮后

6-59 ③～④轴修缮前

6-60 ③～④轴修缮后

6-61 160敌台修缮前

6-62 160敌台修缮后

6-63 ④～⑤轴修缮前

6-64 ④～⑤轴修缮后

6-65 163号敌台修缮前

6-66 163号敌台修缮后

6-67 164 号敌台修缮前

6-68 164 号敌台修缮后

6-69 166 号敌台修缮

6-70 166 号敌台修缮后

于文江 （摄）

施工详图

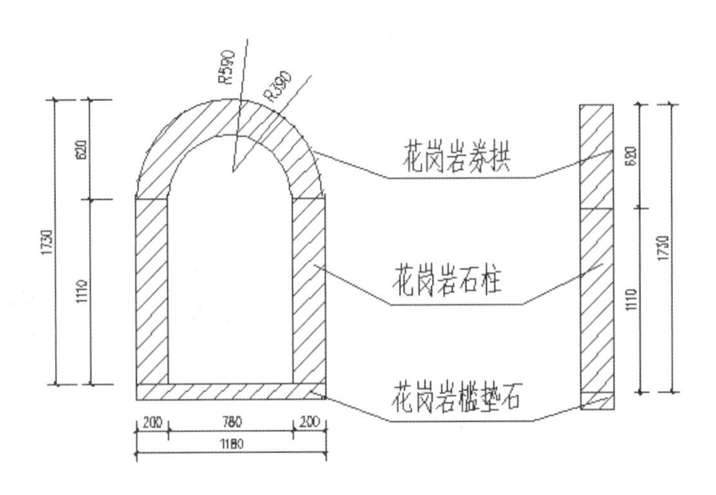

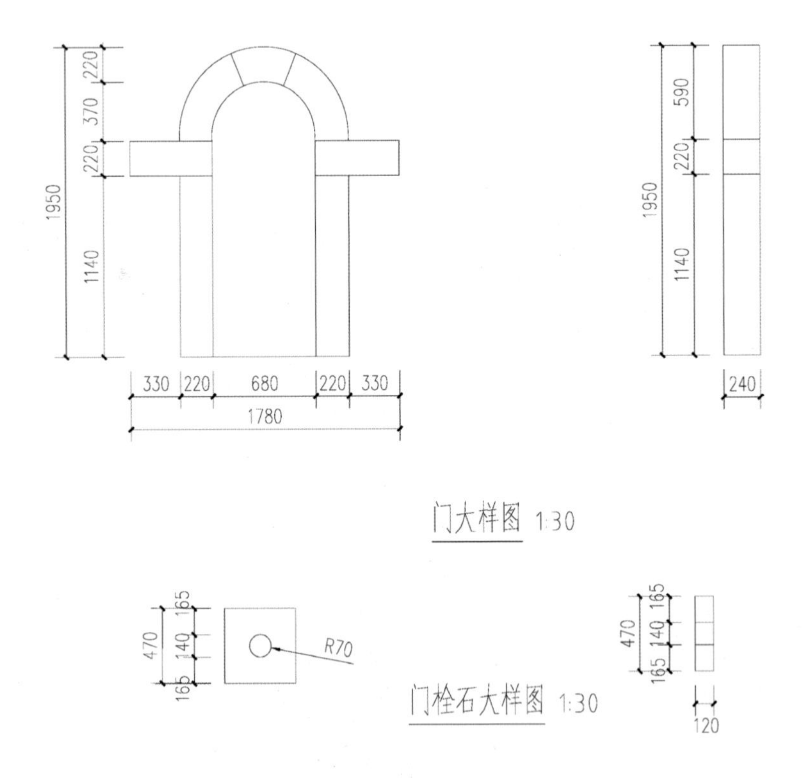

门大样图 1:30

门栓石大样图 1:30

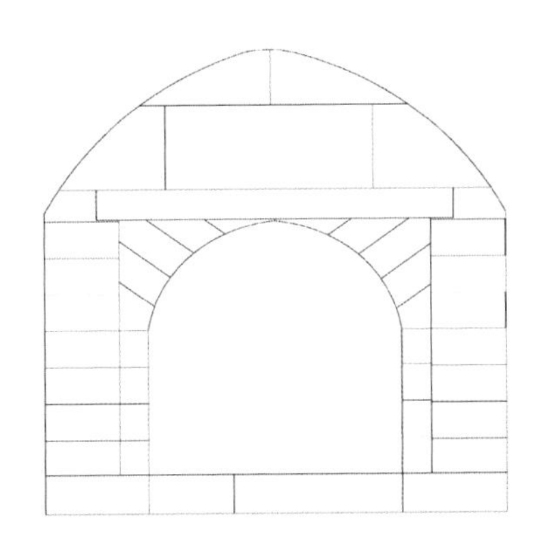

敌台箭窗示意图

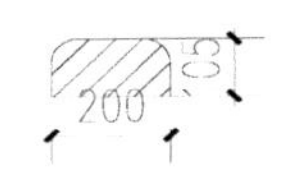

箭窗下础砖剖面图

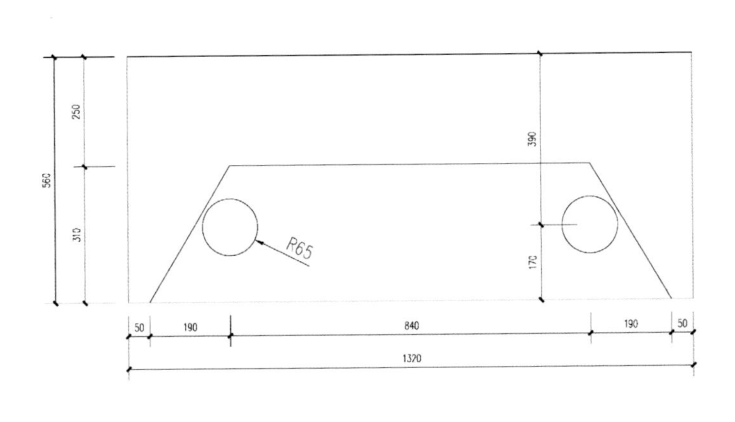

门槛石平面图 1:10

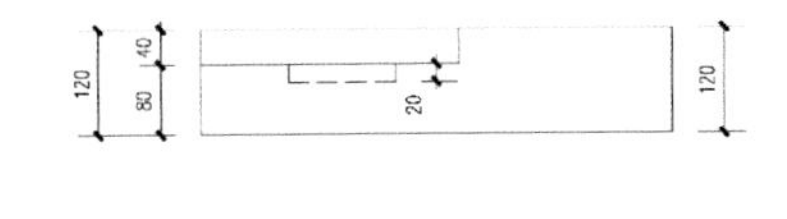

门槛石1-1剖面图 1:10

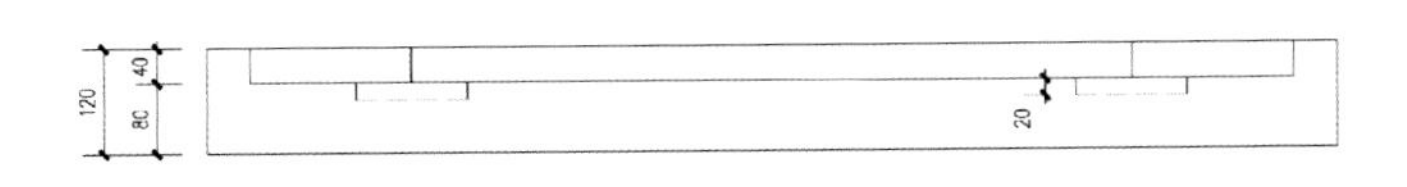

门槛石立面图 1:10

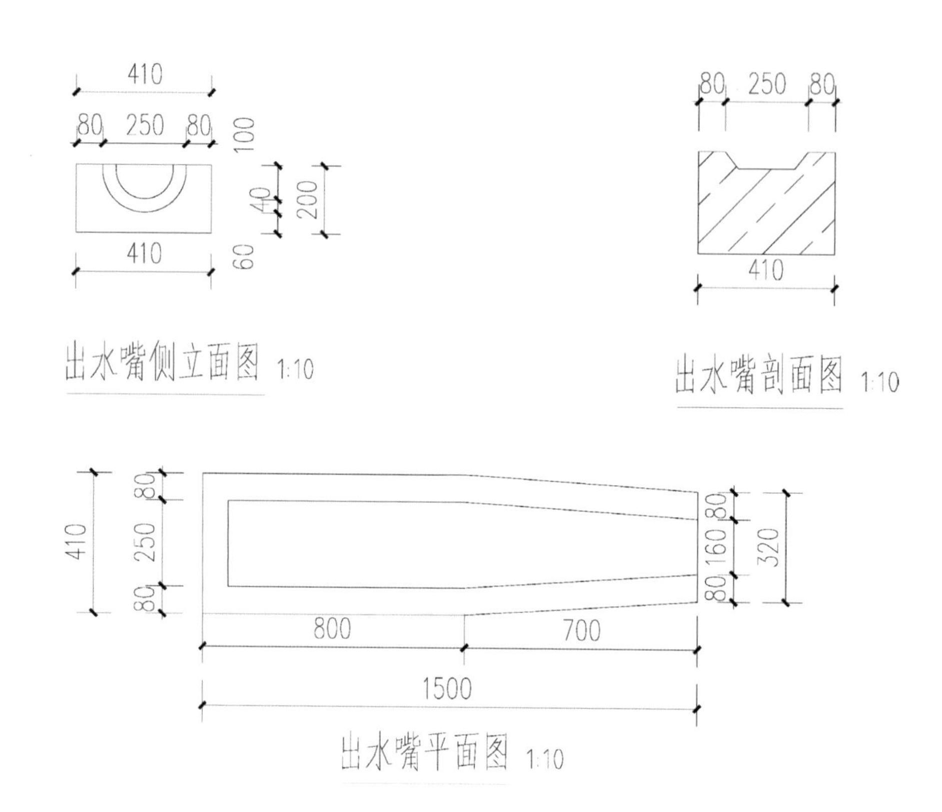
410
80 250 80
100
40
200
410
60
出水嘴侧立面图 1:10
80 250 80
410
出水嘴剖面图 1:10
410
80
250
80
80
160
80
320
800
700
1500
出水嘴平面图 1:10

于文江 （摄）

第七节 现场准备

临时搭建

为保证施工进度及工人的吃住问题，在板厂峪山脚下空地现场搭设临时围挡。

7-1 临建搭设

材料准备

糯米灰浆是将糯米熬浆掺入陈化的石灰膏中，从而可以增加灰浆的黏结强度、表面硬度、韧性和防渗性，明显提高砖石砌筑物的牢固程度和耐久性。

科学研究发现了一种名为支链淀粉的“秘密原料”，因为它的存在让糯米灰浆拥有了神奇的粘合力。支链淀粉是来自于添加进糯米灰浆中的糯米汤。灰浆中的支链淀粉起到了抑制剂的作用：一方面控制硫酸钙晶体的增长，另一方面生成紧密的微观结构，而后者应该是令这种有机与无机砂浆强度如此之大的原因。

煮浆灰，生石灰加水搅拌成浆，过细筛后发胀而成。

糯米浆熬制比例：灰：糯米：白矾 =100 ： 0.75 ： 0.5

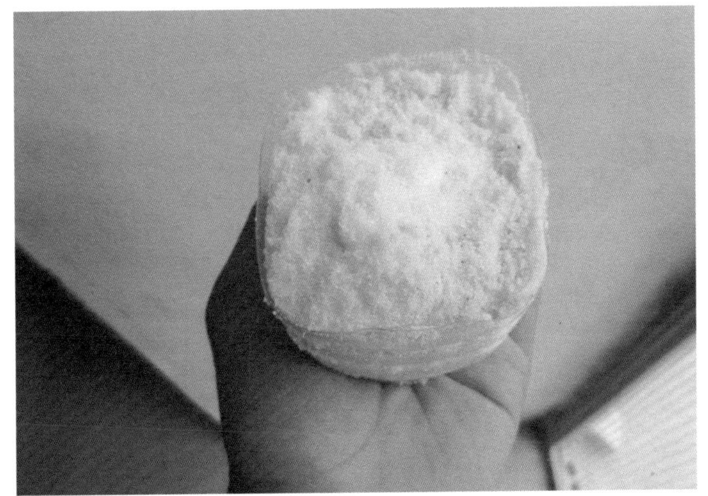

7-2 白矾

7-3 加入白矾

7-4 糯米浆熬制

7-5 灌浆

7-6 淋灰

第八节 施工中的新发现

文物发现

1. 159 西侧，清理坍塌墙体时，发现敌台入口处残存台阶 9 步。

2. 159 台西约 12 米处内侧，残存登城台阶两步，请示现场甲方代表、监理按设计要求，原形制修复。

3. 在施工清理过程中，板厂峪②～③段北侧 159 敌台西约 40 米处外侧发现了保存较为完整的台阶九步，我方对该部进行深度、细致的清理，清理出较完整的槛垫石一块，断裂的门柱石、拱券石各一节，以及通向墙顶东、西马道台阶两步。此次发现及时上报给监理、驻现场甲方代表，经设计批复，按着原样式进行修复。

8-1 159 西侧残存台阶

8-2 修复台阶

8-3 清理发现的槛垫石

8-4 清理发现的拱券石

清理出的文物清单

在清理挖掘159敌台北部障墙废墟时，发现一些破碎瓷片，报经甲方驻现场代表、设计、监理同意后，继续仔细深层清理，发现雷石若干枚（部分带有火药）和陶制象棋子、残断石碑及一些生活用品，所出土的文物均已上交到相关部门。清理出的文物如图所示：

159敌台障墙处清理出土的石碑及碑座

159敌台障墙处清理出土的石碑1

159 敌台障墙处清理出土的石碑 2

159 敌台障墙处清理出土的石碑 3

159 敌台障墙处清理出土的石碑 4

159 敌台障墙处清理出土的石碑 5

159 敌台障墙处清理出土的铠甲片

159 敌台障墙处清理出土的铜质钥匙

159 敌台障墙处清理出土的铁钉

159 敌台障墙处清理出土的箭头

159 敌台障墙处清理出土的陶土象棋子及烟袋

159 敌台障墙处清理出土的铁锹头

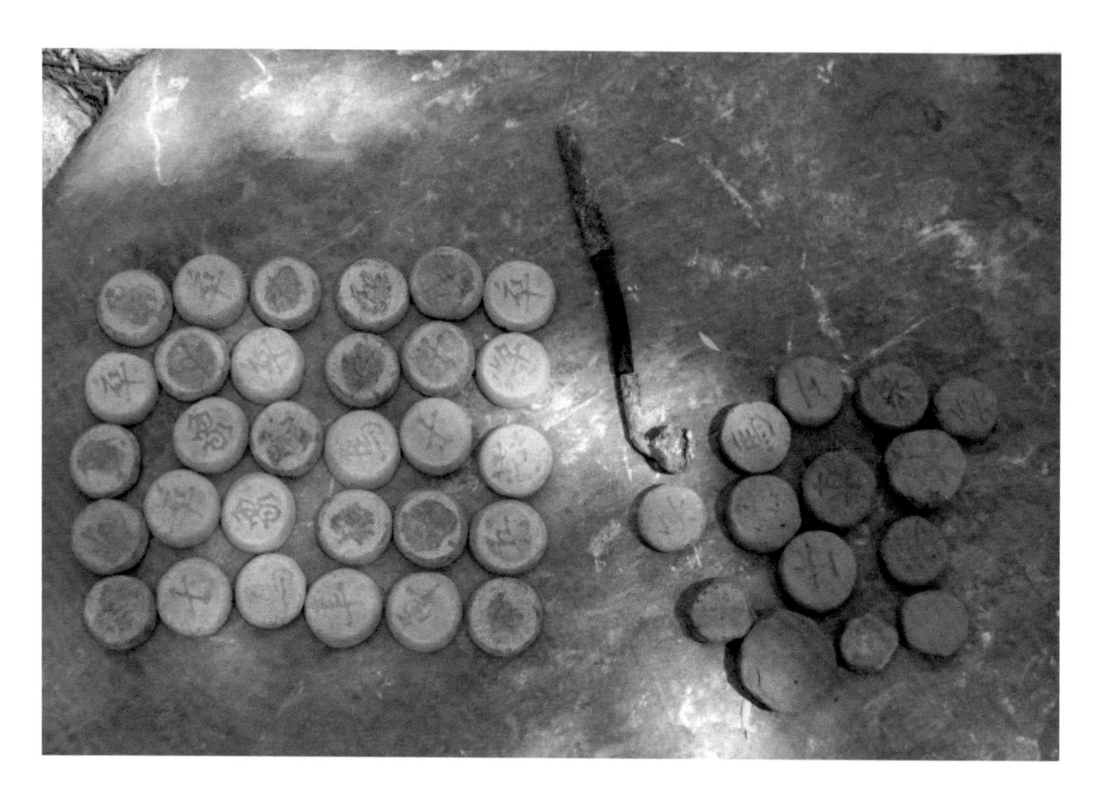

159 敌台障墙处清理出土的陶土象棋子及烟袋

159 敌台障墙处清理出土的秤杆

159 敌台障墙处清理出土的石雷

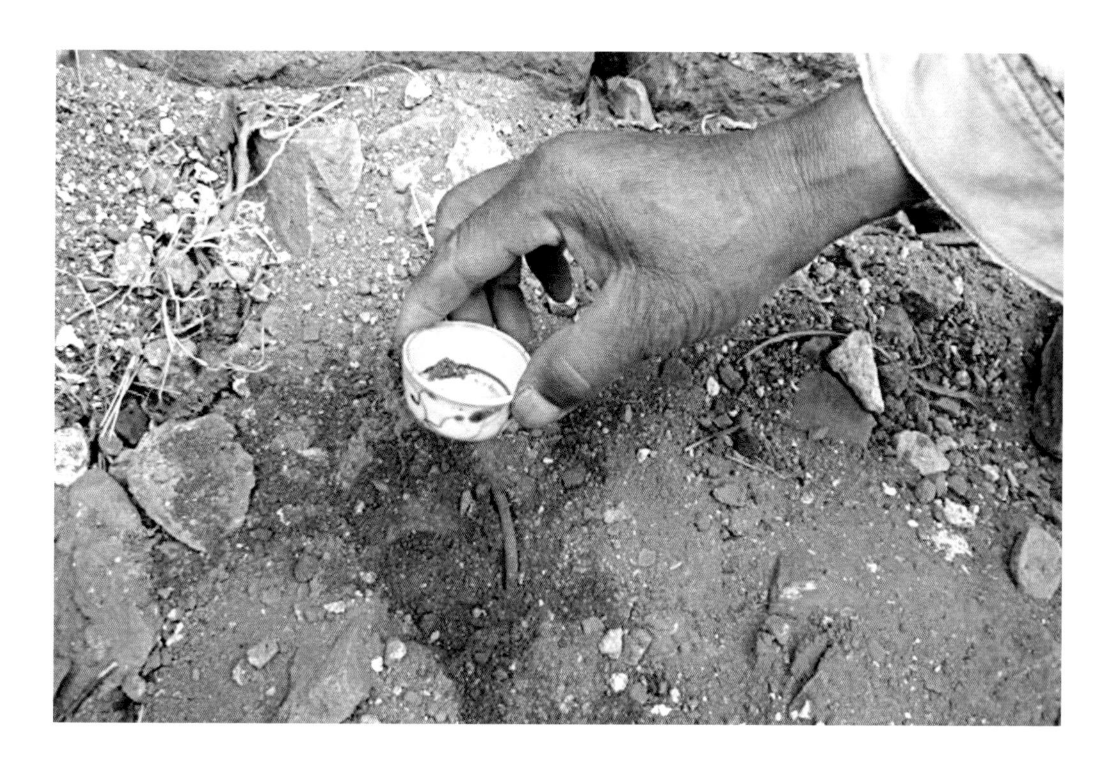

159 敌台障墙处清理出土的明青花瓷

159 敌台障墙处清理出土的小砚台

159 敌台障墙处清理出土的算珠

159 敌台障墙处清理出土的骨质头饰

159 敌台障墙处清理出土的大砚台

159 敌台障墙处清理出土的现代羊倌用的瓷碗

159 敌台障墙处出土的弹夹

159 敌台障墙处清理出土的油灯

159 敌台障墙处清理出土的生活用品

160 敌台二层清理出土的 3 号筒瓦

160 敌台二层清理出土的瓦罐残片

159 敌台障墙处清理出土的 3 号板瓦

159 敌台障墙处清理出土的瓦当

第二章 西连峪长城修缮

第一节 北朝长城概况

历史背景

公元550年，鲜卑化的汉人高洋像他的父亲高欢一样当上了东魏的相国，受封齐王。是年高洋废东魏孝静帝，推翻东魏，自己即皇帝位，建国号齐。称齐文宣帝，改元天保，首都依然定在邺（今河北临津西南）。后代史学家为区别南方萧道成废南朝刘宋所建的齐朝，称之为北齐，也叫“高齐”。

北齐王朝建立后，承东魏疆土，领有今洛阳以东的河南、山西、河北、山东和辽宁、内蒙古各一部。南邻梁朝（557年梁亡后为陈），西接西魏（557年西魏亡后为北周），东滨渤海，北与柔然、契丹、突厥、库莫奚毗邻。

齐文宣帝一方面在政治上采取措施，严禁贪污，制定齐律，建立州郡，稳定内部；另一方面，为了巩固防务，首先进行军队整顿，为了加强对游牧民族及对西魏（后为北周）的防御，在其立国的27年中，连年出击北方强敌柔然、突厥、契丹，取得节节胜利。在出击北方强敌的同时，为了巩固北方边防和防御西部的北周，曾先后在北部和西部多次修筑过长城。北齐所筑长城规模之大，稍次于秦代长城。

1-1 北朝长城现状

概况

1-2 北朝长城示意图

北朝长城距今年代较为久远，部分地段遗址已难查找。据近代学者王国良著《中国长城沿革考》记述：“我们可以概括地说，从今山西离石县西北黄栌岭（北齐西汾）起，北到朔县西废武州界之社平戍，折而向东，斜经大同西北之总秦戍，再向东行，入河北省界，至赤城，转而向南，至居庸东，又转向东，而达渤海北岸的山海关。纵横三千里的大长城，曾经北齐修筑或增筑，秦、汉旧城又换一副面目了。”

民国十八年（1929年）《临榆县志》卷之七《舆地编·古迹》载：“铁雀关，在鸭水河庄西上，南达角山石台，北连长城寺内，为长城最古旧基。”

明万历十二年（1594年），任山海关兵部分司主事的张栋所撰《贞女祠记》中写道：“士人传迤北大边即长城旧迹，所谓起陕西临洮至辽东者。”这位张主事以当地人所言，长城为秦代所筑，可是，他自己并不认同这一说法。虽然不能确定筑于何时，但也绝非明代所筑。

清王朴《长城考略》亦云：“齐后主天统元年（565年），自库堆戍东距于海，随山屈曲二千余里，斩山筑城，置立逻戍五十余所。城之筑于山，盖自此始。厥后，周宣帝大象元年（579年），言修长城（《周记》：‘修长城，立亭障，西雁门，东至碣石。’时辽东渐没与高丽，此即指平州之碣石，非复乐浪之碣石山矣）。

隋文帝开皇六年（586年）、七年（587年），皆言修长城，特因其旧而理之，未尝更筑也。大业三年（607年）筑长城，在定襄一带，去此尚远，窃疑亦为修筑也。

唐室所患在节镇，不在边防。五季以后，东北陷没，长城沦于异域，又皆未尝修筑。然则今之长城皆北齐旧迹，而周、隋修之者也，特其距海之处，今不可考。”

按《辽史》记载：“统和四年（986 年），以古北、松亭、榆关征税不法，致阻商旅，遣使鞫之。此虽未明言长城，然榆关与古北、松亭并举，则是数关皆附长城，故为商旅通衢，而立征税。迄历金元，旧址湮没，始不可辨矣。由此推之，长城距海之处，古之临榆关适当其阙，是以郑氏《通志》云：‘汉蕃为界。’临榆关宜在今抚宁县界至山海关之长城，则郡志所言似无可疑，为其与《汇典》增筑之言合也。”文中明确指出，山海关一带的长城即北朝所筑。经过对北朝长城的反复考察，遗址已有多处被发现。从花场峪至黑峪沟一带，大体为西北东南走向，目前仍有高 2 米、宽 3 ～ 4 米，长约 500 米的城墙。

花场峪附近的北朝长城和明长城，有时交叉，有时单行，特征明显。

在明长城义院口关与拿子峪关的中部，有一道由西北向东南延伸的长城遗址，至东西走向的明长城处与之十字相交。两道长城的走向和风格截然不同，明长城选址在高峻的山峰，北朝长城则建在相对低矮的冈峦。

在义院口关之西的明长城北侧有一段保持较为完整的北朝长城长 100 米，高 1.5 ～ 2.3 米不等，宽 3 ～ 3.5 米，全部用较小的块石干砌，所用的石料多为未经加工的石块。此地段的山巅上，明代在其遗址上建有一座墩台，底部西角所用的仍为北朝长城的旧基石，这与其他的大块石料相比，无论是质地还是颜色，都有明显的区别。

1-3 北朝长城修复示意图

从黑峪沟沿石河西岸经上坨庄，过石门寨、北刁、南刁部落、鸭水河至西连峪东南方向至山海关角山北侧老龙台一段（今均属抚宁县），基本走向是西北至东南，长城沿着绵延低矮的山脊丘陵起伏。由南刁部落村南庙山至老龙台的一段，仍有基宽 3 ～ 4 米、毛石黄土结构的城墙遗址。

在鸭水河村的西侧，即铁雀关遗址，位于半丘陵高地之上。铁雀关是一座依长城而建的小戍城，近方形，长宽各 40 米，东、西、北三面墙全系块石砌筑，南墙及城内已辟为耕地。从坐落位置看，此关形势险要，紧扼交通要冲，又系山海关的左翼屏障。

从老龙台主峰（海拔 355 米）顺坡南下，仍可清楚地看到这段长城的遗址。经由燕塞湖湖区，向东南顺山势再上高峰，即是山海关北的后角山，全部利用险山为墙。在经老边沿、黄崖向东至石门寨的钓鱼台，这一地带多系悬崖峭壁的山架，多以险山为墙，仅个别的较低山峦及沟谷处，才集石镇砖筑起长城。钓鱼台系钳制长寿河峡谷的一座墩台，位于河谷南岸北侧崖壁陡立高耸。墩台用块石砌筑，至今仍较完整。

钓鱼台以南为架纵向的低山，两侧山坡陡峭，墚顶仅宽 3 米左右，长城就筑于墚顶之上，现存墙体最高为 3 米，宽为 2.2 米，采用小块石、片石垒砌而成。墙体收分大，局部地段仍有完整保留。

再向南至横向的山墚处与东北、西南走向的明代长城相交，被明代长城切断。而后转东至明长城 67 号墙台西侧的白头山，这段石墙约 380 米，包括 66 号墙台，均采用片石砌筑，与其两侧的以大块石砌筑墙体的明长城截然不同，可能是明长城利用了北朝长城原址的一段遗存。

再由白头山转向南顺山墚延伸，到贺家楼西村的剪子口南小山墚，长城尚有部分遗迹可寻。在剪子口西侧的小山墚山，有一座方形城址，长、宽各约 15 米。再向南到馒头山的这一段长城，大部分尚存土墙遗址，局部地段外墙体中仍有包砌的小块石。

在馒头山上，也有一座大小与贺家楼西山墚上相同的方城遗址。由馒头山再向南沿欢喜岭、过范庄、大刘庄村东，直达渤海岸边，多系台地，因人为扰动较为严重，仅有不多地段的遗址可见，大部地段的遗址已荡然无存。

由剪子口沿欢喜岭南至渤海岸边的这段北朝长城遗址，在 1924 年发生的直奉大战中，曾被用作战壕。此外，从铁雀关至南刁段的北朝长城遗址沿线，也有这种情况，从城面或城外侧的城河处，今仍可见很多掩体的遗址。

历史记载修建时间

北朝修筑长城史籍记载有六次：

1. 北齐文宣帝天保三年（552年），自黄栌岭"起长城，北至社平戍，四百余里立三十六戍"（《北齐书·文宣帝纪》）。黄栌岭位于北齐南朔州西河郡（今山西省汾阳）西北60里，在今山西离石县境。社平戍位于朔州广安郡（今山西朔州市）西南，在今山西五寨县境。这条长城实际沿吕梁山脉绵延200千米，其意图是用来防御稽胡和西魏的。

2. 北齐文宣帝天保六年（555年），三月"发寡妇以配军士筑长城。是岁……诏发夫一百八十万人筑长城，自幽州北夏口，西至恒州，九百余里"（《北史·齐本记》卷七）。夏口即今北京居庸关的南口附近，恒州即今山西大同。这段长城基本上是沿北魏长城线进行的修葺和增筑。

3. 北齐文宣帝天保七年（556年），"自西河总秦戍筑长城，东至海，前后所筑，东西凡三千余里，六十里一戍，其要害置州镇，凡二十五所"（《北史·齐本记》卷七）。"六十里一戍"《资治通鉴》作"率十里一戍"。据顾祖禹《读史方舆纪要》考证，西河指北齐南朔州西河郡（今山西汾阳），总秦戍为鲜卑语军戍名称，位置在今山西大同西北境。海是指今秦皇岛市山海关的海边。这段1500公里的长城当是利用了天保三年所筑的黄栌岭至社平戍长城和天保六年所筑的夏口至恒州长城，加以连缀增补而成，其夏口至海的部分是沿燕山南麓而筑。

4. 北齐文宣帝天保八年（557年），"初于长城内筑重城，库洛拔而东，至于坞纥戍，凡四百里"（《北史·齐本记》卷七）。库洛拔在今山西代县与朔县交界处，坞纥戍在今山西灵丘县西南境。这段长城的位置走向仍与北魏"畿上塞围"之南环长城相关。

1-4 北朝长城现状

5. 北齐武成帝河清二年（563 年）四月，司空斛律光“率步骑二万，筑勋掌城于轵关西，仍筑长城二百里，置十三戍”（《北齐书·列传第九·斛律金》）。“诏司空斛律光督五营军士筑戍于轵关”（《北史·齐本记》卷八）。“轵关”在今河南济源县西北，为太行八陉之第一陉。这条沿太行山走向的长城是为防御北周的东犯而修建的。

6. 北齐后主天统元年（565 年），北齐斛律羡“以北虏屡犯边塞，须备不虞，自库堆戍东拒于海，随山屈曲二千余里，其间二百里中凡有险要，或斩山筑城，或断谷起障，并置立戍逻五十余所。”（《北齐书·列传第九·斛律金》）。库堆戍，有学者认为是今古北口。史书载公元 563 年突厥曾发动 20 万兵民毁坏长城，翌年又几次用兵大掠幽（今北京市）、恒州（今山西大同）境，故这次修筑是为防御突厥而对以前所筑北部长城的补修和连缀。

北齐长城经过多次修建，连缀成两条主线，一条为北面的外边，自今山西西北芦芽山、管涔山向东北延伸，经大同、阳高、天镇北境入河北省张家口赤城县境，再沿燕山山脉东南方向经北京、天津、唐山市境入秦皇岛市山海关区境至海。另一条是南面的内边，其西起晋西北偏关一带东南行，至武县北转向东北，沿恒山山脉东来而入河北省，复沿太行山北上而与外边长城在今北京市西北相连。其具体走向，学术界普遍认为和明长城中东部的位置大体一致，因此有学者认为明长城的一些地段是覆盖了北齐长城的，有的是两条长城亦断亦续地相连，也有分开的，但都不很长。比如，在山西偏关老营镇南曾发现一段长约 25 千米的北齐长城遗址。这段北齐长城，先是与明长城并行，南行至新庄子村后两者分开，明长城趋向西南，齐长城则走向偏东南，绕了个弯后，在北场村南复与明长城会合。

1-5 北朝长城遗址

第二节 北朝长城调查

现状调查

北朝时期长城是指从北魏开始，历北齐、北周，以至到隋朝时期修筑的长城，主要分布在今山西、河北境内，是中国万里长城的重要组成部分。北朝时期长城的修筑，关系着中国历史上这段纷乱时期的政治、经济、文化，以及北方民族之间的关系等，是一段承载着大量文化信息的重要历史文物载体。同时北朝长城也是当下中国长城研究的薄弱环节之一。

北朝长城年代与起止沿线断定

北朝长城年代与起止沿线断定及北朝长城建筑年代、入海处等问题，学术界一直多有争论。对主体位于河北省秦皇岛市境内，东起辽宁省绥中县墙子里，西至河北抚宁县石门寨镇车厂西南方的古长城，目前学术界有三种观点：

第一种以长城专家罗哲文为主，在其所著《长城》一书中提出："北齐天保三年（552年）自西河总秦戍（今山西大同西北）筑长城，东至于渤海（今河北山海关）。"《秦皇岛地名志》中说得更具体，"北齐长城自西河总秦戍（今山西临汾西北起），经北夏口（今南口），东达渤海（今山海关），东西长3000里。"两书的主要根据是"北方有突厥、柔然、契丹等游牧民族的威胁，西边又有北周政权的对峙"。因而，始筑北齐长城。

另一种意见认为秦皇岛境内"古长城始筑于北周，隋补修"。其理由是"北周之所以修这长城，主要用于防北齐残余势力高宝宁勾结突厥的进犯"（康群《秦皇岛市境内古长城考》）。这段长城始修于北周大象元年（579年）六月，"发山东诸州民修长城"。又据《周书·于翼传》记载："大象初，征拜大司徒，诏翼巡长城，立亭障，西自雁门，东至碣石，创新改旧，咸得其要害云。"这里的"碣石"，康群认为"只能是平州濒海的碣石（今山海关外的姜女坟，或指这一带地域）"。因为，北周实际控制的东北疆域未能超出平州管辖范围。

第三种观点以《天津黄崖关长城志》为主的隋修长城说，执笔者韩嘉谷认为："山海关一线长城始建于隋。"其理由是："自北齐至北周一直任营州刺史的高宝宁作乱""时有高宝宁者……在齐久镇黄龙（今辽宁省朝阳市）。及灭齐，周武帝拜为营州刺史，甚得华夷之欢心。高祖为丞相，遂连结契丹，举兵反……开皇初，又引突厥攻围北平。至是令寿（阴寿）率步骑数万，出卢龙塞以讨之。"这里的北平，就是今天的河北卢龙县。因此，隋在今燕山一带修筑了这道古长城。

根据各部史书记载综合分析，可得出北朝（含北齐、北周、隋）30年间（552～582年）确实动用大量人力物力修筑"由今山西汾阳至山海关入海的长城"。

在21世纪初山海关龙头长城修复施工时，在其现在地面下确实发现有夯土城墙，位置在老龙头宁海城西门北侧。老人们说那是北齐长城，故有明长城从角山至老龙头处与北朝长城相合之说。

2-1 北朝长城现状

现查到山海关最早的地方志书为明嘉靖十四年（1535年）成书的《山海志》，及清康熙八年（1669年）成书的《山海关志》，两书中均载有：“旧长城在关东北，延袤西北，相传为秦将蒙恬所筑。”清康熙帝有诗曰：“万里经营至海涯，纷纷调发还浮夸。当时用尽平生力，天下何曾属尔家？”

北朝时期修筑长城的相关古文献记载如下：

《北史·齐本纪》：天保三年（552年）“十月乙未，次黄栌岭。仍起长城，北至社于戍，四百余里，立三十六戍。”《北齐书·文室帝纪》：天保六年（555年）“发夫一百八十万筑长城，自幽州北夏口（今北京市昌平区北）至恒州（今山西大同市）九百余里”。

《北齐书·文室帝纪》：天保七年（558年），“先是自西河（山西汾阳西北），总秦戍（大同西北）筑长城东至于海，前后所筑东西凡三千里”。

《周书·于翼传》：大象元年（579年）六月，“发山东诸州民修长城”“大象初，征拜大司徒，诏翼巡长城，立亭障，西自雁门，东至碣石，创新改旧，成得其要害云”。

《资治通鉴·陈纪九》卷一百七十五：大象三年（581年）二月，北周相国杨坚自立为皇帝（即隋文帝），改国号为隋，定开皇元年。“隋主即立，待突厥礼薄，突厥大怨……乃与故齐营州刺史高宝宁合兵为寇。隋主惠之，敕缘边修保（堡）障，峻（竣）长城”。

《隋书·周摇传》：开皇二年（582年），“周摇拜为幽州总管六州五十镇诸军事，摇修障塞，谨斥堠，边民以安”。

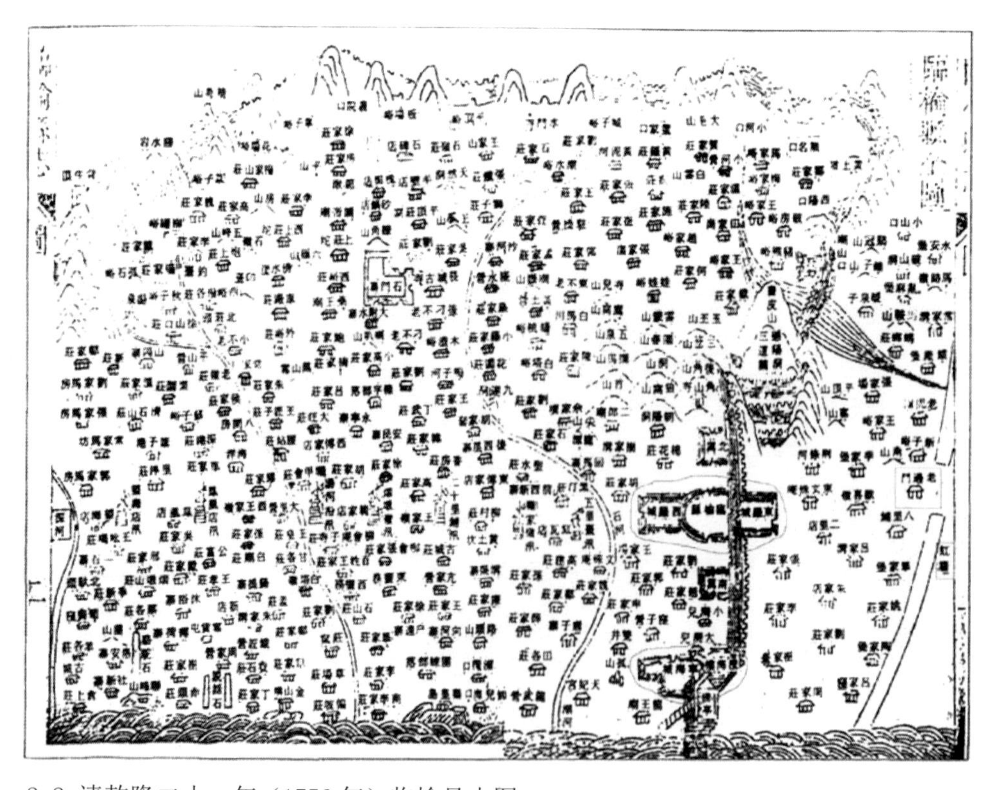

2-2 清乾隆二十一年（1756年）临榆县志图

2-3 北朝长城修复示意图

在清《临榆县志》（清代山海关属临榆县）乾隆二十一年（1756 年）中载有："今山海关之城，乃徐魏公所筑之城，非古长城也。"并有方舆图，标有"红墙子"贯通南北，中间画有关隘，叫"老边门"，即今"边墙子村"。在清光绪四年（1878 年）成书的《临榆县志》方舆图中的"红墙子"走向，东南、西北走向，南起今山海关开发区渤海乡杨庄东，经望夫石村西，向西北延伸到现角山长城东侧的馒头山。

罗哲文先生在《长城》中也提到：北齐天保年间（552 ～ 557 年），自西河总秦戍（山西大同西北）筑长城，东至于渤海（河北山海关）。这条长城就是河北抚宁县铁雀关、山海关红墙子、辽宁省万家镇墙子里长城。

根据古山海关（含临榆县）地方志记载进行综合分析，在山海关城东、北至西去抚宁，有北朝旧长城（明代以前长城）存在，即"红墙子长城"等。

北朝长城遗迹的自然与人文环境

北朝长城东部"山海关至抚宁青龙段"（秦皇岛地区）遗迹，多分布在崇山峻岭之中，少数在丘陵及山沟平原上。具体来说：山海关角山至海边段属于建筑在丘陵及山沟平原上，而里峪、长寿山石门横岭段的北朝长城都建筑在峻岭之上，充分体现了古代防御"用地形，因险制塞"的军事理论。

而抚宁县境内的北朝长城遗迹铁雀关、鸭水河段也建筑于丘陵平原地带；上庄坨—张赵庄段的北朝长城则建筑在山岭之上。

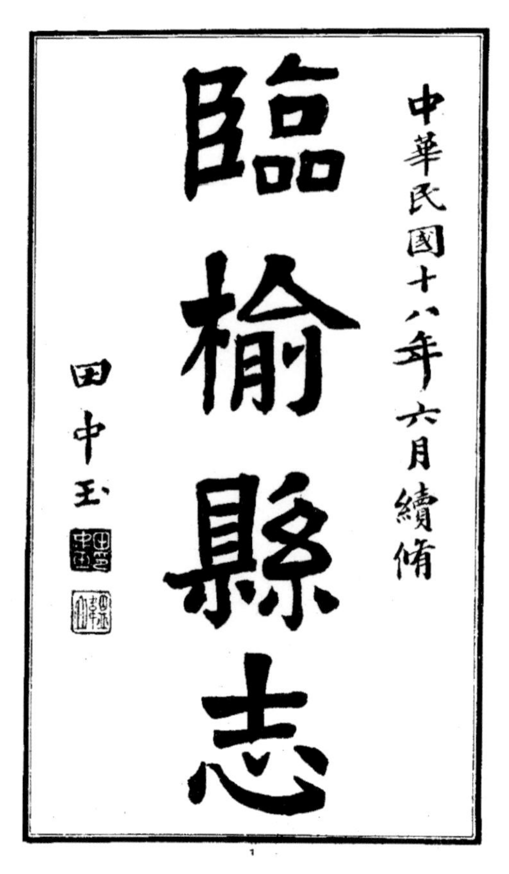

2-4 《临榆县志》封面

秦皇岛地区的山海关至抚宁青龙段的北朝长城地段，属燕山山脉，形成于6000万年前的燕山造陆运动，多为花岗岩裸露山体，大树很少，仅生长一些喜于岩石中生存的松树、柞树、荆条等；在丘陵、平原地区则属于燕山山脉花岗岩风化后形成的沙砾、碎山石型土壤，也仅生长一些黄毛杂草及小灌木。

这一地区属暖温带半湿润大陆性季风气候，年降水量600～800毫米，四季分明。春季多日照，气温回升快，降水少，相对湿度低，空气干燥，蒸发快，风速较大；夏季阴雨多，空气湿润，气温较高但少闷热，山区里雷电暴雨冰雹天气较多，特别是山脊梁处，没有避雷措施的古代长城建筑，因此毁于这种恶劣天气的不在少数。这一地区秋季时间短，降温快，天高气爽；冬季长，寒冷干燥，多晴天。这种冻化交融的气候特点，对于没有防水层保护的北朝长城夯土墙体破坏性是极大的。

历史上的北朝长城东部山海关、抚宁、青龙一带，在很多年内都是战争边缘地带，唐太宗东征高丽，宋代的辽金进犯边关，特别是明代，战争无法数计。因此大修新筑的长城，对北朝长城造成了很大的破坏。考察发现，20世纪初的直奉战争对北朝长城破坏极大，现存大量的战壕遗址均与北朝长城并存，其修筑工事也大多取材于北朝长城的石块及土方。而在丘陵，平原上建筑的北朝长城，受近现代农牧生产影响就更大了，如农民修大寨田、砌院墙，而山海关“红墙子”北朝长城现在则变成了农村公路。

处在这样的自然与人文环境中的北朝长城遗存，大多数还没有受到保护，仅在山海关长寿山景区中才有两处北朝长城遗迹受到了文物部门挂牌保护。

北朝长城遗迹的建筑特点

秦皇岛地区的山海关、抚宁、青龙段的北朝长城与明代长城建筑特点有很大区别，主要是由不同时代人们技术、文化素质和经济实力等原因决定的。

简单来说，北朝长城与明长城的修筑特点区别在于：北朝长城是毛石堆砌，山皮土石夹馅；而明长城则是土筑砖包，人工条石做基础，石灰勾砌。具体来说，北朝长城东部遗迹现存有以下几种修筑形式特点：

1. 崇山峻岭中的北朝长城遗迹，均为自然毛石块（无人工加工成条方石块痕迹）堆垒而成，绝无石灰勾砌。其墙底宽 2 ～ 5 米，顶宽 0.6 ～ 3 米，高 1 ～ 2.5 米，如长寿山石门横岭等处的北朝长城。

2. 丘陵地段的北朝长城多为“自然毛石垒砌，中间夹有山皮土石夯筑”，如山海关馒头山等处的北朝长城遗存。

3. 平原地段，如山海关边墙子村一带的北朝长城为就地取材的红黏土夯筑，故名“红墙子”。

4. 北朝长城的关隘城墙修筑是用“毛石垒砌外墙内夹夯土（夯土多为自然土或山皮土石）”砌筑。但墙体较宽厚，一般厚度在 5 ～ 8 米之间。

5. 北朝长城的修筑借助天然的山险墙“悬崖峭壁”的情况比较多，即遇到人马不可攀越的高山时，就以其为自然墙体，不再往上修筑。此点明显区别于明代长城修筑特点。

2-5 北朝长城遗址

6. 在谷口、垭口等可通行人马的山间小路与河川各道中筑城堡设卡防御。

由于时间流逝、自然破坏、历朝代战争或人为破坏的原因，目前北朝长城东部遗迹保存现状恶劣，抢救保护迫在眉睫。

2-6 北朝长城局部立面示意图

2-7 北朝长城实拍图

东部遗迹调查

2005年5、6月与2006年4、5月间，因课题项目需要再次对山海关及相邻地区北朝古长城遗迹进行了调查。调查共分三个阶段：第一阶段，时间2005年5月末至6月中旬；第二阶段，调查时间2006年4月下旬；第三阶段，调查时间2006年4月下旬至6月初。总行程约65公里，跨两省、三个行政区划。这次调查的地段，有些20世纪末已做过调查并有文章发表，这样的地段此次略而不述。以下按阶段介绍。

第一阶段调查情况

调查范围：从山海关长寿山石门横岭，抚宁县鸭水河“铁阙关”、南刁、北刁到石门寨。

山海关长寿山石门横岭及抚宁县鸭水河“铁阙关”、南刁北朝长城调查情况，以前已有叙述和研究，在此只做北刁到石门寨一段的介绍。

2-8 北朝长城遗址

抚宁石门寨镇庙山下的南刁、北刁是两个相连的村落，全称叫南刁部落和北刁部落。这两个村落东南、西北相连一字排开，自古长城的走向上看，现今的村庄位置就建在古长城的位置之上，因此看不到遗迹。经访谈村民，现在的北刁村东西街道就压在先前的古长城上，前些年做新农村建设修路时，还曾经使用了这段古长城上的块石。

北刁村西是一道低矮的丘陵。丘陵高处农田的边缘上，有连续不断、但不呈墙状的块石分布带。石块都是些自然毛石，大小不一。经一位老农指认，当地人称这里为“老长城根子”，过去是“老长城”；在石灰厂西侧还存有很小的一段“老墙根”。老农还说，从石灰厂西往北至石门寨原先都有这样的遗迹。他如今已60多岁了，在他很小的时候北刁附近的“老边”就拆毁了。从地形及地面遗物上看，这个从北刁向西北石门寨方向延伸的块石分布带，应该是鸭水河至庙山段北朝古长城的西延部分。这一段古长城长度约3～4公里。但接近石门寨一侧，由于大面积山体采石和村镇建设，古长城的遗迹已难以寻觅。

据对古长城走向的基本认识，调查又从石门寨镇西北的老柳江煤矿西山做起。在到一处名为“松山”的石门寨西侧缓山地带做调查时，天降大雨，避雨时从煤矿老工人口中得知与松山隔沟相望的一座山坡有“老边城”这样的地名。根据这条线索，又经过几番寻找，最终在大石河南岸的崖壁上找到了古长城遗迹。

这段遗迹长约2千米，沿大石河南岸向西延伸。古长城建在临河一面壁立如削的高崖之上。这是一段借用山崖为墙的“借山墙”，除山脚部分为人工砌筑外，其余部分主要是以崖为墙，个别坡缓和缺口处筑墙与山崖补齐。这段长城人工修筑的部分为山皮土加石块堆筑，土夹在中，外包以大大小小不规则的石块，保存情况很差，多呈地面堆积状态。遗迹最宽处约4～5米，窄处3～4米，无明显墙体的地面堆积高2米左右。不筑墙的崖壁部分虽不筑墙，但也有一定的人为加工。为便于巡城士卒行走，崖顶边缘部有铺砌的石板小路。古长城地形位置占据得非常好，北面隔河相望是四下平漫的上庄坨村，站在古长城北望，如有来敌一览无余。

第二阶段调查情况

调查范围：从山海关贺家楼村西剪子口到辽宁省绥中县墙子里渤海海岸。

从山海关贺家楼到渤海海岸的北朝古长城调查分两条路线进行：

（路线一）起贺家楼村西剪子口，经剪子口南山，南下到长寿山陵园南侧馒头山、梁家沟烽火台，西南至威远城东侧，再至欢喜岭烽火台、四零四厂西，至沙河子为止，全长约5公里。（路线二）起贺家楼村西剪子口，经剪子口南山，南下到长寿山陵园南侧馒头山，向东南至边墙子烽火台、边墙子村，再南至小毛山、大毛山、杨庄，经辽宁省绥中县金丝屯、大石山、黑山头东，到墙子里村南秦行宫遗址及姜女坟海岸。这两条路线的重合部分剪子口至陵园馒头山段以往做过调查，此处不再赘述。

“路线一”是由山海关北山往西南至海的调查路线。目的是调查是否存在北朝长城从老龙头入海的可能性。动因是近年老龙头景区基建施工中，曾发现有明长城叠压的早期夯土墙基。

此路线端头的馒头山及馒头山南古长城遗迹保存现状较差。残存部分多为土墙，自挖断的长城横断面观察，古长城也有夯实层理，但这种层理较厚，好似是堆积而成。城土中夹有砂砾、小石块，也有的地段是由碎石堆积而成。

馒头山南侧是梁家沟东山，在这座山头上有一座烽火台遗址。现存的烽火台台基夯土筑成。台基南北长 14 米，东西宽 18 米，现存的夯土层有 12 ～ 13 层，每层厚 20 ～ 22 厘米。从建筑特征及记载看，这座地处梁家沟村东、馒头山与威远城之间的烽火台应该是明代的。但它是否叠压在早年的古长城之上，则不得而知。

在梁家沟烽台遗迹之南是传为明末吴三桂筑的威远城，威远城南面是欢喜岭烽火台，由此再南下到沙河子。在这段路线上有京沈高速公路、102 国道等道路通过，村庄稠密、农田坦平，最终为河流阻断，没有发现古长城遗迹。这条路线调查的南北距离约 7 千米。

“路线二”是由山海关北山往东南至海的调查路线，全程 10 多千米。在这条路线的调查中，地面没有发现古代长城遗迹。在走访边墙子村时，据上年纪的村民回忆，该村村东原有夯土筑成的“边墙”，南北走向，曾作为辽宁与河北两省的边界，当时还立有一块碑，现该村东的一条东西道路，就是当时的墙址所在。老人们还讲：在今天的孟姜女庙西南方、小毛山村的村北，原来有一段红色的土墙，夯打得十分坚固，但“学大寨”运动之后就不存在了。上述的红色土墙，乾隆及光绪年间修成的《临榆县志》中有记载，称其为“红墙子”。据记载，这道“红墙子”，西北、东南走向。大致从今天的馒头山向东南至山海关与辽宁绥中交界的大石山一带。志中所述的今边墙子村当时也

2-9 现代村民用倒塌的古堡石块重新砌筑的院墙

不叫此名，而是叫“老边门”。经实地调查，今天的边墙子及周边地区一直到海，都没有发现土筑或其他类型的墙体遗迹，能够说明问题的遗迹未能找到。

第三阶段调查情况

调查范围：抚宁县上庄坨村西经黑峪沟、大傍水、小傍水、北杨庄、张赵庄、柳观峪、孤石峪、黑山嘴、温泉堡、杨家峪、马驿沟、小河峪、猩猩峪、鹁塘沟、梁家湾、到界岭口。

“第三阶段”调查的路线最长，全程约45千米。这阶段的调查也最艰难，几乎每天都在翻大山、越深谷，披荆斩棘。

第三阶段的调查从上庄坨村西南做起。古长城遗迹仍沿石河南岸山丘向西北延续，至上庄坨乡黑峪沟沟口处，古长城遗存一下子明显了起来。古长城像一道土龙，从沟底向山上延伸，十分醒目。这道“土龙”上山后又到了大石河及其支流车厂河的南岸，这里的河岸仍然是崖岸。古长城沿崖岸蜿蜒向西方北杨庄东南的高山，城下河对面是大傍水、小傍水两个村庄。其中的小傍水明代叫“傍水崖”，是明代的一个著名古战场，黑森森的崖下当年曾埋葬了无数的蒙古骑手。

黑峪沟到北杨庄东山的长城遗迹多为毛石堆砌或土石混筑，残存的墙体高矮宽窄不一。黑峪沟口坡上遗存高约3米，底宽有4～6米。但大、小傍水崖岸上的墙体就明显为低窄，北杨庄东山陡坡上的墙体遗存高不足2米，宽3～4米左右。总之，这个时期的古长城没有规定标准，完全是根据地理形势而建造的，体现出很大的随意性和短期性。

这一带古长城上见有近代挖掘的战争掩体，这种战争掩体或筑在古长城内侧，或建在古长城上，对古长城造成了一定程度的破坏。这些掩体是20世纪20年代直奉交战时直军挖的。

古长城过了北杨庄东侧的高山，又急落谷底。因山势陡，长城遗迹半山之上没有发现，仅在山脚部分修筑。这些山脚部分的遗存也并非全是人工修建，修筑长城的前人很好地利用了山脚下沿河的破碎崖壁，有崖处利用崖壁，无崖处人工筑墙，还巧妙地将两座崖壁间的豁口整修安排为隘口，构思之巧妙令人赞叹感慨。

北杨庄村南宽阔的河川中有一道古长城。这道古长城是第三阶段调查中发现的最高大的一段。横锁川谷的城墙为土石混筑，长约300多米，残高4米多，基宽近10米，看起来相当宏伟。这段古代长城建筑，当地人称其为“老边”或“老边墙”。

从“老边墙”往西，古长城又爬上山坡，这面山坡在张赵庄村南。10公里以上的古长城在此翻越五六个山头，直插到张赵庄与柳观峪之间的制高点青山山巅下为止。北杨庄“老边墙”到青山峰巅下的古长城，与山海关长寿山石门横岭墙体类似，也是毛石砌筑，很多地段墙体可见自然石块垒砌的关系。这段山脊上的石墙残存因年代久远，大多数坍塌仅存有根基部分，但仍可见高达2～3米、有明显砌筑关系的成段残墙。

2-10 北朝长城遗址

总的来说，这段古长城遗迹是十分明显的。这里的古长城上也有直奉战争时期的掩体遗迹，可见当年战争规模之大。

从山海关北山到抚宁张赵庄青山，古长城虽时断时续，但均呈连续的长墙状，是典型的古代长城形式。

青山之南是柳观峪。柳观峪东北为青山，西北是山势险峻、崖壁如削的南天门、金刚崖两座大山。在青山和南天门山之间有一道南北向的峡谷，直通北方的边外，古代军事地位十分重要。明初洪武年间在这里筑有柳罐峪关。《四镇三关志》载："有内外两口，山口阔十余步，左为青山，右为金刚山，为南天门，旁有洞泉。由口西行，通宏量寺。西北至老岭三十余里，与箭杆岭合路。"

柳观峪一带群山壁立如墙，明长城主要为空心台形式，在村东北青山北麓山脊之上有前后相连的双楼（也称"姊妹楼"），村北南天门山东侧与南天门和金刚崖山之间也各有一座空心台。这两座空心敌台均为砖筑条石为基，都坐落在山岈口之上。往北更远的祖山中有明万历四十年（1616年）修筑的长城。

柳观峪村北青山与南天门山之间的南北向峡谷中，还有一道当地村民称作"老边"的石砌长城，长城应该是明初洪武年修筑长城的一部分。

这道石砌城墙现存状况尚好，山腰以下到谷底的部分平均高度为5～6米左右，顶宽3米，底宽约7～8米。山坡以上部分略低略窄。石墙的外皮全部以经过修整的大石块砌筑，石块之间有石灰勾缝，石墙的顶部还见有垛口、宇墙的残存。这道石城直抵南天门山东崖下，目前崖下为缺口，当地人称"河口门"。从石墙剖面看，这道石砌墙中可见到不同时期的墙面，但这些墙面的修筑时间都应该在明万历四十年之前。因为这个时期修筑了北方被称作"新边"的祖山长城，"新边"建成后这里已不再重要，因而也就不再修筑了，也由此这里才有了"老边"之称。但此"老边"非明以前之"老边"，它是相对祖山"新边"得出的称谓。这道明初洪武年修筑的长城有可能沿用了古代北朝长城的旧址。

古长城到柳观峪便不见了墙体遗存。在南天门山南麓与柳观峪"老边门"相望的山腰部分，有一个坍塌的石堆。实地考察发现是一座与"老边门"长城时代相同的明初烽火台。这座烽火台形制古老与相邻地区的明中期筑烽火台差别很大，以至于近年被犯罪分子当作古墓盗掘。与这座古老烽台相对的西南侧山头上也有类似的烽台遗址。这样的情况给调查指出一个新思路，即：古长城从柳观峪开始，可能是以守望相助的烽燧形式出现了。这条烽燧路线是从柳观峪南折，转而再向西延伸。

因为北面均为崇山峻岭，敌兵难以逾越，烽燧沿南侧缘山地带分布，明中期以前的长城遗迹也是循这样的方式与走向。

后面的考察证实，从柳观峪经孤石峪、温泉堡、杨家峪、马驿沟、小河峪、猩猩峪，再到祖山西南侧的梁家湾，途中要经过南天门、金刚崖、五峰山、尖山、大祖山、黄牛顶等多座人马难以攀越的大山，这一线北朝古长城都是以守望相助的烽燧形式建设的。

考察所见，虽然现存的许多烽燧大多是明代改建过的砖砌或石砌建筑，但因循、借用早期基址的痕迹，甚至是早期建筑的遗迹，也还是可以见到的。当地村民把这类古代建筑遗迹叫作“高丽城”。

温泉堡“高丽城”占据谷底要道位置。现存有石筑城台及墙体。“高丽城”的墙体不似明长城使用白灰勾缝，除转角处，大小石块也基本不加修整，建筑手法与常见的明代墙体有明显区别。

马驿沟“高丽城”占据两谷相交的三岔口，地理位置十分科学。古城长方形、规模较大，东西长约300多米，南北宽近100米。现存有完整的石墙城圈，墙外面现存高度约3～4米，内面高度1～3米不等，也都是由自然石块垒砌，不勾灰缝，城内地面平整，现今是村里的农田。马驿沟“高丽城”东南西北四面高处均建有石筑墩台，从坍塌程度上看，时代甚早，形式与建造方法与同地区明代烽台有很大不同。这座城堡及临近烽燧的建造年代应该在明代以前，不排除明初被利用修缮。

从马驿沟古城堡向北望去，相距不远的北面山岭上有一路自温泉堡而来的明代砖筑烽火台。这些明代烽火台的位置及走向比马驿沟“高丽城”靠北，位置也高一些，这是明代筑城思想与古代不同而决定的。

2-11 北朝长城遗址

在黄牛顶南北向深谷中还发现有被称作“拦霸墙”的锁谷石墙。景区人员据传说告知：黄牛顶原是清初著名山大王窦尔墩山寨，此为窦尔墩拦挡仇家黄天霸的寨墙。其实传说中的窦尔墩活动区域并不在这一带，因而属无稽之谈。这些墙的构筑方式与明代早期石筑墙相似，它与这一带北朝时期长城方向一致，其防御方向为高山方向，而山寨墙的防御则应该对着山下一面。由此说这道墙是山下一侧防止北山方向来敌而修建的。

烽台类的北朝长城遗迹到祖山西南侧的梁家湾便也不见了，这里是一道东南、西北方向的山脉，山脉以西是平坦的平原，山脉以东为山高林密的祖山群峰，明长城就在这条山脉的背脊上蜿蜒逶迤向北，直至洪武十四年（1381 年）徐达修筑的著名关口“界岭口”关。调查判断，上述的烽台到此与山脊上的明长城合为一起。

梁家湾长城有前后两道，前面的一道甚是简陋，其关口叫“中桑峪关”（或称桑岔峪关）；后面的一道在东面的高山上，是万历四十年（1616 年）修筑祖山长城的西侧部分。调查发现，建于明初洪武年间的梁家湾明中桑峪关遗址也借用了前代旧基，外层的墙面包裹着里面的老墙体。这座明万历后期就弃守的关墙外层是明初洪武年修筑的，石块经过修整，并有白灰勾缝。其墙皮里包着的内墙为自然石块，没有白灰勾缝的痕迹，显然是年代更远的古墙体。

2-12 北朝长城外包毛石

调查结论及相关问题

1. 地方志中或地方志中转述上述地区有北朝时期古长城的记载：

（1）清光绪四年《临榆县志》“方舆图”中有所谓的“红墙子”及“老边门”之说。（2）清光绪五年《永平府志》卷二十六：“考长城自秦以后……惟北齐五筑长城，史称显祖天保七年自西河总秦戍筑长城，东至于海。后主天统元年，自库堆戍东距海随山屈曲二千余里，斩山筑城，置立戍逻五十余所。则长城之迤南迄海，当改筑于是时。《太平寰宇记》蓟州东北至平州石城县界，废卢龙戍二百里，戍踞长城开皇置。所云无终、卢龙及蓟州东北之长城，即今潘家口迤东之边墙，知为北齐与隋所筑也。”由上可知，当地方志中有这一带北朝时期修筑长城的记载。

2. 山海关及其相邻地区北朝时期古长城有被明初徐达筑长城所利用的情况：

《卢龙塞略》卷之五：“（洪武）十四年正月辛亥，（徐）达发燕山等卫屯兵万五千一百人，修永平、界岭等三十二关。”从徐达坐镇北平的时间上分析，他用于筑关修城时间并不多。因而修筑长城的时间短任务重，其修筑的从北京往东至海的长城大多是因循北朝古长城，大多数地段在过去的基础上整修而成，关于这一点学界多有共识，前人也有议论。《永平府志》记载：“已而魏国公经略自古北口至山海关，增修关隘为内边。山海关始于魏公，当意既前人之所筑而增修者也。”由此可知山海关及其相邻地区北朝时期古长城有些地段或形式曾被明初徐达筑长城时所利用。这些利用的地段及遗迹柳观峪到梁家湾一线多有表现，但反映了北朝时期古长城在这一带的位置走向。

3. 调查的初步结果：

综合前后两次调查结果得出结论，山海关及其邻近地区北朝时期古长城的遗迹分布是：迄自山海关东北长城乡馒头山南，经贺家楼村西剪子口，北上角山东老龙台；穿明长城至长寿山石门横岭，西北过后寺“老边沿”、暖泉黄崖到里峪北山（据后来的考察，大部分在今秦皇岛市海港区东连峪山上）。自这里古长城开始沿大石河右岸蜿蜒。首先是山海关北山入口处的抚宁县石门寨镇鸭水河村西铁阚关，这里是个控制东西向川谷的天然关口。从这里上鸭水河西山，到南刁、北刁村，沿丘陵向西北过石门寨镇到柳江煤矿松山。柳江煤矿松山下临上庄坨村南大石河，古长城在大石河南岸崖岸上西北行，经黑峪沟、大傍水、小傍水，从北杨庄穿河川，登上张赵庄村西南制高点青山。

过青山后，古长城下柳观峪村北“老边门”，这里是此段古长城遗迹城墙形式的最后终点。再其后基本以烽燧形式经孤石峪、黑山嘴、温泉堡、杨家峪、马驿沟、小河峪、猩猩峪、鹁塘沟一溜沿山沟谷最后到达抚宁县大新寨乡梁家湾。古长城自梁家湾东北山并入去界岭口方向的明长城位置。

这条古长城的走向与抚宁县境内现存明长城走向不同。这道古长城基本上是沿着燕山重要组成部分祖山大山区的南麓及秦皇岛市境重要河流大石河流向修筑的，总体走向为西北、东南，占据的位置是稠密居民区与大山区的边缘地带。而今天从界岭口到山海关的明长城则是从梁家湾一带横跨祖山腹地高山地带往东北至板厂峪，再向东偏南至大青山口南折，顺山势到九门口，最后往西南到山海关海岸。整个路线走的是西南、东北，再转向西南、类似黄河大湾似的大弯线，其特点是长城

2-13 西连峪段北朝长城出土文字石

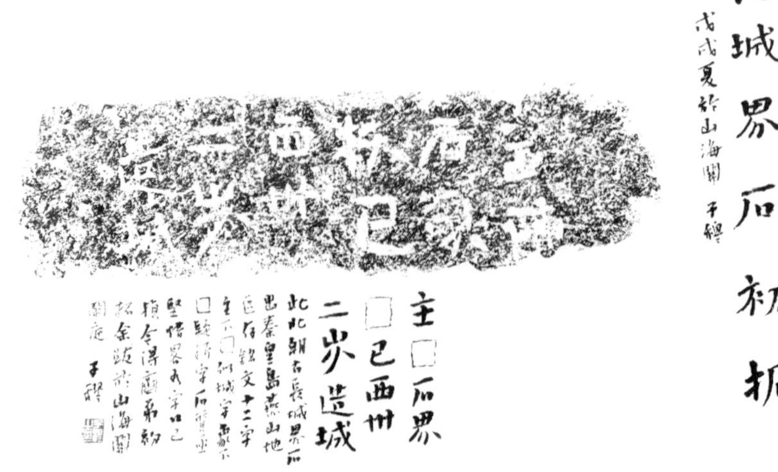

2-14 西连峪段北朝长城出土文字石拓片

全部建在远离居民稠密区的燕山主山脉及险峻的山脊上。两条线相比较，一个取线较直，一个取线甚弯，从中可窥两种不同的建城思想。戚继光在谈到筑城时曾说：“金汤势成，不战而屈人之兵。”这种把长城修筑在高山上，进而对来敌形成心理上的震慑，正是这种思想的最好解释。而大多以应对一次战役而临时修筑的北朝时期长城，则是要讲求些实际，只要把子民们居住的区域保护起来，修筑起来省时方便就达到了目的。山海关及其相邻地区北朝时期古长城的围绕居民区、利用河流高岸的构筑做法，就是这种思想的代表性产物。

4. 秦皇岛地区一些与普通明长城看起来不同、年代看似较早的长城遗迹，未必是北朝时期的古长城。

徐達 鳳陽人洪武初以大將軍平定北都元主遁去不戰而克籍府庫收版圖寶器禁戢軍士人民安業市肆不易人謂曹彬下江南已延入臨安不是過也後留鎮燕薊以平灤榆關等處土地曠衍乃於古遷安鎮築城置關控制險要更名山海關內外截然屹為重鎮其西若喜峰古北等隘葺壘築塞衛安軍民在鎮十七年功烈甚偉其後山海衛民請立廟報功巡撫李賓李進等先後請於朝詔報可成化中廟成賜額顯功

劉真 合肥人官都督僉事傅友德守燕上言關外新附之地宜厚加存撫設險守要命真及指揮使李彬往視之真至畫形勢築亭障配兵戍守邊民得寧居焉

劉崧 吉安人洪武初為北平按察司副使每夜篝燈讀書旦起視事時當兵火後招徠逋竄慰

畿輔通志

2-15 《畿辅通志》徐达简介

秦皇岛地区一些与已知明长城邻近的地区或地段上，还有些局部或与已知明长城相连、看起来则古老些的长城，但这些长城都不是明代以前的。仅举两例：

其一，抚宁县板厂峪山坡上一道自山而下的石砌长城。这道长度并不十分太长的石砌长城，近年被人炒作成是北齐长城。其实这道城墙早有定论，是一道明初洪武年间修筑的石砌城墙，明万历年间大举整修蓟镇长城局部改线时被弃置。清同治《畿辅通志》“卷六八”提到板厂峪有“老边城”“新边城”之说。“新边城”即明万历年间重修过的长城，“老边城”是明初修筑的。这道石墙上的砌石已经过整修，并用白灰勾缝。

其二，抚宁县城子峪明长城外侧约 5 公里的一座关隘遗址和两侧毛石砌筑的长城。这处明代城子峪关外的长城遗迹，因其形态及陈旧程度与当地的已知明长城有差距，因而有人怀疑它是明以前北朝时期古长城。其实这道长城也是一道被遗弃的明代长城。《长城关堡录》卷一“城子峪关条”：“弘治十三年建，通川一道，西城头迤东至东山墩东崖，俱平漫通众骑。有堡。嘉靖元年移西家庄，仍旧名。”这座关隘遗址及两侧古长城是明代弘治十三年（1500 年）的旧址，嘉靖元年（1522 年）往内移关时废弃。经实地考察，这道石砌的长城虽为大小不一的毛石砌筑，看似古老。但散落的石块及残墙上有白灰勾缝遗迹。

与上述两例相似的长城遗迹，在秦皇岛境内明长城附近还有多处。这些一般都不长、局部的长城遗迹，基本都是明中后期整修长城时废弃或改线不用的地段。这些石筑、看似古老些的长城遗迹大多是明初或明前期修筑的。

2-16 北朝长城遗址

第三节

北朝长城考察与分析

综合考察与分析

北朝长城是指从北魏开始，北齐、北周，至隋朝时期修筑的长城。这些长城主要分布在今天的山西、河北境内，是中国万里长城的重要组成部分。北朝长城的修筑，涉及中国历史上这段纷乱时期的政治、经济、文化，以及北方民族之间的关系，是一段承载着大量历史文化信息的重要文物载体。目前，北朝长城遗迹现存数量相对较少，损毁严重，是当前长城保护工作中应重点加以保护的文化遗存。

北朝长城是长城研究的薄弱环节之一。北朝长城东段（秦皇岛地区）的具体走向及位置，以及北朝长城与同地区其他时期长城的关系与区别，至今仍模糊不清。因此北朝长城遗迹的考察，是长城考察研究方面的一项学术空白，也是一项带有抢救性质的、亟待解决的重要问题和基础性工作。

对于山海关境内遗存的北朝长城，早在 1998 年当地文物部门就与中国长城学会成大林等做过初步考察。《北朝长城东部遗迹综合考察与分析》文物科研课题项目的启动，是在 2003 年 10 月。课题组织单位为河北省文物局，承担单位为山海关区文物局，负责人为于占海。主要参加单位有秦皇岛市文物处和山海关长城博物馆。国家文物局于 2004 年 6 月将该课题列入 2003 年度文物保护科学和技术研究课题。

北朝时期长城东部（秦皇岛地区）遗迹综合考察与研究的主要目的有以下几个方面：

1. 在充分把握历史文献及前人研究成果的基础之上，查清历来缺乏准确位置标定的北朝长城东部遗存的具体走向、位置及自然地貌、人文环境等。

2. 调查和搞清北朝时期长城东部遗存的具体形式、特点，以及遗址的保存现状和存在的问题。

3. 分析、论证、确认北朝时期东部遗迹的历史关系，搞清北朝时期长城遗迹与同一地区其他时期长城遗存之间的形式区别，从理论上、学术上阐明它们相互之间的关系及历史文化特征等。

4. 在实地调查和科学论证的基础上，将这段长城研究上模糊不清、始终不能确定下来的文物遗迹基本调查清楚，解决长城研究中的重要学术问题，填补此项学术空白。

5. 在专家论证的基础上，最终在地图上标明这段长城的准确位置，形成科学的研究成果。

6. 为下一步秦皇岛地区北朝时期长城的保护，进一步扩大北朝长城东段秦皇岛地区以外地段的调查勘定工作，奠定一个科学、坚实有力的研究基础。

按照国家文物局制定的课题研究合同书，课题研究时间共分 3 年（2004 ～ 2006 年）。2004 年，部分完成文献及相关的资料查阅工作；2005 年，完成文献资料的查阅工作，制订考察计划；进行考古调查测绘、录像工作。2006 年，组织专家论证，完成《考察报告》及全部项目工作。后因课题组成员特别是主要研究人员的工作变动，致使课题结题时间向后推迟了一年多。

为了保证课题的顺利进行并达到预期的目的，按照考察方案要点，课题组制订了周密的综合考察计划。首先对研究人员进行细致分工，从记录、拍摄到全球卫星定位系统（GPS）定位，测绘人员到领队都责任明确，保证不虚此行。并且从山海关、抚宁、青龙等地聘请了爱护长城的老人或文物保管所离退休工作人员，作为考察北朝长城的向导。

2005 年初，课题组组织了两个历史文献查询组，分别赴宁波天一阁和北京中央第一档案馆、国家图书馆等处，查阅了 20 余种有关长城特别是北朝长城的文献资料，经综合研究、分析得出以下结论：

1. 从史书记载综合分析，北朝（含北齐、北周、隋）30 年间（552 ～ 582 年）确实动用大量人力物力修筑了“由今山西汾阳至山海关入海的长城”。

2. 从古山海关（含临榆县）地方志书记载进行综合分析，可得出结论：在山海关城东，北至西去抚宁，有北朝旧长城（明代以前长城）存在，即“红墙子长城”等。

3. 从罗哲文、成大林、康群、郭述祖、董耀会、沈朝阳等有关专家的论述中可知，铁雀关长城、墙子里长城均属北朝长城，并有考察测绘图。

4. 目前的学术空白：一是北朝长城入海处和具体方位不清；二是山海关馒头山至抚宁柳观峪的北朝旧长城走向图中尚有考察不全的断档之处；三是北朝长城与明代长城关系不甚明了，其修筑特点也不全面、准确。

5. 学界对北朝长城的具体修筑年代和入海走向均持两至三种意见。在此基础上，课题组制定了课题研究重点：一着重研究北朝长城修筑特点，二着重研究北朝长城与明代长城的关系，三着重考察北朝长城入海之处，四着重考察前人没有记载查清的北朝长城段落，五利用现代科技手段确定北朝长城准确位置。

3-1 北朝长城遗址

3-2 北朝长城遗址

在长城的考察中，经常困扰课题组的是如何能够将长城准确的位置在地图上标出，并使以后的研究者易于操作查找，甚至不用人工向导也能找到准确的长城位置。在2003年暑期，课题负责人在酝酿此课题时，接触了国家博物馆遥感考古部主任杨林和中国科学院遥感中心聂跃平博士，还有正在进行遥感考古工作实践的内蒙古自治区文物考古研究所所长塔拉，商定在万里长城的东部海上起点（入海处）老龙头，设立“国家遥感中心国家博物馆文化遗产遥感研究部山海关工作站”。由山海关区文物局提供用房和办公设备，国家遥感中心提供技术设备等人力支持。2004年，在山海关老龙头宁海域北门外的一栋300平方米欧式别墅里，工作站开始工作。

2005年5月31日至6月14日，杨林、聂跃平与课题组成员一起，披荆斩棘，行走在荒无人迹的崇山峻岭间，使用全球卫星定位系统（GPS）和卫星航拍，找寻北朝长城遗迹。整个实地考察工作大致可分为三个阶段进行：

第一阶段：2005年5月31日至6月14日，对山海关长寿山陵园南侧的馒头山，长寿山石门横岭抚宁铁雀关，鸭水河南刁、北刁、石门寨一线的古长城遗迹进行了调查。

第二阶段：2006年4月20日至23日，寻找山海关境内北朝长城入海的遗迹。

第三阶段：从2006年4月24日至5月11日，由抚宁石门寨上庄坨至柳观峪，寻找北朝长城遗迹。

后又查找文献并走访了青龙县文保所熟悉情况的同志，部分实地踏勘及了解青龙境内北朝长城的大致走向。

为了解决学术界对北朝长城建筑年代及入海处的争论问题，拟对入海处的两地说（墙子里碣石和老龙头明长城起点），还有铁雀关、老门边、长寿山石门处北齐戍城进行考古探查。但由于考古探查不属于本课题科技研究范畴，故此次综合考察没能进行考古探查。但需要说明的是，在前些年老龙头长城修复施工时，地面下确有夯土城墙，位置在老龙头宁海域西门北侧。老人们说那是北齐长城，故有明长城从角山至老龙头处与北朝长城相合之说。而且现存铁雀关、长寿山石门处的北朝长城和戍城遗址还相对保存完整，可适当做一下考古发掘，以解北朝长城的诸多之谜。

从2005年5月初至2006年5月中旬，课题组对秦皇岛地区的山海关、抚宁境内和抚宁至青龙段的北朝长城进行了系统的考察与实地踏勘工作。历时一年多时间，总行程1000多千米，实地踏勘并综合考察了现存北朝长城遗迹12千米，共拍摄北朝长城遗存和环境资料照片1000多张，撰写了8000多字的考察记录。特别是“长寿山－山海关里峪－老龙台”段和“抚宁石门寨上庄坨－傍水－张赵庄”段北朝长城的实地考察与记录，填补了文献资料的空白。

2007年以来，课题组数次召开综合分析研究会议，对北朝长城东部遗迹的历史文献，实地考察结果进行汇总分析。分别撰写出《北朝长城东部遗迹考察阶段报告》《北朝长城东部遗迹综合考察与分析课题工作报告》和《北朝长城东部遗迹综合考察分析项目研究（结题）报告》。对北朝长城东部遗迹（秦皇岛山区的山海关、抚宁、青龙段）的保存状态、建筑特点、具体走向、准确定位及自然人文环境等诸多课题的主要研究内容与考核指标，得出了论证结果如下：

1. 北朝长城东部遗迹与明长城（现存）之间的关系：

由于两条长城的修筑时代与人们的观念、经济实力的差异，形成了它们既有联系又有显著不同的关系。据实地综合考察结果，可得出如下结论：

（1）北朝长城东部遗迹与现存明长城在大的区域走向上是一致的，即均由西至东入山海关渤海，走行在燕山之中。

（2）在具体的选址修筑方向上，二者重复之处极少。北朝长城一般在燕山南侧脚下，“沿低矮丘陵筑关，断谷借山险墙修筑”；而明长城多修筑在燕山的主峰之上，十分高大雄伟坚固。

（3）北朝长城与明长城仅在义院口、花场峪及长寿山石门横岭处有交叉点，并且明长城在修筑时还有“拆旧建新”现象。

（4）对于“山海关角山至老龙头段”二长城合一重复之说，仅在角山上发现有部分重叠交替，而在平原地带没有发现明确遗迹，仅在1998年老龙头长城修复时，发现其地下有古代夯土城墙遗址，有待考古发掘予以证实。

（5）北朝长城入海处应在墙子里（姜女坟）与明长城入海处老龙头之间，因为始建于宋代以前的山海关孟姜女庙，不可能建在长城以外。

2. 北朝长城东部遗迹的保存现状及存在问题：

从实地找到的北朝长城保存现状看，可以说是损毁严重，没落于荆棘草丛之中，整体堪忧。如不抓紧时间抢救保护，几年之后可能80%要损毁全无。具体来说，其保存现状有如下几种：

（1）崇山峻岭之中的北朝长城，保存现状相对较好，多数还能看出墙体状态是自然毛石垒砌，但由于雷雨冲刷和人为破坏，已经高矮不一，长短不齐，断无段落随处可见。

（2）丘陵及关隘处的北朝长城，仅存部分自然夯土（山皮土石）堆成的垄墙状，外包砌的自然毛石多数不存。

（3）平原地带的纯夯土北朝长城，地上部分已经全部不存在，仅有地下遗址部分。

（4）北朝长城所有遗迹均无保护标志。

此次课题撰写出全面、详细、客观、有说服力的综合考察研究报告，绘制出北朝长城东部遗迹的走向图，并在相关地图上标出了该段长城的准确位置。新考察发现的北朝长城段落，填补了中国北朝长城考察史上的空白。在卫星航拍图上，用GPS遥感考古技术准确地标出了部分北朝长城重要段落的定位，给后人查找此段长城提供了极大方便，此项亦填补了中国长城考察史上的空白。

北朝长城考

南北朝时群雄逐鹿，中原鼎沸。“北齐天保元年夏五月，高洋称皇帝，废东魏主为中山王，东魏亡。夏五月，即帝位于南郊，改武定八年为天保元年，国号齐，是为北齐”。北齐建都邺城（今河北临漳县）历六帝，共 25 年（550 ～ 577 年）。

北齐是一个地方性政权，承东魏之后，其行政区划基本上是由北魏、东魏沿袭而来，《北史·齐本纪》“魏征总论”曰：“有齐全盛，控带遐阻，西包汾、晋，南极江、淮，东尽海隅，北渐沙漠。”即南方以长江与梁为界；北方则与东魏时相同，大致以怀朔六镇为界；西北方是沿黄河与北周对峙；西南方则以洛阳、襄城、郢州与北周分界，在东方，则至大海。天保三年（552 年）以后，齐文宣帝高洋北败库莫奚，东北逐契丹，西北破柔然，西平山胡（属匈奴族）。其在位期间是北齐国力鼎盛时期。同梁、北周鼎立的三个国家中最富庶的。但是北齐王朝也有来自各个方面的威胁，茹茹（即柔然）寇其北，后周伺其西，一不小心便有国破家亡之患。处这种环境，想要争霸中原，耀威华夏，不先巩固国防，断绝后忧，是不可能的。所以，北齐不惜巨资，屡兴长城之役，北筑以拒胡，西筑以防周、山胡，先后兴工 7 次，修筑了 5 道长城。纵横数千里，工程之大，在秦汉之后，明以前，总算推此为第一。同时，高齐也是北朝时构建长城次数最多，调动人力最众，长城分布最复杂、长度最长的王朝。同时，由于时代相对久远，地名变更、行政区划混乱也为后世考其长城分布制造了不少麻烦。

3-3 北朝长城遗址

北齐西线长城

天保三年"九月辛卯，帝自并州幸离石，冬十月己未，至黄栌岭，仍起长城，北至社干戍（《北史》中为社于戍，引者注），四百于里，立三十六戍。"文中说的很明确，这道长城南起黄栌岭，北达社干（于）戍。因此，考黄栌岭与社干（于）戍的地望成为关键所在。黄栌岭，在今山西汾阳市西端，与离石市交接，主峰海拔1872米。《嘉庆重修一统志汾州府》："黄栌岭，在汾阳县西北六十里，接永宁州界。"即今离石市吴城镇舍科里村东南的黄栌山。此地自古便是一条从山西平川到陕北、穿越吕梁山区的交通干线，刻着"永宁州东界"的石碑矗立在古道边。明弘治《黄栌岭碑》云："黄栌岭，高峻莫及，岩石险阻，其路通宁夏三边，紧接四川之径，凡羁邮传命，商贾往来，舍此路概无他通也。"如此冲要之地，建关置兵，当在情理之中。艾冲先生有不同的认识，艾先生认为黄栌岭在离石市西北40公里。社干戍，故址在今山西岚县东北16公里的社安村，永乐《太原府志》："静乐县，西至岚县社干沟界三十里。"艾冲认为在今山西五寨县治附近。对此，景爱先生也有相同的认识，但两者在文中均未说明理由。笔者以为后者更贴近实际，忻州的文物工作者在进行文物普查的时候，在五寨县城南1千米处的山上发现有长城墙体，砂石垒砌，残长约1500米，基宽约2～5米，存高约1～4米。这条长城就应是北齐天保三年修建的长城。

由此可知，北齐的西线长城南起汾阳西北的黄栌岭，沿着汾河西岸的吕梁山主脉逶迤向北，至五寨县城南面而止，呈南北走向。吕梁山的西侧便是黄河，是北周和山胡的势力范围。东侧是平坦的太原盆地，这条长城的修建旨在拱卫北齐的陪都－并州的西翼，用来防御北周和山胡的进攻。但是这条位于吕梁山主脉南北向的长城并没有太多的调查资料，只是在其北端有一些发现，中间的大

部分墙体和堡子均无。笔者曾经到过吕梁山，吕梁山主脉山势险峻，途径地多为人烟稀少、发展相对落后的地区，倘确有长城，保存应该相对较好，若一调查，当可冰释。

北齐外线西段长城

北齐文宣帝时，先前北方的失地又渐次收复，如天保三年，文宣帝亲讨库莫奚于代郡，大破之。天保四年冬，柔然遭到突厥的攻击，“举国南奔”归附北齐。齐文宣帝自晋阳北行接迎柔然众部，并亲追突厥于朔州。突厥请降，随后安置柔然降民于马邑川（今朔州马邑）。天保五年（554年）春，柔然可汗庵罗辰发动叛乱，被齐军击溃。不久，柔然又袭扰肆州，齐帝率军征讨，追北至恒州（治今大同市东北）。天保六年，文宣帝再讨茹茹，及于怀朔镇，至沃野，茹茹俟利率部人数百降。此一系列军事事件的促使下，（天保六年）“是岁，高丽、库莫奚并遣使朝贡，诏发夫一百八十万人筑长城，自幽州北夏口，西至恒州，九百余里”。兴工之前，首先勘察了地形，（天保五年）“十二月庚申，车驾北巡，至达速岭，亲览山川险要，将起长城”。此行是为营造长城做准备，皇帝亲赴实地考察线路，可见外线长城的重要性。达速岭，在今山西朔州市平鲁区西北，《嘉庆重修一统志朔平府》：“达速岭，在平鲁县西北”。此地距大同并不远，需要说明的是，古往今来任何大型工程的实施，都离不开勘察规划步骤，此次考察正是为第二年修建长城做准备。

幽州，北魏、北齐均设有幽州，治在蓟城（今北京），幽州的西北方的军都山有“太行八陉”的第八陉－军都陉，又称关沟，自古便是兵家必争之地，关沟全长约20公里，其北端称北口，亦

3-4 北朝长城现状

称上口，即今八达岭长城所在地；其南端称南口，亦称下口，即今南口镇。居庸下口这个地名见于《魏书·常景传》，孝明帝孝昌元年（525年）八月，柔玄镇人杜洛周率众于上谷郡（今河北省怀来县）起义，孝明帝命尚书行台常景、幽州都督元谭御敌，称“都督元谭据居庸下口”，以防止杜洛周通过居庸关攻打幽州。此“下口”，即北齐时的“夏口”，因其地处幽州之北，故称北夏口。

恒州，有恒州和北恒州之分。《魏书·地形志》云：“恒州，天兴中治司州，治代都平城，太和中改为恒州。孝昌中陷，天平二年又置，寄治肆州秀容郡城……高齐文宣帝天保七年置恒安镇，徙豪杰三千家以实之，今名东州城，其年废镇，又置恒州。”此恒州当即置于后魏之平城，北齐之恒安镇。《元和郡县志》云：“今名东州城，则此恒安镇当在唐云州东，即今山西大同市东也，因东魏尝侨置恒州于秀容郡城及云中城，彼处位置在南，此恒安镇所立恒州在北，故又称北恒州也。”因此，文献所提到长城的西端应该是指恒州。这条长城东起北京昌平南口附近山岭，顺山势西北而去，经过北京延庆，张家口赤城、崇礼、张北、康保等地进入内蒙古乌兰察布盟化德、商都、察哈尔右翼后旗、察哈尔右翼中旗、四子王旗，包头市达尔罕茂明安连合旗，呼和浩特武川县等地区，大体上沿用了北魏泰常八年（423年）修筑的赤城到五原的长城，以及太和八年（484年）时高闾修筑的“六镇长城”的旧基。长城在天保六年动工兴建，经过一年的创建、补修，到了天保七年（556年）完工，并置恒州以镇守。历史地图表明，此地为北齐的西北部边界，加之又有前朝旧基，在此修建长城是顺理成章的。不过至今在北京、河北西北部地区还没有发现早期长城的遗址，只是在内蒙古有所发现。为了保障修筑这条长城工役的顺利进行，天保六年三月戊戌，帝临昭阳殿决狱，十月，发寡妇以配军士筑长城。由此来鼓舞士气、增加劳力，支持修建长城。修建此段长城在于保卫之前作战的成果，事实上也达到了此目的。《北史》云：“天保四年时初筑长城，镇戍未立，诏景安与诸将缘塞以备守。”同时也巩固都城西北部的防御。

北齐内线长城

为了进一步加强陪都晋阳北部的防御，天保七年“先是，自西河总秦戍筑长城东至海，前后所筑，东西凡三千余里，六十里一戍，其要害置州镇，凡二十五所”。此段长城的修筑也是在天保五年皇帝勘察完“山川险要”之后兴工修建的，并且根据上述史料中“前后所筑，东西凡三千余里”可知，这段长城并不是一次修建完毕，而是分时、分段修筑的。

“西河总秦戍”是这段长城的西端起点，其地望争论很大，艾冲先生认为西河，指的是今内蒙古托克托县和陕西潼关县之间的黄河河段。总秦戍作为长城的起始地，当然位于达速岭西方的黄河东岸，即今内蒙古清水河县王桂窑乡二道塔村黄河东岸。笔者则不以为然，首先，文献原文说得十分明白，是“西河总秦戍”，这一地点是采取大地名＋小地名的称法，而不是所谓的“蒙古托克托县和陕西潼关县之间的黄河河段”。其次，总秦戍为一城堡名，艾先生说他在“今内蒙古清水河县王桂窑乡二道塔村黄河东岸”定位如此精确，但并没有给出相关的文献和考古依据，实在让人难以信服。为此，笔者翻阅了《内蒙古自治区地图集》《中国历史地图集》和《中国文物地图集·内蒙古分册》，发现“清水河县王桂窑乡二道塔村”在清水河县西北隅，早已出西河郡的范围，并且周围地区不仅没有北朝时期的城址，就连一般性的北朝遗址都没有，更不用说北朝时期的长城了。

北朝时期的“西河”有三：

其一，《魏书·地形志》云：“西河郡，汉武帝置，晋乱罢。太和八年复，治兹氏城。”《元和郡县志》云：“汾州，春秋时为晋地，后属魏，谓之西河……秦属太原郡。汉武帝元朔四年置西河郡……后汉徙理离石，即今石州离石县也……后魏孝文帝太和八年复于兹氏旧城置西河郡，属吐京镇。按吐京镇，今隰州西北九十里石楼县是也。十二年，改吐京镇为汾州，西河郡仍属焉。”又《隋书·地理志》云：“隰城，旧治西河郡，开皇初郡废。则此西河郡直至隋初始废，郡治为隰城县也。”隰城县，即今山西汾阳县。

其二，《魏书·地形志》云：“西河郡，旧汾州西河民，孝昌二年为胡贼所破，遂居平阳界，还置郡。据此，西河郡乃孝昌中侨置。”《隋书·地理志》云：“有东魏西河郡，开皇初郡废。……即此侨置平阳之西河郡及所领永安县也。”《读史方舆纪要》云：“西河废县，在洪洞县西南三十里。后魏孝昌三年侨置西河郡，治永安县。……永安县，今山西洪洞县西南”。

其三，《魏书·地形志》云：“西河，孝昌中置。”王仲荦《北周地理志》云：“有旧置西河县，在今山西沁水县西，北齐废入永宁县。”

笔者按：“西河总秦戍”一词中，“总秦戍”为一城堡名，其具体地望单凭文献已不可考。关键在于“西河”之理解，因其处北朝时期，故“西河国”一词应为其以后定名之根源。

3-5 北朝长城遗址

“西河国”西晋置，惠帝末年陷废，故治在今汾阳市。北魏建“西河郡”中“西河”一词应为沿用此名，北齐因之。并且晋阳为高齐之陪都，恰黄河在其西，故“西河”之字面解释恰当。而西河又有西河县与西河郡之分，且西河郡又有两地之别。因此有人在论及长城时常出错便源于此地望之误解。然详加对比，辅之以图，晓其当时形势便不会错。所以，笔者以为总秦戍应在西河郡之内，此“西河”当属今山西汾阳之“西河”无疑，而“海”则是渤海湾。

前文已述，这道长城并不是一次修建完毕的，天保七年修建的长城只是完成了其中大概三分之一，首先利用了北魏时“畿上塞围”的西段，即“（太平真君七年）六月……丙戌，发司、幽、定、冀四州十万人筑畿上塞围，起上谷，西至于河，广袤皆千里”。之后又利用了东魏的长城，即“武定元年……八月……是月，神武命于肆州北山筑城，西自马陵戍，东至土墱，四十日毕” 。马陵戍，在今五寨县东部山上 。“土墱”现为土墱寨，故地在今原平市崞阳镇北12.5千米土屯寨，《宋史·地理志》云：“崞县有土墱寨。 ”这次修建的长城主要是今原平、宁武、五寨、岢岚境内的长城。到了天保八年，“是岁……初于长城内筑重城，库洛拔而东，至于坞纥戍。凡四百余里”。库洛拔、坞纥戍两城堡已失考，不知其具体位置。 但是“重城”却引人深思，何谓“重城”？是为双重城墙，即在此城之外又有一城，且时代略早一些，方可称此城为“重城”。结合文献并辅之以历史地图发现，天保六年修建的幽州北夏口至恒州间的长城基本位于西北部边疆，是为西北边境线，故所谓的“重城”应是相对此段长城而言，即在这段长城的南部又修建了一条大致东西走向的长城，并且此段长城也应是天保七年西河总秦戍至海这段长城的一部分，这恰好符合文献中“前后所筑”的说法。结合文献和历史地图发现这条长城应该是沿用北魏时“畿上塞围”的东段，即今代县、山阴、应县、浑源、广灵境内的长城，恰好这些地区正好位于大同以南，与“重城”相吻合。同时

3-6 北朝长城遗址

再次利用了东魏长城，即“（武定三年）十月丁卯，神武上言，幽、安、定三州北接奚、蠕蠕，请于险要修立城戍以防之，躬自临履，莫不严固……”。并且，出于对防御设施完整性的要求，这道长城应该与天保六年的北夏口至恒州的长城相接方才完备。 由于有“旧基”可用，这条长城修建速度很快，竣工后也发挥了作用，“（皇建元年）冬十一月……是月，帝亲戎北讨库莫奚，出长城，虏奔遁，分兵至讨，大获牛马……” 。北齐正是以新建的长城为依托，出师北伐并取得了胜利。

北齐的这条内线长城直到明代还有大量遗迹。尹耕在《九宫私记》云：“余尝至雁门（今山西代县），抵岢（今山西岢岚县）、石（今山西离石），见诸山往往有铲削处，逶逦而东，隐见不常。大约自雁门抵应州（今山西应县）至蔚（今河北蔚县）东山三涧口，诸处亦然。问之父老，则云古长城迹也。夫长城始于燕昭、赵武灵，而极于秦始皇。燕昭所筑自造阳至襄平，赵武灵所筑自代并阴山高阙，始皇所筑起临洮历九原、云中至辽东，皆非雁门、岢、石、应、蔚之迹也。” 这些地方的长城遗迹正是北齐建造的内线长城，其中也包含有北魏“畿上塞围”的旧基，不过尹耕却把上述长城判定为战国赵肃侯长城，实误。

文物部门经过实地调查发现了北齐内线长城。长城西起山西兴县的魏家滩，沿着吕梁山、云中山北麓，恒山主脉进入河北省后，又沿着太行山、军都山、向东北方向延伸进入北京，沿途经过山西的岢岚、五寨、宁武、原平、山阴、代县、应县、浑源、广灵进入河北省蔚县、涿鹿县，最后进入北京门头沟、昌平地区。上述山西地区的地形十分适合修建长城，这些县的长城基本上都修建在高耸的山脊上，其北是地势平坦的高原，其南便是忻定盆地和太原盆地，从而形成天然的防御屏障。

3-7 北朝长城遗址

现存墙体比较连贯，大致残高 1 ～ 3 米，底宽 1 ～ 12 米，顶宽 0.4 ～ 7 米，大部分为片石垒砌，个别地段黄土夯筑，夯层厚 0.07 ～ 0.10 米。 并且通过长城的分布，我们也可大致推断总秦戍的位置，即在山西兴县西北、保德西南附近的黄河岸边。首先，实地调查显示，长城在兴县北部中央的魏家滩还有遗迹，此地距离黄河已不太远。其次，据《乾隆保德州志卷之二“形胜古迹”》云：“长城，在州南偏桥村，西抵黄河，南接兴县八十里。”偏桥村，位于保德县南境与兴县交接处，其东南便是兴县的魏家滩镇，两者距离十分接近，因此长城完全可以与兴县长城接上再西去黄河到达总秦戍。

长城进入河北蔚县后，又沿着县南面的大山逶迤而东到达飞狐陉的北口。飞狐陉为“太行八陉”之一，北起蔚县，南至涞源，陉北为平坦的高原，南为华北平原，两者之间太行山拔地而起，自古为南北交通要道，在这附近修建长城，其作用是不言而喻的。长城入涿鹿过西灵山、东灵山后进入北京地界。在北京门头沟、昌平地区也发现了北齐长城和戍所的遗迹。并且这条长城应与先前修建的“幽州北夏口至恒州”的长城相接，从而构成完整的防线。

3-8 北朝长城现状

北齐南线长城

北齐南线长城共由两部分组成，一段长城始建于河清二年（563 年）。《北齐书》曰：“河清二年三月乙丑，诏司空斛律光督五营军士，筑戍于轵关。”同书又载：“河清二年四月，（斛律）光率步骑二万，筑勋掌城于轵关西，仍筑长城二百里，置十三戍。”轵关，为“太行八陉”最南面的第一陉，位于今河南省济源县西北，与山西阳城县交界。勋掌城故址，在今济源县西北，亦近山西省界。 这段长城大致为东西走向，逶迤于今河南济源市与山西泽州县交界的太行山区 ，每隔约 15 里立一戍堡。经过实地调查发现了北齐的轵关长城遗址，现存长城遗址起自泽州县晋庙铺镇斑鸠岭村南约 1 千米处，东北行约 3 千米止，越山谷又于背泉村西约 100 米处石崖上起，向东经背泉村、大口村，行约 5 千米止于满安岭断崖上，大体呈东西走向，全长约 9 千米。墙体两侧均以石灰岩块石砌成，中间用碎石填充。斑鸠岭段在抗日战争时改筑工事，上部已毁。背泉、大口村段保存尚好，基宽约 4 米，顶宽约 2 米，残高约 3 米。这段长城位于北齐都城和陪都的南侧，显然不是用来防御北方之敌的。由于长城所在的轵关陉为河南进入山西的交通孔道，自古便是兵家必争之地，因此这段长城的修建是用来抵御北周军队的进攻。需要说明的是，这一时期修筑的轵关长城并非创筑，在北齐建国之初就已修筑，“……文宣嗣事，镇河阳，破西将杨檦等。时帝以怀州刺史平鉴等所筑城深入敌境，欲弃之，乐以轵关要害，必须防固，乃更修理，增置兵将，而还镇河阳，拜司空。齐受禅，乐进玺绶。进封河东郡王，迁司徒。周文东至崤、陕，遣其行台侯莫陈崇自齐子岭趣轵关，仪同杨檦从鼓钟道出建州，陷孤公戍。诏乐总大众御之。” 同书还载：“……鉴奏请于州西故轵道筑城以防遏西寇，朝廷从之。” 《北史》亦云：“文襄辅政，封西平县伯，迁怀州刺史。鉴奏请于州西故轵关道筑城，以防西军，从之。” 由此，这道轵关长城在北齐初年就已建设，当时用于防御西魏的进攻。后，西魏为北周所灭，故北齐的后继者们又重修、加固，用以防御北周。

另一段长城建于皇建年间（560 ～ 561 年），即“皇建中，诏于洛州西界掘长堑三百里，置城戍以防间谍”。“长堑”乃长城的特殊形态， 也是带状防御工程。“洛州，治洛阳，北齐时，洛阳以西已为周有……由此可见，北齐、北周界域即在洛阳之西也”。 由此可知，王峻督建的三百里长堑，大致呈南北走向，纵贯于洛州（治今河南洛阳市东、汉魏洛阳城遗址）西境，文献记录阙如，俟今后通过实地考察和考古调查来确定位置。

3-9 北朝长城遗址

3-10 北朝长城现状

北齐外线东段长城

天保、河清年间修筑的长城已经巩固了北齐的西、西北、南部的军事防御设施，唯北方边境的防御设施尚未巩固，此时北齐王朝已是江河日下、日薄西山，无力再向北进行大规模的军事进攻，只能被动地采取防御措施。即天统元年（565 年），构筑的库堆戍至海的长城。据《北齐书》记载，斛律羡于河清三年（564 年）出任幽州刺史，都督幽、安、平、南营、北营、东燕六州诸军事。“其年秋，突厥众十余万来寇州镇，羡总率诸将御之。……突厥于是退走。天统元年夏五月，羡以北虏屡犯边，须备不虞，自库堆戍东拒于海，随山屈曲二千余里，其间二百里凡有险要，或斩山筑城，或断谷起障，并置立戍逻五十余所。”库推戍，“库推”，或作“库堆”，“堆”是“推”字的缺笔，应以“库推”为正。库推，后转音为“虎北”，再音谐为“古北”，即今北京古北口。“随山屈曲二千余里”说明长城自此向东，沿着燕山主脉的走势逶迤而东到达海边，但并不是今天的山海关。由于在辽宁东起墙子里村，西达河北抚宁县张赵庄西山一线，发现了北朝长城遗迹，说明这条长城入海处是在辽宁省绥中县万家乡墙子里村附近的海滨，此地西距山海关约 5 公里。这条长城位于北齐的北部边境，也是天保七年“前后所筑”的“西河总秦戍至海”的长城的一部分，是为外线长城的东段。

从地图上看，此段长城与天保六年修筑的“幽州北夏口至恒州”的长城之间并不连贯，缺少今北京怀柔区地区的长城，缺少的这段也为“西河总秦戍至海”的长城的一部分。从整个外线长城防御体系上讲，此两段长城应该是连贯在一起的，这样似乎更和符合情理。经过实地调查，在延庆、怀柔和密云的确都发现有北齐长城的遗址。长城出北京后，再次进入河北地界，沿着燕山主脉向东，其中大部分墙体被明朝修建长城时所利用，只有个别地段位于明长城内、外侧，这也是我们难寻其踪迹的主要原因之一。不过在今秦皇岛的山海关、抚宁县地区，还是保存有一大段北齐长城的遗址，可以证明其大致走向。

至此，北齐的长城全线竣工。北齐立国仅 28 年便为北周所灭，修建长城却贯穿始终。北齐为地方性割据政权，人力、物力、财力均有限，并且这 28 年并不太平，处于三面作战的不利境地。因此，要想完成如此巨大的军事工程，不借助前朝已有的设施是很难完成的。本文开篇已说过，北齐的疆域大致与北魏、东魏相当，其与周边敌对国、少数民族军事集团之间的形势与前朝相比也大致相同，并且与前朝相隔的时间也并不很久，原先的军事要塞、重镇此时仍为重点地区。鉴于上述原因，因此北齐统治者完全有必要，也可以利用前朝的防御设施进行重修、加固和再利用。并且北齐内线、外线长城所经过的地区也被后世的北周、隋朝所利用。到了明朝，在修建蓟镇、宣府镇、大同镇、山西镇的长城时也有所利用。

第四节 修缮说明

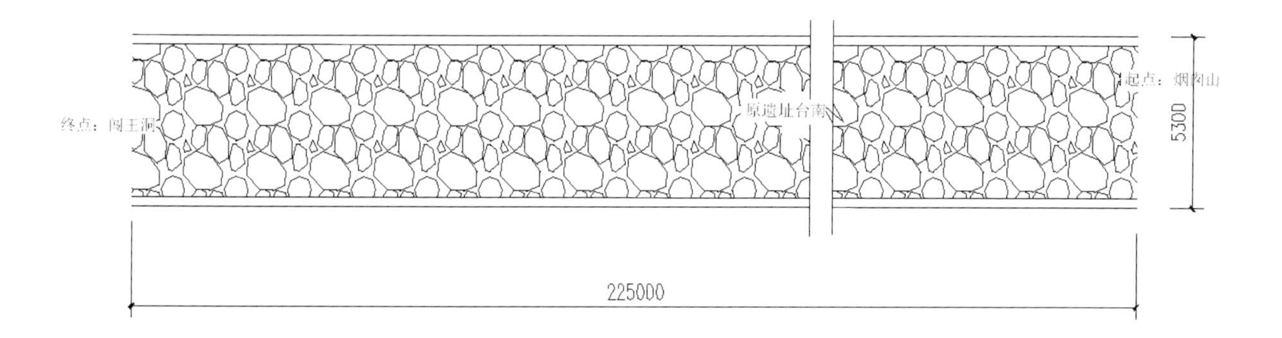

4-1 西连峪长城修缮区域平面图

4-2 西连峪长城修缮区域实拍图

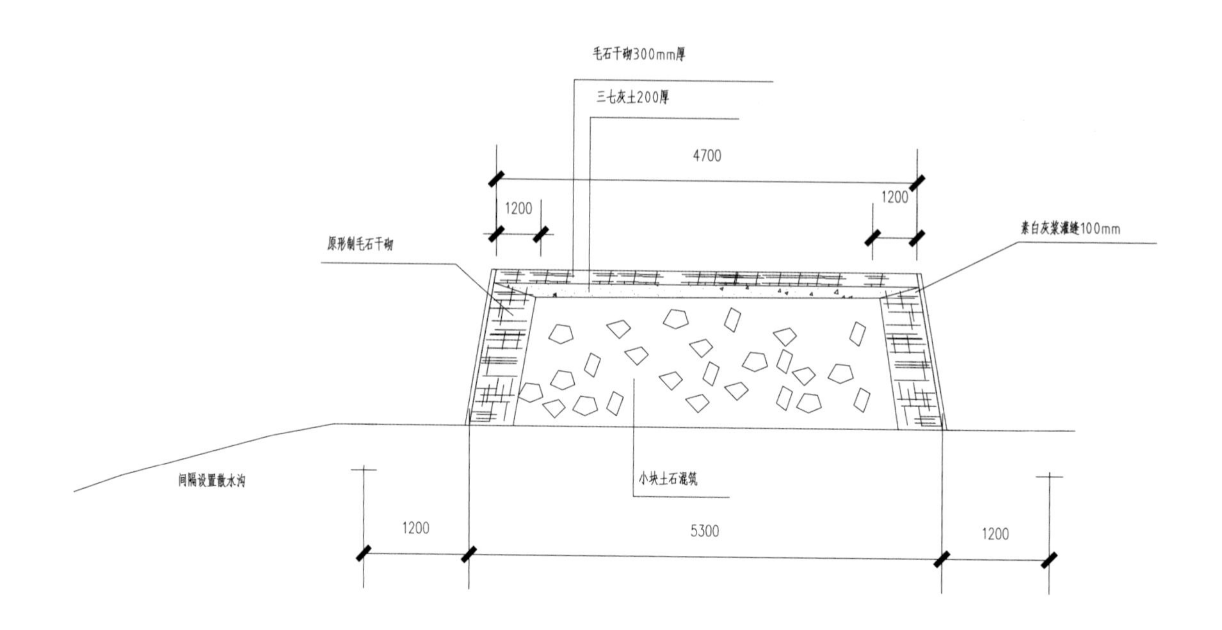

4-3 西连峪长城修缮区域剖面图

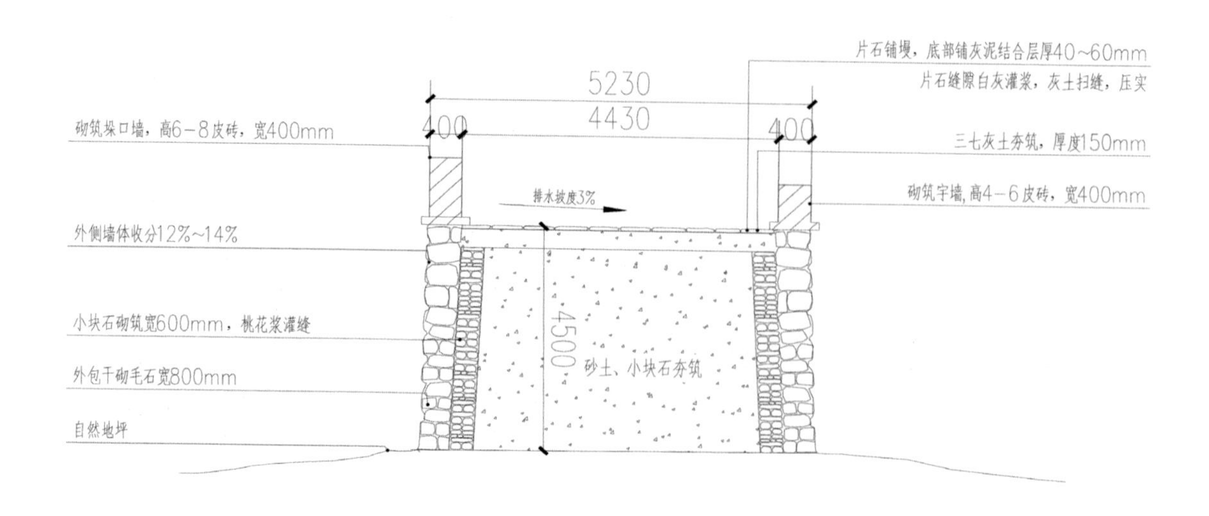

4-4 西连峪长城土石砖混结构剖面图

植被清理

1. 施工准备

项目部在接到图纸后，由项目工程师牵头组织质检员及班组长熟悉图纸，了解清理部位，对工程的性质、内容、技术要求、周边环境、地质情况等做了认真、充分的研究，并为以后的进场施工做准备。

2. 清理人员

根据清理工程量，安排10人专门负责清理，并由专人负责，并做好记录。

3. 清理方法

（1）采用人工清理坍塌散落的墙体毛石。清除紧邻城墙的乔木和灌木。

（2）清理墙体时，采用人工将需清理部分与不清理部位确定后，再进行清理，保证不影响原结构。

（3）清理时，边清理边记录，并留有影像资料。

（4）基础需根据现场环境、歪闪情况进行清理。

（5）清理前应复核验线，并由工程技术负责人向全体施工管理人员及施工班组人员进行技术交底，每个作业班都要有现场管理人员跟班指挥。

（6）清理时应有顺序施工，并不断检查测量清理标高是否达原坚固基石基础。

（7）清挖至原坚固基石基础时，要严格控制尺寸关系，请监理、甲方等单位验收。若满足，应做好记录；若不满足设计要求时，应会同设计人另行商定处理。

(8) 根据地层情况（特别是厚沙层处）密切与安全喷护配合，局部按照支护施工的具体要求进行开挖。

(9) 若遇地质资料与实际开挖不相吻合，应会同业主、设计院、勘察单位、监理单位共同协商处理。

(10) 雨期施工时，设备应搞好接地处理；运输机械行驶道路应采取防滑措施，以保证行车安全。

4-5 人工对乔灌木根系进行清理

4-6 人工就地取材石料

4-7 人工进行材料运输

4-8 人工进行碎石清理

4-9 墙芯干砌

4-10 外侧墙体砌筑

4-11 墙体修缮完毕后

兵部分司署
登城入口
卫生间
钟鼓楼

第三章 山海关古城墙修缮

第一节 山海关古城墙概况及综合评估

城墙概况

山海关城墙概况

山海关建于明洪武十四年（1381 年），山海关关城地处辽西走廊中部，北依燕山，南临渤海。山海之间距离仅 7.5 千米，关城居中，控扼咽喉，形势丨分险要，历来为兵家必争之地，素有“两京锁钥无双地，万里长城第一关”之谓。

镇东楼城台及瓮城为当地主要旅游景点，周边存在道路及民居等现有建筑及设施，人类活动对本体的影响较为明显。

山海关关城东城墙地处长城主轴线，为万里长城的一部分。南、西、北城墙为环依长城而建的关城城墙，山海关关城东、南、西、北四城墙中部各设一门，门上建有城楼。东门上城楼，名曰“镇东楼”，为闻名于世的“天下第一关”。镇东楼，始建于明洪武十四年（1381 年），楼高 13.7 米，建筑面积 356 平方米，南距牧营楼 385 米。因关城东垣即万里长城，此关则为长城起始的第一座关口，故被称为“天下第一关”。城台和城门洞从墙体表面可以明显看出，曾屡经维修。镇东楼城门外圈为瓮城，始建于明洪武年间，系建于城门外围的防御设施，既可集结兵力，又可诱敌入内，制敌于“瓮中捉鳖”而得名。山海关作为我国古代重要防御工程体系的典型代表，1961 年被国务院公布为第一批全国重点文物保护单位，1987 年被联合国教科文组织列为世界文化遗产名录。

目前由于自然因素，镇东楼城台券洞东侧及瓮城券洞两端外部砖墙体局部出现空鼓、裂隙，墙面砖块松动、脱落；且该处为山海关主要旅游景点，一旦出现外闪脱落，极易造成人员损伤，且造成严重的社会影响。

1-1 天下第一关

位置境域

山海关位于河北省秦皇岛市，地处辽西走廊中部，北依燕山，南临渤海，西距北京 290 千米，东距沈阳 370 千米，西南距天津 220 千米，东南隔海与大连直距 200 千米，是连接东北华北的交通枢纽。其中山海关镇东楼地理坐标为：北纬 40º00′ 32.5″，东经 119º45′ 11″，海拔 47.13 米。

地形地貌

山海关地形呈阶梯状分布，东北高，西南低。北部为燕山山脉，中部为古城及道南新城区，南部滨海，城区西部为大石河，潮河及万里长城南北贯穿山海关。山海关拥有山地、古城及滨海资源的城市区。山区中较高的山峰有 5 座，最高海拔 926 米。镇东楼城台及瓮城为当地主要旅游景点，周边存在道路及民居等现有建筑及设施，人类活动对本体的影响较为明显。

气候环境

评价区域属暖温带大陆性半湿润季风气候，因受海洋影响较大，气候比较温和，春季少雨干燥，夏季温热无酷暑，秋季凉爽多晴天，冬季漫长无严寒，年平均气温 10.5℃。多年平均降水量为 679.3 毫米，最大年降水量为 1273.5 毫米，最小年降水量为 320.11 毫米，受季风影响，降水集中在 6 ～ 8 月。年平均湿度为 60%，标准冻土深度为 1 米。

1-2 山海关鸟瞰图

防御体系

万里长城是我国古代劳动人民智慧和血汗的结晶，它又是举世无双的、最长的古代军事防御工程。长城不仅工程雄伟壮丽，而且修筑历史悠久，从它开始修筑时算起，一直延续了两千多年的时间。

早在春秋、战国时期，由于诸侯称霸而穷兵黩武，形成了大国兼并、弱肉强食的纷乱局面。就在这样大动荡的历史背景下，各诸侯国纷纷在自己的国土上起土为墙，内保统治，外御强敌。如“齐宣王乘山岭之上筑长城，东至海，西至济州的千余里，以备楚”（《史记·楚世家·正义》）。而“楚国方城以为城，汉水以为城”（《左传》）。“楚魏与秦接界。魏筑长城，自郑滨洛以北有上郡”（《史记·秦本纪》）。“燕亦筑长城，自造阳至襄平，至上古、渔阳、右北平、辽西、辽东郡以拒胡”（《史记·匈奴列传》）。公元前221年，秦始皇统一中国，建立第一个多民族统一的中央集权制的封建国家。秦始皇为了防御北部匈奴奴隶主贵族的南下骚乱，便派蒙恬“将三十万众，北逐戎狄，收河南，筑长城”（《史记·蒙恬列传》）。把战国时期秦、赵、燕三国“筑长城以拒胡”的长城连起来，并在此基础上又加以扩建。“因地形，用险制塞，起临洮，止辽东，延袤万余里”（《史记·蒙恬列传》）。至此，这一世界上古代最为宏大的建筑工程，便巍然雄峙在我国北部辽阔的地上了。

秦代以后，经汉、南北朝、隋、辽、金、明各代，都对长城进行过大规模的修筑或增建。其中，犹以汉代和明代的长城规模最大。汉代的长城、亭障、烽燧长达两万里。明筑长城，在建筑工程技术和防御设备等方面都有了许多的改进和发展。明代是长城修筑史上最后一个朝代。也是长城防御工程技术发展的最高阶段。

明朝建立以后，北部有蒙古族残余势力，东北部又有女真政权的崛起。这对于刚建立不久的朱明王朝是两个不小的威胁。所以，明朝建国后的第一年（1368年），明太祖朱元璋就把修筑长城作为当务之急，派徐达开始修筑居庸关等处长城，明代修筑长城，前后历时一百多年才完成明长城的全部工程。

山海关长城就是在明洪武十四年(1381年)修筑的《明史》:记载明太祖朱元璋派大将军徐达“发燕山等卫屯兵万五千一百人，修永平、界岭等三十二关”。山海关之名也自此得。山海关长城，南自渤海岸上的老龙头长城起点，北至燕山余脉的角山下，南北长达7500米之遥。

山海关长城由城墙、关城、南翼城、北翼城、老龙头、角山长城，配以关城的东西罗城及东边的威远城、烽火台等部分组成，构成了左辅右弼、互为犄角的军事防御体系。

1. 城墙：山海关一带长城，是明长城的精华所在。这里的长城，大部分为土筑砖包，底层以条石为基础，外包以砖墙，中间填三合土夯实，城墙顶部用砖铺面。山上长城建筑结构，随山势而起伏，因地形而不一，高度和宽度也不一致。平原和丘陵地带的长城一般平均高 10 米，宽 8 米，大部分宽 4 ～ 5 米。城上可容 5 马并骑、10 人并行。城墙顶部外砌垛口，上有瞭望口，下有小孔，为射洞。守城部队在长城上既可瞭望又可射击，居高临下，易守难攻。墙面还有排水沟和吐水嘴等工程设施。

2. 关城：据《临榆县志》记载：“县城高四丈一尺，厚二丈，周八里百三十七步四尺。土筑砖包。其外门四：东曰镇东（天下第一关），西曰迎恩，南曰望洋，北曰威远。”这四座城门至今仍在，但城门上的箭楼（因楼上开有射箭用的窗户，故名）只剩下镇东门上的一座了。此箭楼坐东朝西，与其他三座箭楼遥相呼应，浑然一体。镇东箭楼分两层，上为歇山重檐顶，顶脊双吻对称，下为砖木结构。这座箭楼坐落在 12 米高的城台上，楼高共 13.7 米，东西宽 10.1 米，南北长 19.7 米。城楼顶檐下，横挂着一块巨匾，上书“天下第一关”五个大字，笔道雄劲，闻名遐迩。此匾系明代成化年间进士、邑人萧显所书。山海关城四座门的外围，均有瓮城，遗存至今的仅有镇东门外一座瓮城了。在东西二座门的瓮城之外又配以东、西罗城。除此之外，为了加强防守，在关城四周又挖了护城河，即“环城为池，周四百有二丈九尺”。

1-3 山海关城墙老照片

关城是山海关长城防御体系中的主体建筑，其他建筑设施则共同拱卫着它，都是辅助设施。关城的北、西、南三长城及箭楼，由于处在南北走向的山海关长城以西（关内），故在实践中基本上起不到多大作用。因为山海关长城主要是防御长城以东（关外）兴起的女真政权和蒙古族残余势力的侵扰修建的。而东面的镇东箭楼（天下第一关），则坐落在山海关长城南北走向之上，且在山、海之间，战略地位显得非常重要。所以，镇东箭楼修得台高楼阔，陡峭坚固，设施完善，这些都是其他三座箭楼所不及的。在它的外围不仅围以瓮城，而且又有罗城和护城河环抱，加之重兵把守，大有“敌矢不能及，敌骑不敢近”的效果。登临天下第一关箭楼上，长城内外的情况则一览无余。所以，在战时，守城总兵大人往往亲自坐镇此楼，调兵遣将，使得这座古塞雄关牢不可破，坚不可摧。

神威大将军炮：明崇祯十六年（1643）铸造。炮长 2.7 米，最大外围 1.1 米，口径 0.1 米，重 2500 公斤，炮身铭文清晰。系国家一级文物。

1-4 神威大将军炮

如果把山海关长城比喻成一把铁钳的话，那么天下第一关是枢纽，老龙头长城和角山长城则是这把铁钳上张开大嘴的两只钳牙。它们拱卫辅佐着山海关长城，形成军事上的掎角之势。如果敌人犯长城，屯守在老龙头长城和角山长城上的部队便迅速出击，采取两侧夹击或迂回包抄敌人后路的办法，使敌人腹背受敌，不战自溃；如果它们本身受到敌人攻击，也可以利用自身天然的地理优势和完善的长城防御工程固守自救。

3. 烽火台：在山海关长城内有烽火台多处。这些烽火台都是以东西方向分布的。一般在城墙附近，五里一台，距城较远处，十里一台，烽火台众所周知，它是古代传递军事情报的场所。如遇敌情，在台上白昼点烟，故又叫狼烟台；夜晚点火，故又叫烽燧台。可谓狼烟四起烽火连天，敌情消息就像接力赛一样很快就传到守城部队。

4. 威远城：此城也早已湮圮，现尚存遗址。据《临榆县志》记载，威远城"在长城东二里外欢喜岭上，城高三丈，下砌以石，四隅起台垛，城上女墙高五尺，周方七十步，正南为城门，上镌'威武'二字"。威远城为山海关东部外围的屏障，是长城防御体系中的前沿阵地，有重兵把守。战略位置上地居要冲，遥控四野。

今天漫步在山海关长城之上，当年用以作战的箭镞、矛、铁雷石等遗物还依稀可见，特别是矗立在第一关城楼南北两侧的神威大将军炮，使人见了不难想象当年它的神威。除此之外，守城部队还配备有三眼枪，百子铳、佛郎机鸟嘴等火器。这些冷兵器和火器的并用，使山海关长城更加如虎添翼。

综上所述，山海关长城南临渤海，北依燕山，长城纵贯，一关雄踞（天下第一关），把山、海、关连成一气，形成"关隘相连，烽火相望"，层层布防、步步设险、能攻易守的完善的长城防御体系。山海关地处华北通向东北的要冲，好似咽喉要道，故历来成为兵家必争之地。翻阅史册，仅从明代设山海卫（《明史》卷九十"兵二"）以来，就曾发生过不少战争。下面仅举几例，如《临榆县志》记载：明穆宗隆庆元年，蒙古族土蛮部的封建割据者黄台吉带兵直逼山海关城下，当时的蓟州总兵

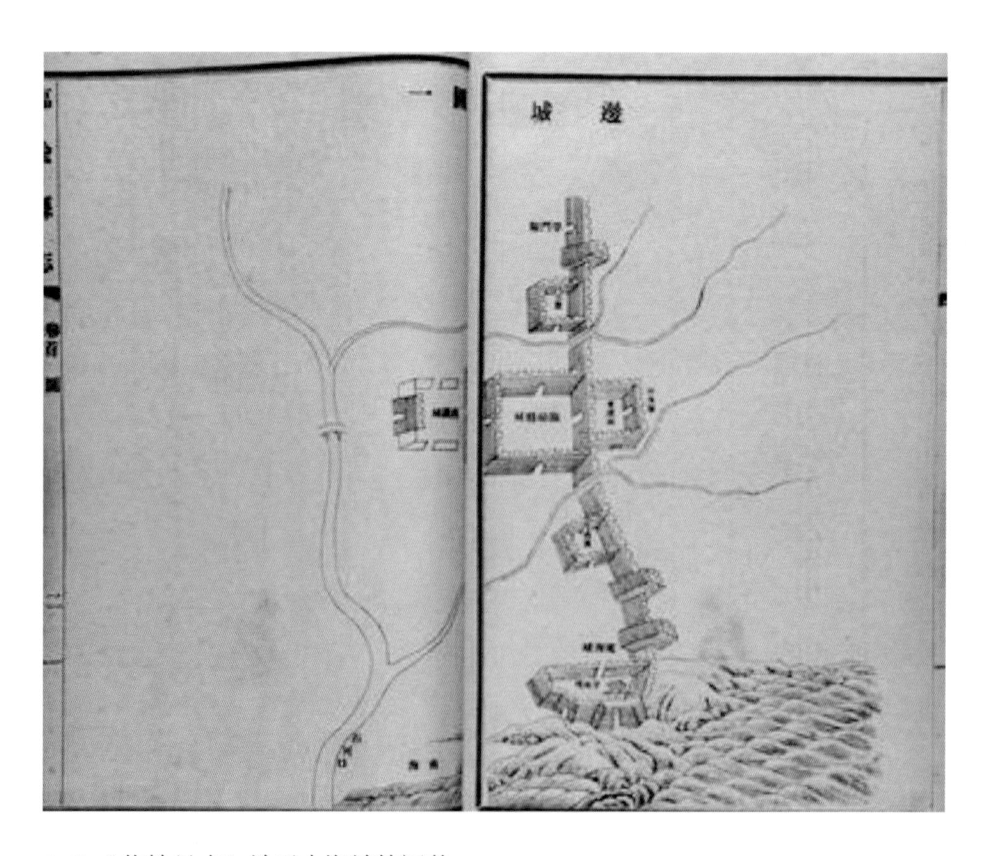

1–5《临榆县志》关于山海关的记载

戚继光急派游击张臣迎击，在关城附近的傍水崖展开了一场恶战，结果黄台吉大败而归。另据《明史》记载：崇祯二年、三年、七年、九年、十一年，清兵曾多次犯边“入口”，但都是“俘掠而行”没有站住脚。究其原因是由于“山海关控扼其间，（清兵）则内外声势不接，即入其他口，而彼（明军）得扰我后路”“所克山东，直隶郡邑辄不守而去，皆由山海关阻隔之故”（ 魏源《圣武记》卷一“开国龙兴记”）。由此不难看出，山海关完善的防御体系起到的作用是不可低估的。但是尽管如此，也没有最终阻挡清兵入主中原，对于这个问题，我认为是复杂的，多方面的。

1644 年的清兵入关，是明清之交的一个重要历史事件。这一事件关联着明朝的灭亡、李自成农民军的失败和清朝的胜利三个方面。而明清之际的山海关战役则对三方起到了决定性的影响。

从明朝方面讲，当时的明朝已到了腐朽没落苟延残喘的地步了。在明、清的长期斗争中，与新兴的清政权形成了鲜明的对比。加之，明末农民起义给明王朝以致命的打击，使明廷顾此失彼，最终被轰轰烈烈的农民起义推翻。

1-6 天下第一关及瓮城

从李自成农民军方面讲，由于义军所向披靡，“大顺政权领导人在一片凯歌声中，滋长了骄傲轻敌的思想”“在用政治手段招降吴三桂（当时山海关明总兵）之后，李自成派往山海关镇守的，只是刚刚投降过来的名将唐通所部八千，没有派出农民军大将率领重兵协防”（顾诚《明末农民战争史》）。加之大顺政权在建国后的方针、政策上的失当，使本来就对农民政权有敌意的吴三桂演出了“乞师复仇”的丑剧。所以，山海关战役农民军的失败尽管有其客观因素，但总的来讲是李自成在根本决策上的错误造成的，大顺政权全面失败由此肇始。

从清兵方面讲，1644年清兵入关，条件是成熟的，准备是充分的，力量是雄厚的。皇太极曾说：“打开山海，通我后路，迁都内地，作长远之计”（《清太宗天聪四年伐明以七大罪誓师谕》）。由此可见，从皇太极到多尔衮等人都一直密切关注着中原地区斗争的演变，并随时根据获得的情报而决定自己的对策。当李自成农民军占领北京推翻明王朝，建立大顺政权后，清军就及时地把矛头对准了立足未稳的农民政权。后来又由于农民军政策失误，导致吴三桂开关降清，又给清兵在军事行动上提供了一个意外的方便条件，改变了清军入关的路线，加快了清兵入关的进程。所以说，“清军的胜利和李自成的失败，表面上看起来好像是偶然的，实际上它具有很大的必然性，因为清军的胜利所具备的条件是多方面的，长期积累起来的。而李自成的错误，也是各种因素促成的，而不是偶然的”（陈生玺《清兵入关与吴三桂降清问题》《中华文史论丛》1981年第3辑）。

以上这些史实，更加说明了万里长城山海关所处地理位置的重要以及它完善的长城防御体系，历来被兵家视为必争之地。

长城是我国古代国内各封建割据集团和各民族统治集团之间矛盾战争的产物。随着时间的推移，朝代的更替，万里长城已完成了它的战略防御使命，已被人民大众的众志成城所替代。

如今，万里长城虽然失去了军事上的防御工程的功能，但它却反映了我国两千多年来历史上政治、经济、文化、中西交通、民族关系等情况，特别是历代王朝军事部署与军事措施的情况，是研究古代社会的第一手资料和实物见证。

历史沿革

所在地历史沿革

明洪武十四年（1381 年），徐达奉命修永平、界岭等关，在此地建关设卫，因其依山临邻海，故名山海关。

清乾隆二年（1737 年）撤卫置临榆县，为县治所在地。

中华人民共和国成立初期先后设秦榆市（今秦皇岛市）山海关办事处，辽西省（现辽宁省）山海关市。1952 年 11 月划归河北省，1953 年撤市建区，属秦皇岛市。

山海关建于明洪武十四年（1381 年），其关城地处辽西走廊中部，北依燕山，南临渤海。山、海之间距离仅 7500 米，关城居中，控扼咽喉，形势十分险要，历来为兵家必争之地，素有“两京锁钥无双地，万里长城第一关”之谓。

山海关关城东城墙地处长城主轴线，为万里长城的一部分。南、西、北城墙为环依长城而建的关城城墙，山海关关城东、南、西、北四城墙中部各设一门，门上建有城楼，东门上城楼名曰“镇东楼”，即为闻名于世的“天下第一关”。镇东楼，始建于明洪武十四年（1381 年）。因关城东垣即万里长城，此关则为长城起始的第一座关口，故被称为“天下第一关”。城台和城门洞从墙体表面可以明显看出，曾屡经维修。镇东楼城门外圈为瓮城，始建于明洪武年间，系建于城门外围的防御设施。山海关作为我国古代重要防御工程体系的典型代表，1961 年被国务院公布为第一批全国重点文物保护单位，1987 年被联合国教科文组织列为世界文化遗产名录。

1-7 全国重点文物保护单位

文物历史沿革

山海关，古称榆关、渝关、临渝关、临闾关。古渝关在抚宁县东20里。北倚崇山，南临大海，相距不过数里，非常险要。在1990年以前，被认为是明长城的东北起点。现已发现的明长城的起点为辽宁省丹东市宽甸县虎山镇—虎山长城。

隋开皇三年（583年），筑渝关关城。唐贞观十九年（645年），唐太宗征高丽，自临渝还。五代后梁乾化年间，渝关为契丹所取，薛居正指出："渝关三面皆海，北连陆。自渝关北至进牛口，旧置八防御兵，募士兵守之，契丹不敢轻入。及晋王李存勖取幽州，使周德威为节度使，德威恃勇，不修边备，遂失渝关之险。契丹刍牧于营、平二州间，大为边患。"后唐清泰末年，赵德钧镇守卢龙。石敬瑭在太原叛乱，并求援于契丹。耶律德光许之，其母述律后曰："若卢龙军北向渝关，亟须引还，太原不可救也。"宋宣和末年，渝关为女真所得。

明洪武十四年（1381年），中山王徐达奉命修永平、界岭等关，带兵到此地，以古渝关非控扼之要，于古渝关东60里移建山海关，因其北倚燕山，南连渤海，故得名山海关。

1-8 世界文化遗产名录

价值评估

历史价值

长城是中国冷兵器时代产生的军事防御设施，是人类建筑史上伟大的古代军事防御工程，是不可再生的历史文化资源。山海关是明长城的精华部分，具有极高的历史价值。1961 年被公布为首批全国重点文物保护单位，1987 年被联合国教科文组织列入“世界文化遗产”名录。

山海关地处华北通往东北的交通要道，战略地位极为重要。自明初，徐达在此建关设卫之后，山海关便成为著名的雄关险隘和军事重镇。它在中国历史上发挥了重要的军事防御功能，为封建社会农业经济的生存和发展及社会安定提供了重要保障。

1-9 “镇东楼”老照片

山海关作为北方重要的边关要塞，它曾见证了许多著名的历史事件，造就了许多著名的历史人物，经历了许多重大的历史变迁，留下了许多名人轶事。山海关布局保存教完整，是研究古代军事城防设施建设的重要实例。对于研究古代军事城防设施的选址、规划及建筑思想都有非常重要的意义，它以科学、严谨的布局特征确立了军事史上的重要地位。山海关经过明代历朝修筑及后世的多次修缮，携带了丰富的历史信息，充分反映了山海关长城的历史发展进程及不同历史时期的工程技术水平，具有较高的历史价值。尤其是大量文字砖及各种防御兵器的发现，为研究山海关的军事防御体系及建造历史提供了重要的实物资料。

科学价值

1. 山海关巧妙地利用天然的地形、地势条件而构筑工程，利用地理天险抵御敌人，体现了其战略选址的科学性。

2. 山海关充分利用当地的自然资源选择合适的材质作为建筑材料，节约成本，体现了选择材料的科学性。

3. 山海关并非简单孤立的一线城墙，而是由点到线，由线到面，把长城沿线的关隘、城池、敌台、烽火台及城壕等连接起来，彼此呼应，前拱后卫，守望相助，互为犄角，布局主次分明，组成了一个科学完整的防御体系。

4. 山海关筑造技术超高，设计理念科学。长城上建筑的空心敌台，是长城建造史上的一次重大创新；入海石城巧妙地利用伸入海中的脉岩为基砌筑石城，块石间凿出榫卯连接，并以铁水灌注，十分坚固。

随着长城事业不断深入，长城学已成为一门新兴学科，通过系统的理论研究，用更加科学的方法对长城的保护、开发及利用制定出科学的方针、规划、方案等。

社会价值

1. 山海关，凝聚着我们祖先的血汗和智慧，它已成为中华民族意志、勇气和力量的标志，也是中国文化的重要标志，是中华民族弥足珍贵的物质和精神财富。山海关长城及博物馆是全国重要的爱国主义教育基地，对弘扬中华民族悠久的历史文化，增强人们爱国主义情感发挥了重要作用。

2. 山海关，是当地社会文化及中国长城文化的重要标志，山海关因长城而产生和发展，因长城的不朽文化而闻名于世。

3. 山海关因其丰富的历史内涵及壮美景观，成为历代文人抒发情怀的重要题材，以长城为题材的诗词歌赋，激昂豪放，极具艺术震撼力，成为中国文化的重要组成部分。

4. 山海关以发展长城文化旅游为地区战略产业，并成为当地重要的经济支柱。

5. 山海关的文化魅力造就了当地极具特色的民风、民俗，与长城有关的名人轶事、传说、故事也被后人津津乐道。

艺术价值

1. 山海关，随势蜿蜒，不仅有核心关城、东西罗城、南北翼城，还分布诸多关隘、墙台、敌台、烽火台，打破了单一城墙的单调感，其空间形态、造型等体现了明代建筑的最高水平，具有重要的建筑艺术价值。

2. 山海关，南入渤海，北跃角山，呈现出“万里巨龙”翻山下海的壮观画面，气势磅礴，动静相融，自然和人文景观相互依托，具有极高的景观艺术价值。

军事价值

山海关距离北京大约只有 280 千米，而且两地之间的地形以利于骑兵冲杀的平原为主。正因为山海关的特殊地理位置，关乎明王朝京师的安全，所以，从明朝中后期开始，山海关逐渐赢得了“天下第一关”的称号。而“天下第一关”中所谓的“第一”，不仅指山海关地处万里长城最东端，更表明了它扼守辽西走廊，护卫华北平原的重要地理价值。

天下第一关作为万里长城东部起点的第一座关隘，是关内关外的分界线，是明朝京师（北京）的重要屏障，是以展现明代重要关口和平原长城为主的历史遗迹人文景区。山海关为军事重镇和战略要地，明宣德年间曾在此特设兵部分司署，为明兵部的唯一分设机构，具有独特的军事与政治价值。自其设立至明朝覆灭，二百多年间，共有 90 位兵部分司主事于此。

建筑价值

山海关古城是明万里长城上的重要的军事城防体系，东门镇东楼气势雄伟，是山海关古城的标

1–10 天下第一关

志性建筑；在其左右两侧分别建有靖边楼、牧营楼、镇东楼、临闾楼和威远堂，五座敌楼，一字排开，均匀分布在1000多米长的长城线上，称为“五虎镇东”；城中心建有钟鼓楼，关城街巷呈棋盘式布局，城外四瓮城拱卫，形成重城并护之势；外层筑有罗城、翼城、卫城、哨城等，展示出中国古代严密的城防建筑风格。

瓮城是长城建筑中最珍贵的城，虽规模不大，却有重要作用。一是如遇敌人侵扰，可将关门作为二道防线，制敌于“瓮中之鳖”；二是从建筑上看，城外瓮城回护，形成重城并守之势，坚固雄伟，体现长城防御工程的特色。

管理评估

山海关区文物局为山海关长城的行政管理机构。镇东楼及瓮城由秦皇岛市山海关区文物局负责管理，对山海关长城承担保护和管理工作。

现状评估

1. 场地环境评估

（1）山海关地形呈阶梯状分布，东北高，西南低。北部为燕山山脉，中部为古城及道南新城区，南部滨海，城区西部为大石河、潮河及万里长城南北贯穿山海关。山海关拥有山地、古城及滨海资源的城市区。山区中较高的山峰有5座，最高海拔926米。镇东楼城台及瓮城为当地主要旅游景点，周边存在道路及民居等现有建筑及设施，人类活动对本体的影响较为明显。

（2）山海关区属暖温带大陆性半湿润季风气候，因受海洋影响较大，气候比较温和，春季少雨干燥，夏季温热无酷暑，秋季凉爽多晴天，冬季漫长无严寒。标准冻土深度为1.0米。

（3）该场地抗震设防烈度6度，所属设计地震分组为设计地震第三组，设计基本地震加速度值为0.05g。

2. 病害评估

（1）镇东楼城台券洞东侧墙体存在较大范围的松散、脱空及青砖酥碱残损现象，局部存在裂隙，墙体青砖酥碱残损约20%。

（2）瓮城券洞两端墙体存在较大范围松散、脱空及青砖酥碱残损现象，券洞北端墙体脱空面积达66平方米，墙体青砖酥碱残损约35%；券洞南端墙体脱空面积达57平方米，墙体青砖酥碱残损约45%。

（3）瓮城券洞南端墙体局部酥碱残损严重区域采用水泥砂浆补抹，石质门券上部券体及周边区域采用水泥砂浆补抹，该不当修补措施破坏了文物本体整体协调性，对文物本体造成二次伤害。

（4）墙体失效灰缝内有较大植被生长，植被根系的生长扩大，使周围砖砌体受到挤压作用，产生移位和裂缝，使周围墙体整体结构性受到破坏。植被生长对城墙体破坏作用是非常明显的，而且其呈加速增长趋势。

1–11 镇东楼全景图

安全评估

1. 镇东楼城台券洞东侧墙体及瓮城券洞两端墙体，存在较大范围松散、脱空现象，局部存在裂隙，且该类病害程度较为严重，已严重影响城台整体稳定性。如不及时采取措施，可能造成文物本体局部坍塌。

2. 镇东楼城台券洞东侧墙体及瓮城券洞两端墙体，局部青砖酥碱残损较为严重，如不及时处理，随着酥碱残损程度的加大，会使墙体整体承载能力降低。

3. 瓮城券洞南端墙体局部酥碱残损严重区域采用水泥砂浆补抹，石质门券上部券体及周边区域采用水泥砂浆补抹，该不当修补措施破坏了文物本体整体协调性，对文物本体造成二次伤害。

4. 墙体失效灰缝内有较大植被生长，植物根系的生长扩大，使周围砖砌体受到挤压作用，产生移位和裂缝，使周围墙体整体结构性受到破坏。植物根系的扩张使失效灰缝扩裂，雨水沿裂隙进入土体，使根系吸收水分路径变短，促进植物根系的发育，反过来又进一步挤推土体，使结构裂隙继续扩大形成一个恶性循环。城台墙体上生长的植物根系对城墙体结构的安全性造成严重影响。

5. 冰雪的冻融作用。当雪融化成水进入墙体的脱空、裂隙时，由于冰融作用扩大脱空范围，产生结构不稳定效应，影响文物本体安全性。

6. 镇东楼及瓮城是当地主要旅游景点，本体上及本体周边人员活动量较大，亦对文物本体的安全造成一定影响。

第二节 建筑形制

总体布局

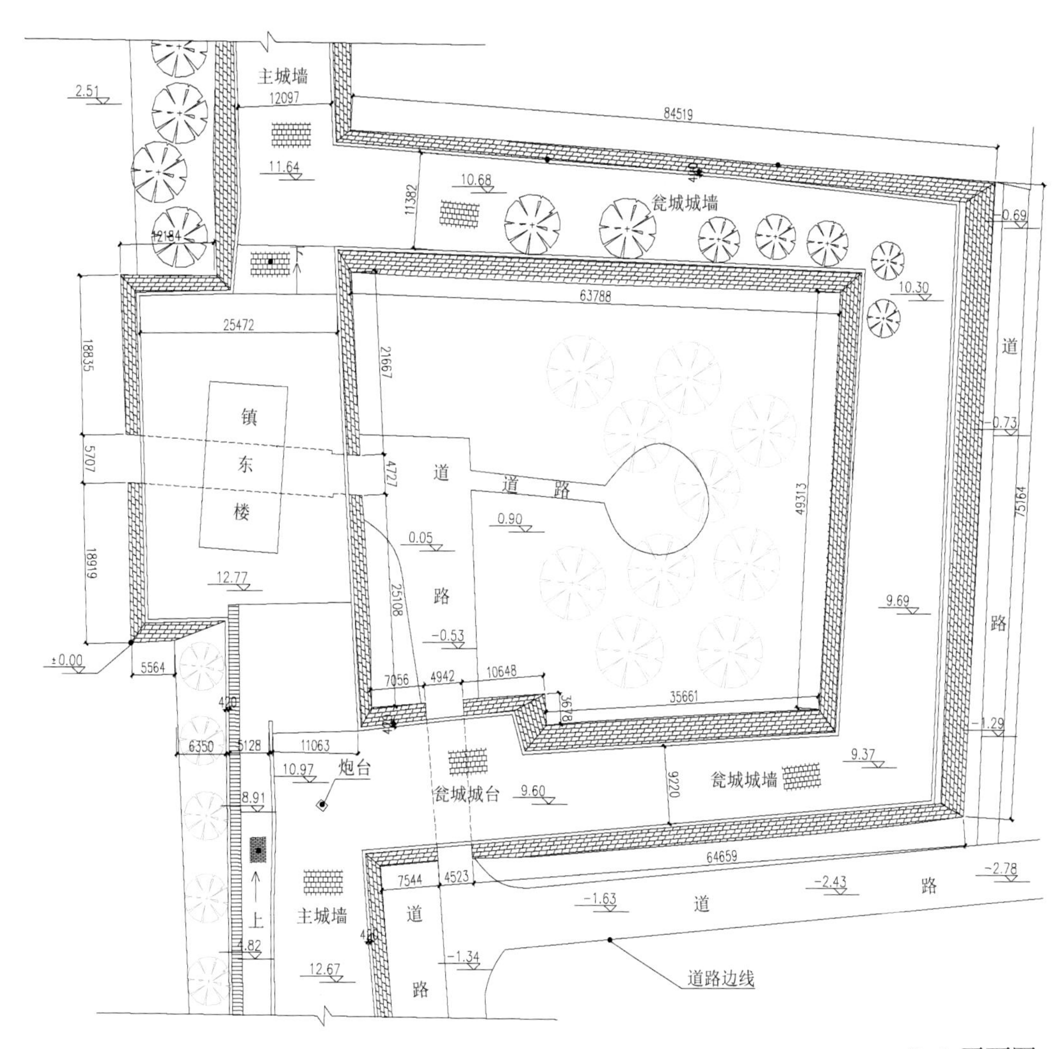

2-1 平面图

山海关，南入渤海，北越角山，将山、海、城完美地结合在一起。它以古城为核心，东西建有罗城，南北设有翼城，威远城为前哨卫城，长城外侧散设多处烽火台，形成前拱后卫、左辅右弼的防御格局，构成了一个完整的长城防御体系，布局严谨而独具特色。

关城周长4600米，四边建有城门，东为镇东楼，南为望洋楼，西为迎恩门，北为威远楼，四门均建有瓮城，东西两侧建有罗城。

镇东楼城台位于山海关关城东侧墙体中部，镇东楼城门东侧为瓮城，瓮城城门设于瓮城南侧墙体西部。

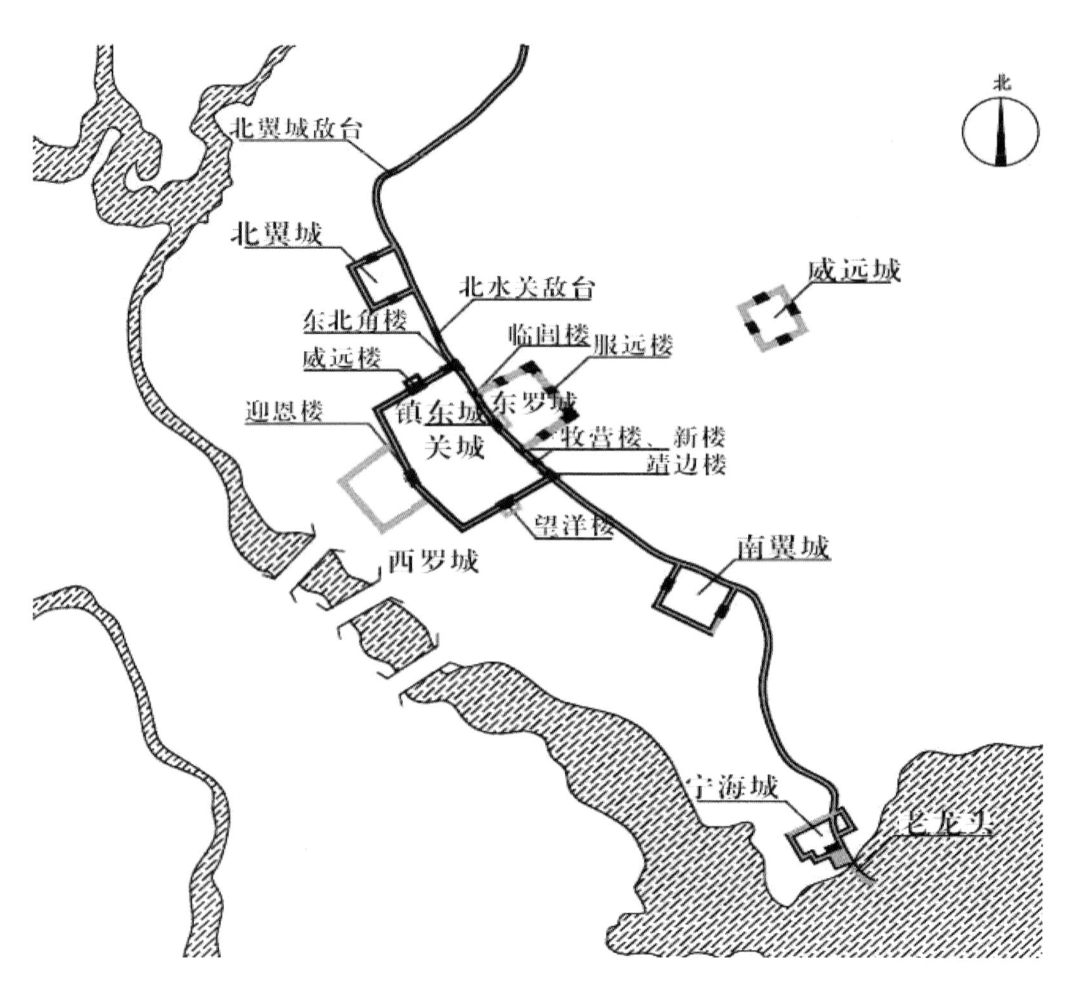

2-2 山海关总体布局示意图

2-3 山海关老照片

建筑形制

山海关，是明长城东部的一座重要关隘。“天下第一关”城楼是山海关的东门楼，又称“镇东楼”。它在山海关四座城门楼之中，与西门“迎恩楼”一同建于明初的洪武十四年（1381年）。清乾隆《临榆县志》载：“东门建楼曰镇东，高三丈，凡二层，上层广五丈，下层广六丈，深各半之”“有额曰天下第一关”。

“天下第一关”城楼，建筑在高大巍峨的城台之上，城楼为砖砌三间两层、重檐歇山顶式建筑。城楼顶面用灰色筒、板瓦仰俯铺盖，脊上安设对称吻兽。四角飞檐饰以形态各异的脊兽，造型美观，姿势生动。城楼东、南、北三面共开有箭窗68个，是典型的“箭楼”形式。

作为城门主城楼的“天下第一关”城楼为箭楼形制，这在同类规模的城防建筑上甚为特殊。一般情况，城门主城楼均建为楼阁式建筑，箭楼则是城门外围瓮城上的城楼形式，这是由城楼的不同功能决定的。

箭楼，顾名思义，是置于前哨临敌射箭的前哨堡楼。楼阁式的主城楼则是城门防卫的驻军指挥处所，犹如现代的作战指挥部。楼阁式城楼四面皆置窗扉，便于瞭望指挥；箭楼置箭窗，是便于防卫和射击攻城之敌。视现存有古代城门门楼建筑的北京城（如前门楼）和西安城，其城楼形制均为箭楼设在前瓮城之上，楼阁式的主城楼则置于主城墙之上，无一例外。山海关“天下第一关”城楼的不合制度的现象，一些资深学者曾经表示过怀疑。已故中国长城专家、古建筑学家罗哲文先生在1993年山海关区政府召开的“山海关南门楼（望洋楼）修复论证会”上，就提出过这样的疑问。他怀疑：今“天下第一关”城楼，可能为后世维修时从瓮城上移来，在此之前的山海关东门瓮城上有可能建有箭楼。

查明清以来所修各《山海关志》《临榆县志》，未发现有山海关东门瓮城上建有箭楼的记载。在当地传闻中，也未听说有此事。因而，说现存“天下第一关”城楼系瓮城移来之说，显然还缺乏有力证据。但是，罗哲文先生说“天下第一关”城楼形制与制度不合，不是原来之建筑，则是极具慧眼，表现出先生的学识和古建筑制度方面的精深见地。

依上所述，我国现存同类城楼形制特点，一般都是箭楼居外，而处于主城墙上的城门楼则基本是楼阁式。作为明代京师屏障，长城东部重镇的山海关主城门——“天下第一关”城楼，应该也是这样的形制。在这个问题上，我们可以从一鳞半爪的历史文献中，寻得若干蛛丝马迹。

山海关地方史志中存有大量明代人咏“镇东楼（即今‘天下第一关’城楼）”的诗作，其中不乏“天下第一关”城楼形制印象的诗句。明天顺三年（1459年）举人、成化八年（1473年）进士，曾任过兵部给事中、福建按察司佥事的萧显，他的《镇东楼》诗中有这样的句子：

城上危楼控朔庭，
百蛮朝供往来经。
八窗虚敞堪延月，
重槛高寒可摘星。

2-4 镇东楼老照片

从“八窗虚敞堪延月”句分析，这座雄伟高大的城楼，似乎是四面有窗。关于这种看法，在另一首萧显与时任山海关兵部分司主事陈钦唱和的联句诗中，表现得更加清楚：

凭栏东望见三山，

壁立亭亭宇宙间。

风送岚光来碧峰，

云开晓色拥青鬟。

人从按马营前过，

鸟到和龙岭外还。

玉垒高深天设险，

丑夷空自负冥顽。

此段首句最为明了“凭栏东望见三山”，看来楼的东侧不但有窗扉，而且还设有围栏，因此能凭栏远眺东方的“三山”（约是辽宁省绥中县的“三山”）。

如今的“天下第一关”城楼东、北、南三面无栏，箭窗窄小、平时不启，人不能出其外，当然就不能凭栏眺望了。城楼设栏，可凭栏远眺的必然是楼阁式的城楼建筑。诗中描绘的山形景色，只有站在城楼的东窗之外才能望到，如似今天西向一面开窗，则只能看到城楼里侧的城内景色，东面的山是绝对看不到的。

萧显是山海关人，晚年致仕还乡，写过许多写实写景和抒发胸中抱负的诗文，我们从中可窥出些城楼形制的端倪。他的另一首与陈钦唱和的《镇东楼》诗，也可在这方面给我们提供些启示。诗曰：

雨过凭君一倚栏，

远从天外见峰峦。

苏公木假犹堪记，

管子风清正足叹。

险据西南波浪汹，

根盘东北地形宽。

楼头日日看图画，

俯仰乾坤不尽欢。

诗中亦反映出萧、陈二人凭东栏远望关外群山，慨叹不能实现平定关外胡虏之抱负，这其中，也透出城楼东侧是置窗设栏的。

另外，还有一个明成化六年（1471 年）任山海关兵部分司主事的尚絅，他也写过一首咏“镇东楼”的诗。他诗中描绘的一派田园风光，也是如今西面置窗所见不到的。

2-5 山海关镇东楼老照片

如果以诗文的描述做判断依据，尚不足以说明问题。那么，近期披露、现藏韩国首尔明知大学的古《山海关内外图》，则是“天下第一关”城楼早期形制的最好见证。从这个清代早期的古图描绘中，可看到城楼原来的形式面貌。

绘制于清乾隆二十五年（1760 年）的《山海关内外图》，是 1760 ～ 1761 年朝鲜王国使节团途经山海关时依实景绘制的。这个使节团以吏曹钊书（相当于中国当时的礼部侍郎）洪启禧为正使、赵荣迟为副使，绘制者是随行人员中的专职画师。据称，当时的朝鲜国王英祖大王，常听人说起中国的长城和山海关这座天下名关，心生羡慕，便选派了画师随行，想通过画师的画作了解长城和山海关是什么样子。为此，使节洪启禧还专门撰写了山海关及长城的说明文字，附于画后呈上。韩国学者考证，《山海关内外图》绘制时间为 1761 年（朝鲜王国英祖大王三十七年）。

在这幅《山海关内外图》中，可见当时“天下第一关”城楼为二层楼阁式建筑，红漆明柱，上层四面置窗，下层砖墙西面开门，“天下第一关”巨匾悬于上层的屋檐之下。韩国明知大学教授、中韩古代关系史研究者朴泰根先生，是一位对于明清时期山海关有深入研究的学者，著有《古代的朝鲜使节与山海关》等专题论著。据他的研究，明朝中后期，“城门楼（天下第一关城楼）外面匾以‘镇东楼’，内面匾以‘天下第一关’”。朴泰根先生来信说；“明朝万历当年，东城楼上有了两个匾额了，其中一是‘镇东楼’，悬于外侧；另一个是‘天下第一关’，悬于内侧。”朴先生十分肯定地说：“由此所（可）知镇东楼的原来形制，应是阁楼式，箭楼上岂有如此‘镇东楼’的匾额吗？”朴先生的意思是说，类似箭楼这样、外侧临敌的一面，一般是不悬挂什么匾额一类的东西的，这个看法是不错的。北京正阳门前面的前门箭楼就不悬挂匾额，“正阳门”匾是悬于楼阁式的正阳门城楼之上的。朴先生的山海关研究，依据的多是当年朝鲜来华贡使记录的一手材料，这些资料的可靠性和价值性是比较高的。

综上所述，“天下第一关”城楼早期形制不是今天的箭楼形制，今天的箭楼 ，很可能是后世重修时改建而成的。由《山海关内外图》绘制年代、佐以山海关地方史志推断，改建之年，应该在清代乾隆二十九年（1764 年）至光绪五年（1879 年）之间。在这段时间内，“天下第一关”城楼共有三次重修和较大规模的修缮，第一次是乾隆二十九年，第二次为道光二十二年（1842 年），第三次在光绪五年。这三次修缮中，究竟是哪一次重修中进行了改建？出于什么原因把原来的楼阁式城楼改成箭楼式城楼？这都有待今后进一步研究。

1. 镇东楼城台

镇东楼城台南北长 43.61 米，东西宽 31.05 米，自城门东侧洞口中部地面至垛口墙顶部高 13.49 米。城台西墙收分 16%，城台东墙收分 14%。城台下部外露 1 层条石基础，上部为青砖白灰砌筑墙体，顶部为垛口墙，城台券洞东侧墙体北侧局部采用丁砖砌筑，其余部位均为一顺一丁砌式，墙体青砖规格为 430 毫米 ×180 毫米 ×110 毫米、370 毫米 ×180 毫米 ×110 毫米。券洞出口处墙体根部均为五层条石，高 1.52 米，门券为七伏七券，城台顶部垛口墙高 1.23 米。

2-6 镇东楼城台东立面

2. 瓮城城台

瓮城，又称月城、曲池，是古代城市主要防御设施之一，古代城池中依附于城门，与城墙连为一体的附属建筑，多呈半圆形，少数呈方形或矩形。当敌人攻入瓮城时，如将主城门和瓮城门关闭，守军即可对敌形成″瓮中捉鳖″之势。

瓮城城台东西长 22.65 米，南北宽 18.71 米，自城门北侧洞口中部地面至垛口墙顶部高 10.23 米。城台北墙收分 18%，城台南墙收分 15%。城台下部券洞内外露一层条石基础，上部为青砖白灰砌筑墙体，顶部为垛口墙，墙体砌筑方式为一顺一丁砌式，墙体青砖规格为 430 毫米 ×180 毫米 ×110 毫米。券洞北侧出口处墙体根部为六层条石，高 1.33 米，门券整体为四伏四券，门券最下部为一层石质券石，上部四伏三券为青砖白灰砌筑。

2-7 瓮城城台北侧墙体

券洞南侧出口处墙体根部为十层条石，高 1.96 米，门券下部为一层石质券石，上部采用水泥砂浆补抹。城台顶部北侧垛口墙高 1.60 米，南侧垛口墙高 2.44 米。

2-8 瓮城城台南侧墙体

3. 西门内北侧宇墙

西门内北侧宇墙高度 8.96 米，墙体砌筑方式为一顺一丁砌式，墙体青砖规格为 390 毫米 ×190 毫米 ×90 毫米，外白灰勾缝。

2-9 西门内北侧宇墙

第三节 现状及病害

主要病害及成因分析

镇东楼城台券洞东侧墙体

外观直观镇东楼城台券洞东侧墙体，墙体存在较大范围的空鼓外闪区域。墙体空鼓外闪区域主要为券体及券体南侧上部墙体，空鼓外闪面积约 40 平方米，墙体最大空鼓外闪 437 毫米。

为探明墙体内部病害情况，采用探地雷达对墙体内部进行检测，该面墙体共布置测线 20 条，采用侧面竖向检测剖面，方向自下而上，检测点布置图详见图纸现状。通过对检测成果进行综合分析，墙体内部存在较大范围的松散脱空区域，墙体松散脱空区域主要集中在券体、券体上部及券洞南侧区域，整体松散、脱空较为严重，松散、脱空面积达 91 平方米松散脱空部位主要集中在墙体内部 0.6 ～ 1.9 米。

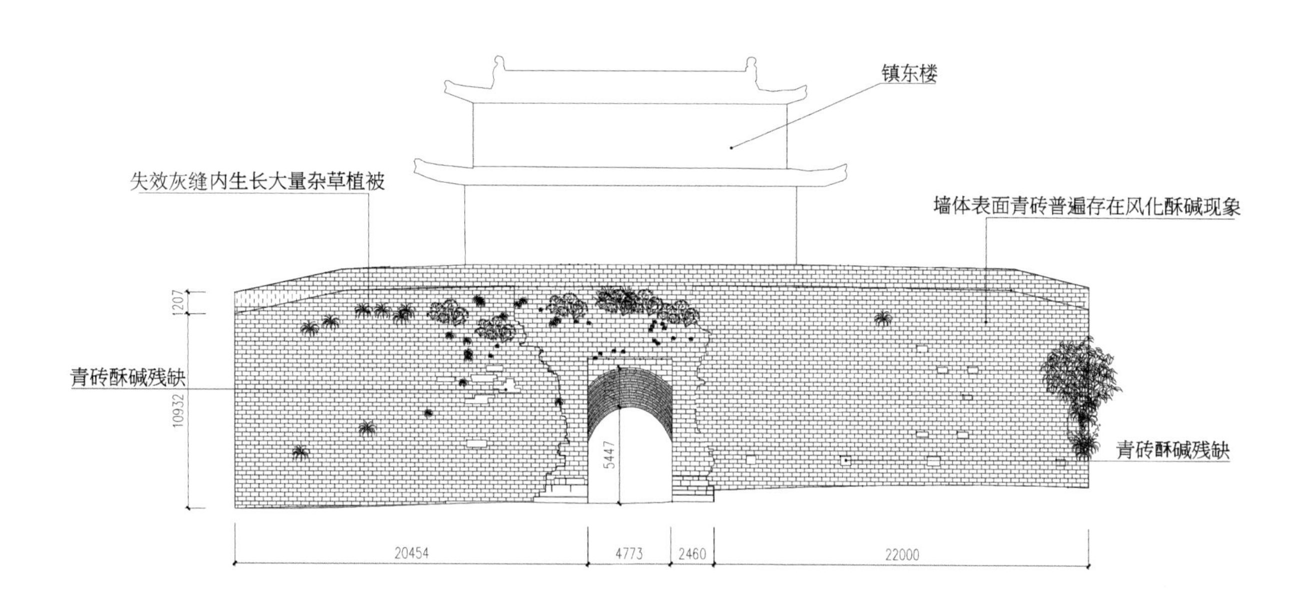

镇东楼城台东立面图 1:300

图例：植被破坏　墙砖缺失

墙面风化酥碱区域　后期水泥抹面

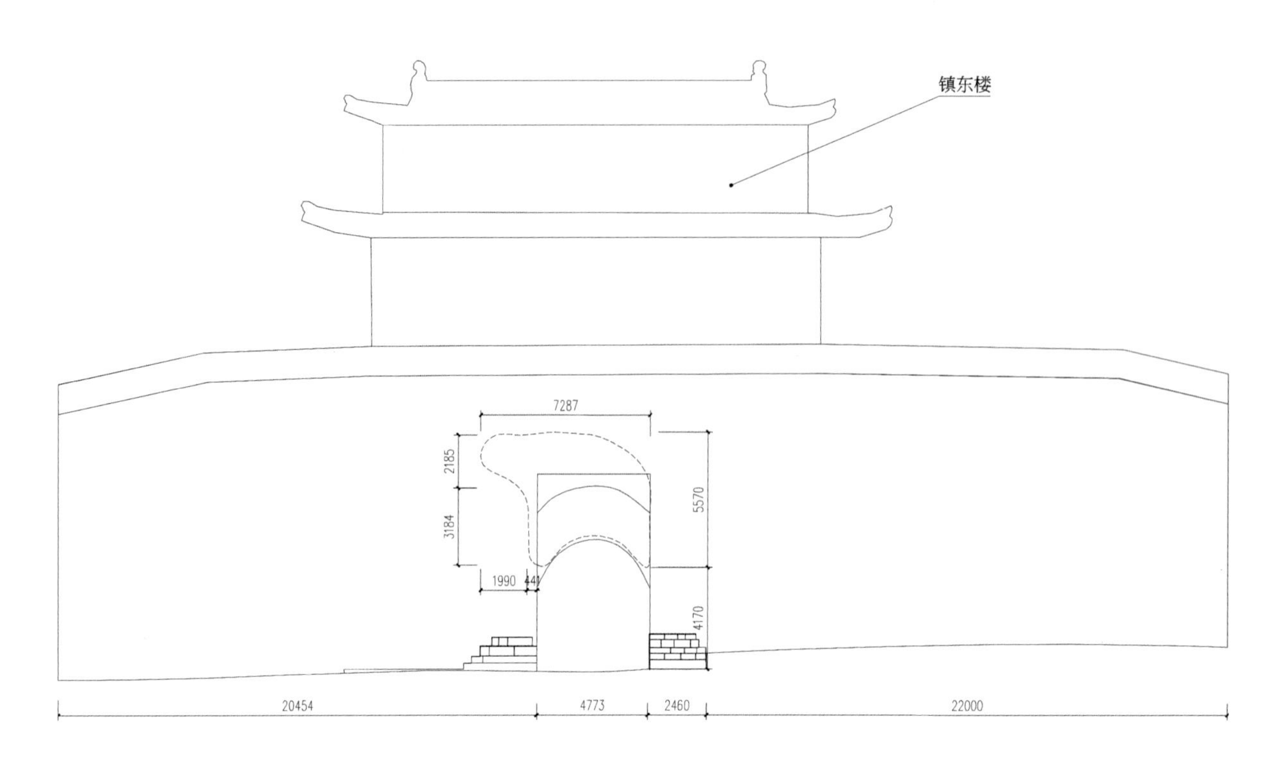

3-1 镇东楼东侧墙体空鼓外闪区域

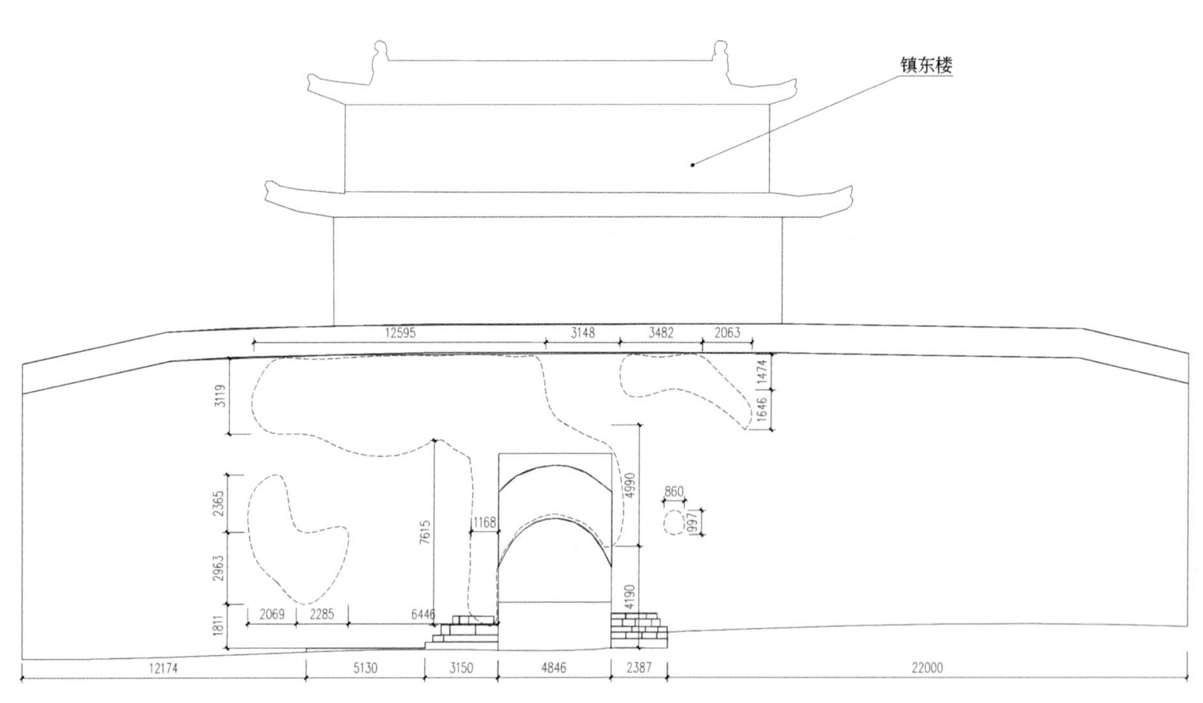

图例： 城墙松散脱空区域

3-2 镇东楼东侧墙体脱空区域

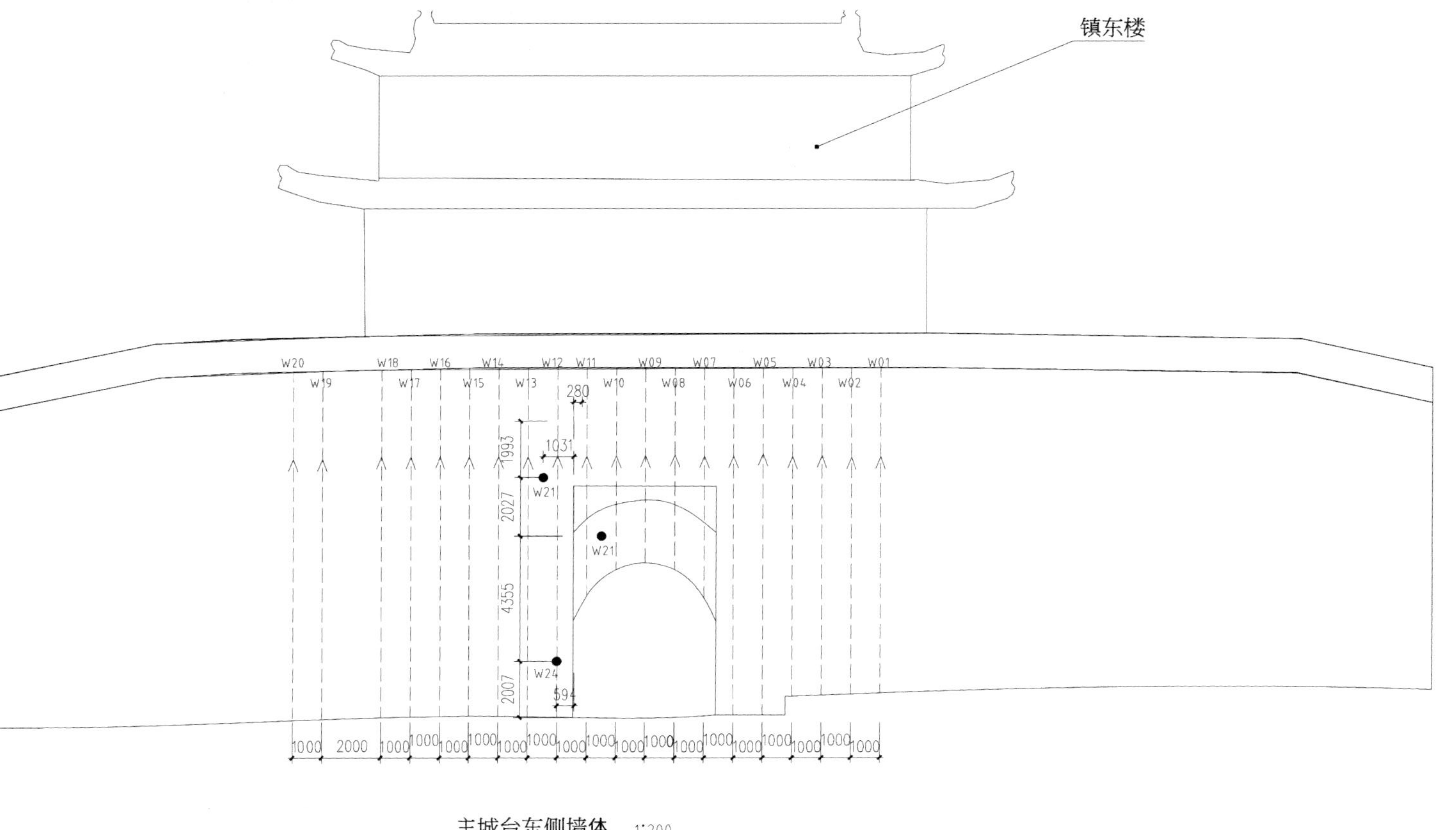

3-3 探地雷达及微型钻探布置图

为进一步验证墙体内部脱空深度及厚度，现场对墙体进行微型钻探检测，该面墙体共布置4个微型钻探点，其中WZ3钻孔深度1.8米，其余钻孔深度均为2米，具体布置位置详见图纸现状。经微型钻探观察，门券券洞南侧墙体距墙面610毫米 处存在脱空情况，脱空厚度70～160毫米，推测各钻孔该深度处脱空区域已连为一体；门券上部墙体内部距墙面180毫米处存在脱空情况，脱空厚度80毫米；券洞南侧上部墙体距墙面450毫米处存在脱空情况，脱空厚度70毫米；券体内部距墙面370毫米处存在脱空情况，脱空厚度120毫米。

券洞内部南墙东侧存2条竖向裂缝，最大裂缝宽度10毫米，券体上部存一条裂缝最大裂缝宽度10毫米。墙体裂缝距墙外皮与墙体脱空深度相近，推测墙体裂缝与脱空区域已连为一体。墙体上部生长大量植被，青砖普遍存在风化酥碱现象，墙体青砖酥碱残损约70%。

3-4 镇东楼城台墙体裂缝

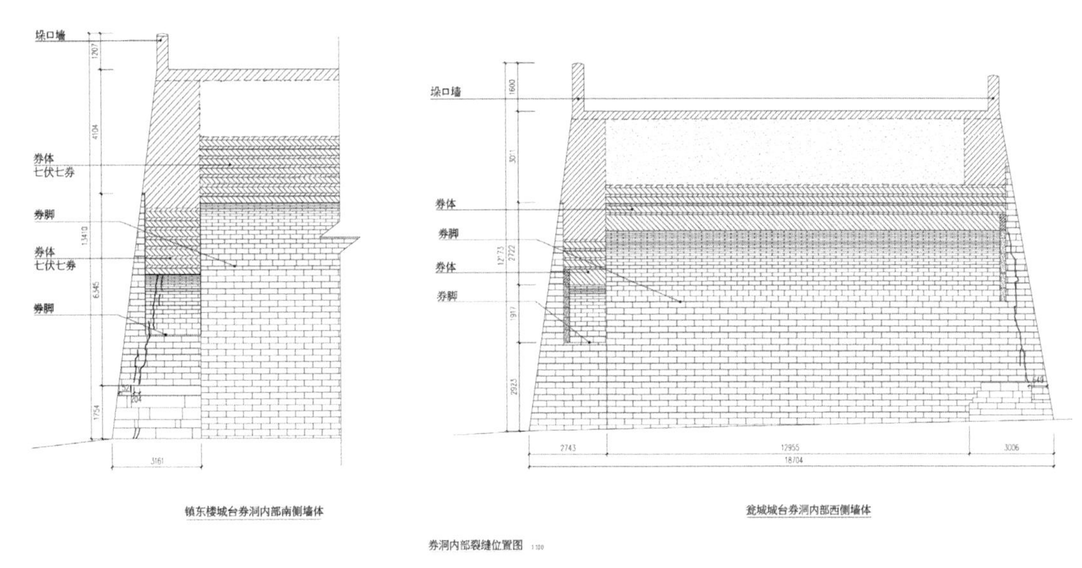

3-5 内部裂缝位置图

3-6 内部裂缝位置图实拍图

镇东楼城台病害分析一览表

项目	病害类型	残损现状	原因分析	发展趋势
镇东楼城台券洞东侧墙体	空鼓外闪	主要分布在券体及券体南侧上部墙体，面积约 40 平方米，最大空鼓外闪 437 毫米。	自然环境及后期人为整修方法不当。	空鼓外闪范围持续扩大,且存在滑塌风险。
	松散脱空	主要分布在券体，券体上部及券洞南侧区域，面积达 91 平方米，深度距墙外皮 0.6 ～ 1.9 米，墙体距墙外皮 180 毫米、450 毫米及 610 毫米处均存在墙体脱空现象，脱空厚度达 160 毫米。	自然环境及后期人为整修方法不当。	松散脱空区域扩大趋势，脱空部分墙体存在滑塌风险。
	墙体裂缝	券洞内部南墙东侧存两条竖向裂缝，最大裂缝宽度 10 米，券体上部存一条裂缝最大裂缝宽度 10 米，推测墙体裂缝最大裂缝与墙体内部脱空区域连为一体。	自然环境及后期人为整修方法不当。	墙体裂缝有扩大趋势。
	青砖风化酥及植被生长	墙体上部生长大量植被，青砖普遍存在风化酥碱现象，墙体青砖酥碱残损约 70%。	风雨侵蚀破坏其他自然原因。	墙体植被有持续生长蔓延趋势，青砖风化酥碱残损有加剧趋势。

镇东楼探地雷达检测结果一览表

原理解释：采用探测介质体的介电常数的差异，形成不同的反射波形图像，分辨出介质的异常变化，直观地反映出异常体的分布，是一种无损检测技术。

布置原则：采用侧面竖向检测剖面，方向自下而上，共计布置 51 条测线，其中镇东楼城台券洞东侧墙体 20 条，瓮城城台券洞北段墙体 15 条，瓮城城台券洞南端墙体 16 条。

部位	测线	病害类型	病害位置
镇东楼城台券洞东侧墙体	W01	松散脱空	自现有地平高度 7.0 ～ 8.0 米，深度距墙外皮 1.1 ～ 1.4 米
	W02	松散脱空	自现有地平高度 8.5 ～ 9.0 米，深度距墙外皮 1.1 ～ 1.3 米。
	W03	松散脱空	自现有地平高度 10.5 ～ 12.0 米，深度距墙外皮 1.1 ～ 1.5 米。
	W04	松散脱空	自现有地平高度 3.5 ～ 4.5 米，深度距墙外皮 0.8 ～ 1.4 米。
		松散脱空	自现有地平高度 10.5 ～ 12.0 米，深度距墙外皮 1.1 ～ 1.4 米。
	W05	松散脱空	自现有地平高度 7.0 ～ 8.0 米，深度距墙外皮 0.8 ～ 1.8 米
	W06	松散脱空	自现有地平高度 11.0 ～ 12.0 米，深度距墙外皮 0.8 ～ 1.7 米。
	W07	松散脱空	自现有地平高度 0.0 ～ 1.5 米，深度距墙外皮 1.1 ～ 1.6 米。
	W08	松散脱空	自现有地平高度 0.0 ～ 1.0 米，深度距墙外皮 1.1 ～ 1.6 米。
	W09	松散脱空	自现有地平高度 0.0 ～ 1.5 米，深度距墙外皮 1.0 ～ 1.5 米。
	W10	松散脱空	自现有地平高度 0.0 ～ 1.2 米，深度距墙外皮 0.9 ～ 1.6 米。
			自现有地平高度 5.5 ～ 7.0 米，深度距墙外皮 0.7 ～ 1.6 米。
	W11	松散脱空	自现有地平高度 0.0 ～ 1.2 米，深度距墙外皮 0.8 ～ 1.6 米。

续表

部位	测线	病害类型	病害位置
	W11	松散脱空	自现有地平高度 7.5 ～ 8.0 米，深度距墙外皮 0.8 ～ 1.6 米。
	W12	裂隙	自现有地平高度 1.0 ～ 2.0 米，深度距墙外皮 0.6 ～ 1.7 米。
		松散脱空	自现有地平高度 10.2 ～ 12.5 米，深度距墙外皮 0.6 ～ 1.8 米。
	W13	松散脱空	自现有地平高度 9.2 ～ 12.0 米，深度距墙外皮 0.7 ～ 1.6 米。
	W14	松散脱空	自现有地平高度 11.0 ～ 12.0 米，深度距墙外皮 0.8 ～ 1.6 米。
	W15	松散脱空	自现有地平高度 9.5 ～ 12.0 米，深度距墙外皮 0.7 ～ 1.6 米。
	W16	松散脱空	自现有地平高度 9.0 ～ 12.0 米，深度距墙外皮 0.7 ～ 1.8 米。
	W17	松散脱空	自现有地平高度 8.5 ～ 12.0 米，深度距墙外皮 0.8 ～ 1.8 米。
	W18	松散脱空	自现有地平高度 3.0 ～ 1.2 米，深度距墙外皮 0.8 ～ 2.0 米。
	W19	松散脱空	自现有地平高度 2.0 ～ 5.0 米，深度距墙外皮 1.0 ～ 1.4 米。
			自现有地平高度 10.2 ～ 12.0 米，深度距墙外皮 1.0 ～ 1.9 米。
	W20	松散脱空	自现有地平高度 4.5 ～ 8.5 米，深度距墙外皮 1.1 ～ 1.5 米。
			自现有地平高度 10.2 ～ 12.0 米，深度距墙外皮 0.8 ～ 1.9 米。

续表

部位	钻孔编号	病害类型	病害位置及程度
镇东楼城台券洞东侧墙体	W21	墙体脱空	深度距墙外皮 180 毫米，脱空厚度 80 毫米。
		墙体脱空	深度距墙外皮 610 毫米，脱空厚度 90 毫米。
	W22	墙体脱空	深度距墙外皮 450 毫米，脱空厚度 70 毫米。
	W23	墙体脱空	深度距墙外皮 610 毫米，脱空厚度 160 毫米。
	W24	墙体脱空	深度距墙外皮 610 毫米，脱空厚度 70 毫米。
瓮城券洞北墙墙体	W25	墙体脱空	深度距墙外皮 470 毫米，脱空厚度 480 毫米。
	W26	墙体脱空	深度距墙外皮 170 毫米，脱空厚度 130 毫米。
检测结果：1. 镇东楼城台券洞东侧墙体距墙外皮 180 毫米、450 毫米及 610 毫米处均存在墙体脱空现象，脱空厚度 70 ～ 160 毫米不等； 2. 瓮城券洞北端墙体距墙外皮 170 毫米、470 毫米处均存在墙体脱空现象，脱空厚度 130 ～ 480 毫米不等。			

3-7 仅存的明代遗留城墙

瓮城城台券洞北端墙体

外观直观瓮城城台券洞北端墙体，墙体存在较大范围的空鼓外闪区域。墙体空鼓外闪区域主要为券体、券体上部及西侧部分墙体，空鼓外闪面积约 23 平方米。墙体最大空鼓外闪 278 毫米。

为探明墙体内部病害情况，采用探地雷达对墙体内部进行检测，该面墙体共布置测线 15 条，采用侧面竖向检测剖面，方向自下而上，检测点布置通过对检测成果进行综合分析，墙体内部存在较大范围的松散脱空区域，墙体松散、脱空区域主要集中在券体、券体上部及券洞西侧区域，整体松散、脱空较为严重，松散、脱空面积达 66 平方米。松散、脱空部位主要集中在墙体内部 0.8 ～ 1.8 米。

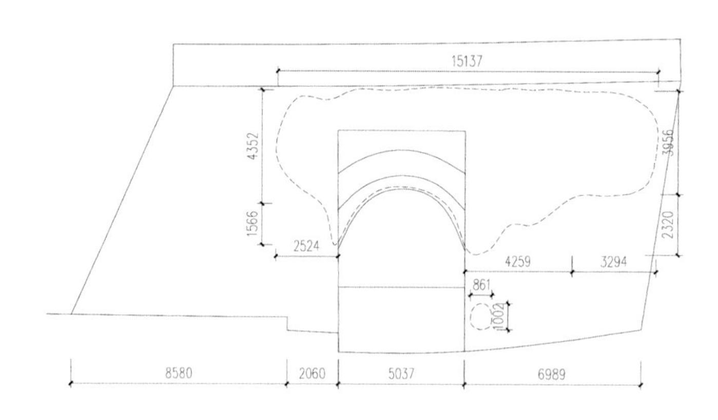

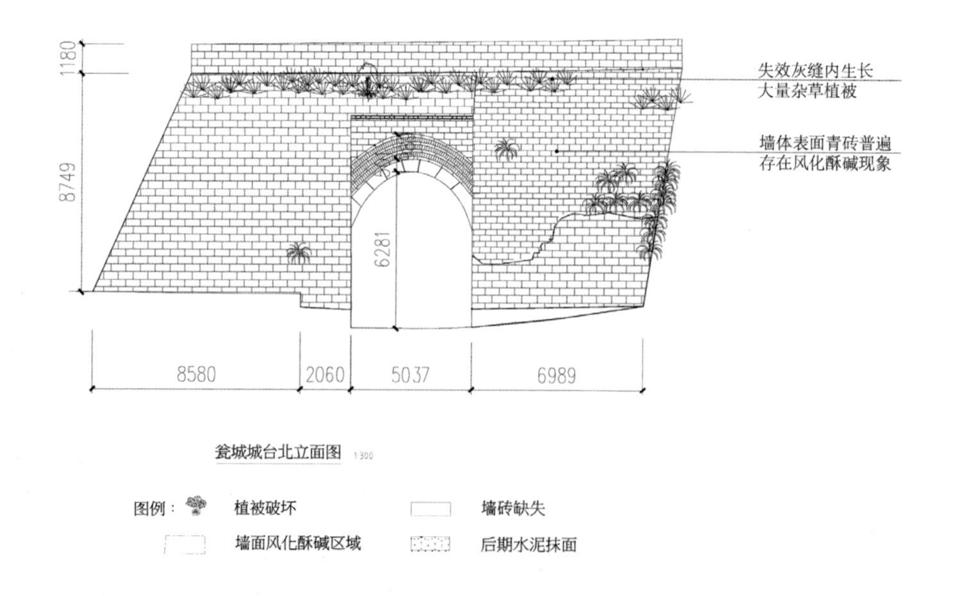

3-8 瓮城北侧墙体脱空区域

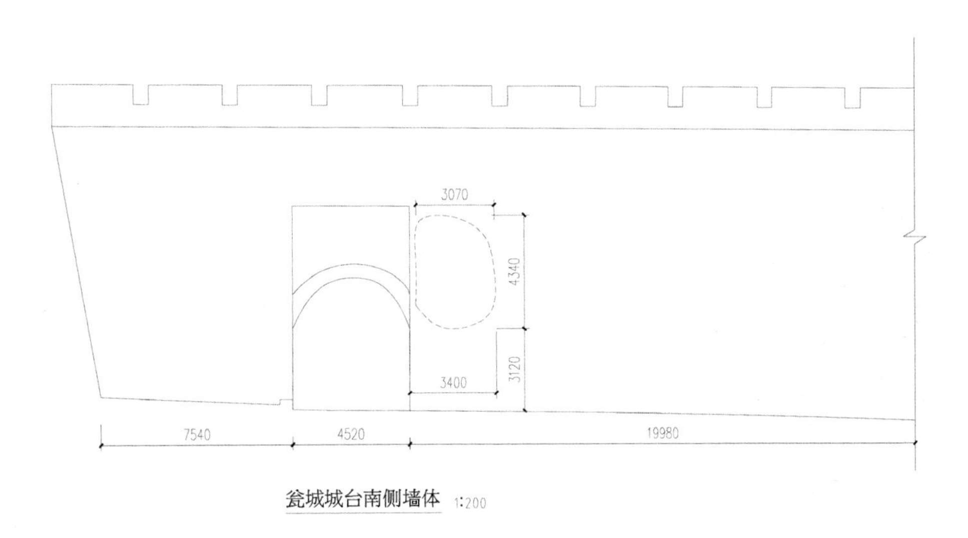

3-9 瓮城北侧墙体空鼓外闪区域

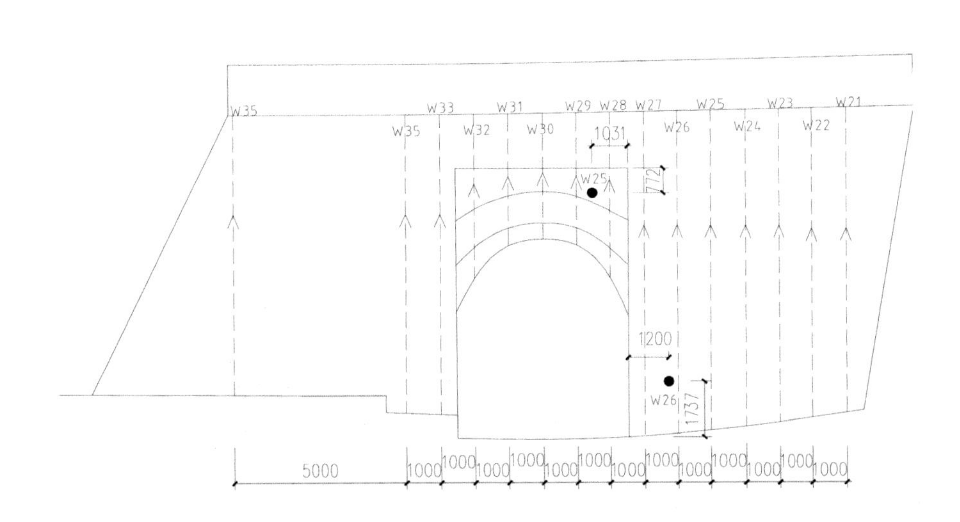

3-10 瓮城城台北侧探地雷达及微型钻探布置图

3-11 瓮城北侧墙面砖酥碱、脱空、墙体长满植被

为进一步验证墙体内部脱空深度及厚度，现场对墙体进行微型钻探检测，该面墙体共布置 2 个微型钻探点，钻孔深度 2 米，现场经微型钻探观察，券体上部距墙面 470 毫米处存在脱空情况，脱空厚度 480 毫米；券门西侧墙体距墙面 170 毫米处存在脱空情况，脱空厚度 130 毫米。

3-12 微型钻孔测试（此图片为设计方案配图）

3-13 本体测绘裂缝（此图片为设计方案配图）

3-14 探地雷达测试（此图片为设计方案配图）

券洞内部西墙北侧存一条竖向裂缝，最大裂缝宽度 45 毫米。墙体裂缝距墙外皮与墙体脱空深度相近，推测墙体裂缝与脱空区域已连为一体。

墙体上部生长大量植被，青砖普遍存在风化酥碱现象，墙体青砖酥碱残损约 35%，券洞西侧墙体酥碱残损情况尤为严重。

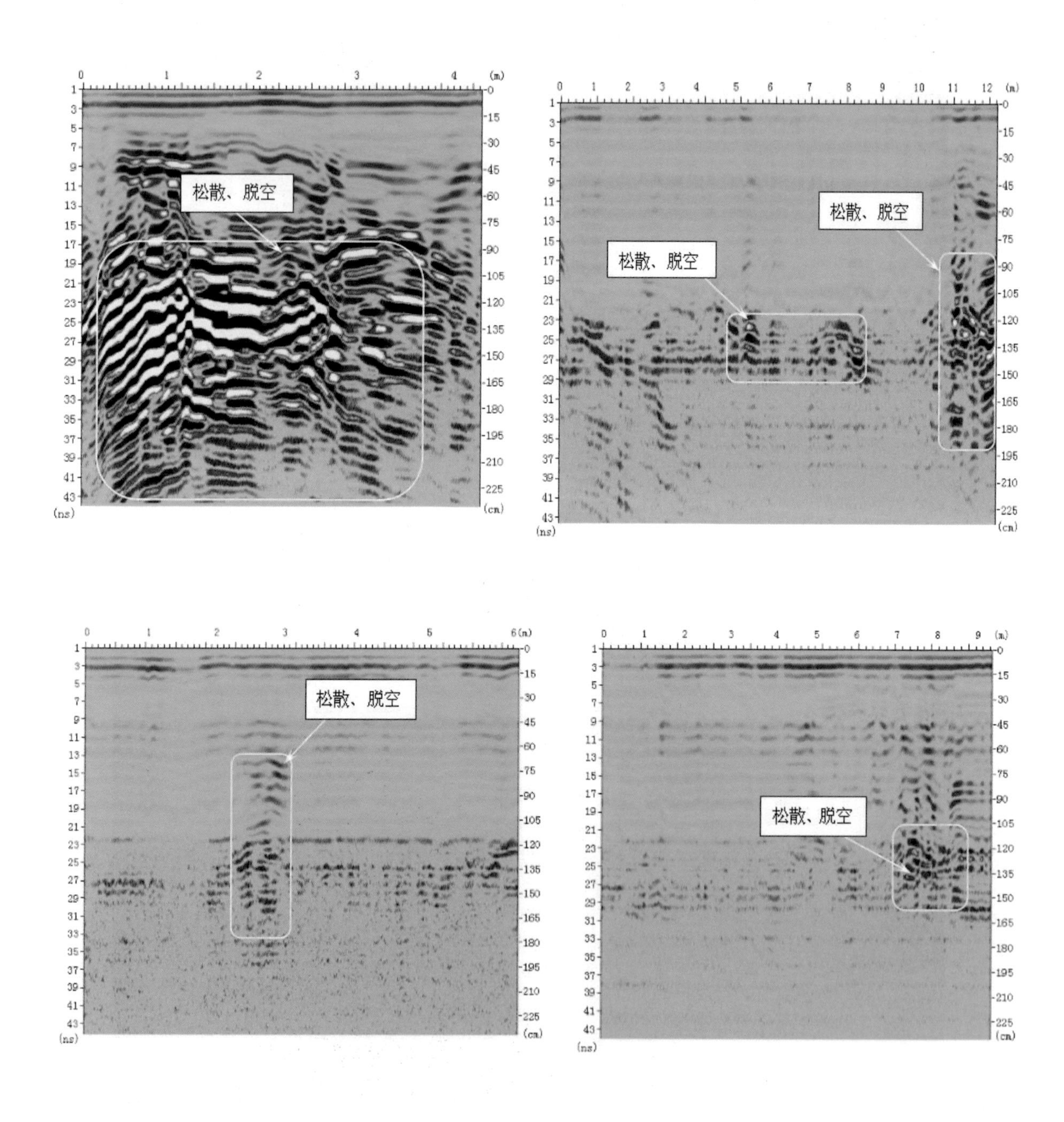

3-15 探地雷达数据分析图

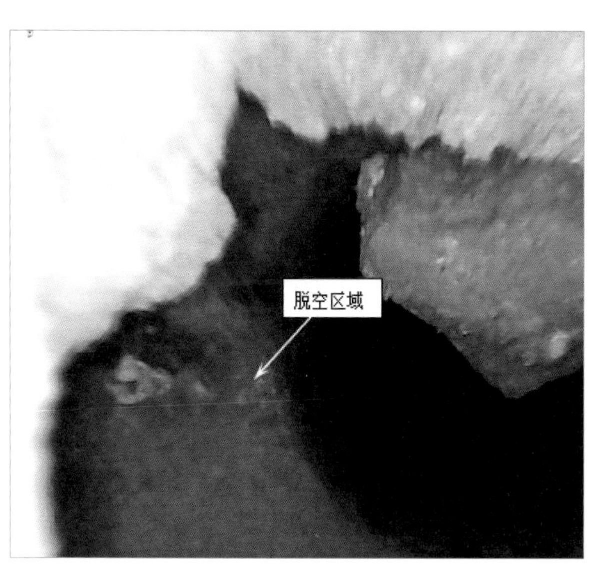

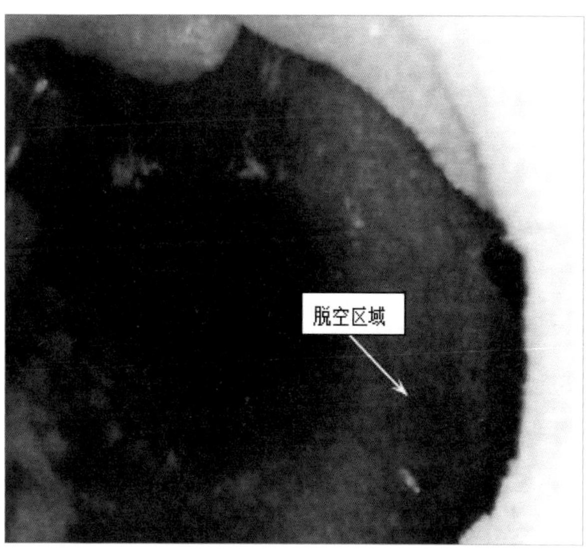

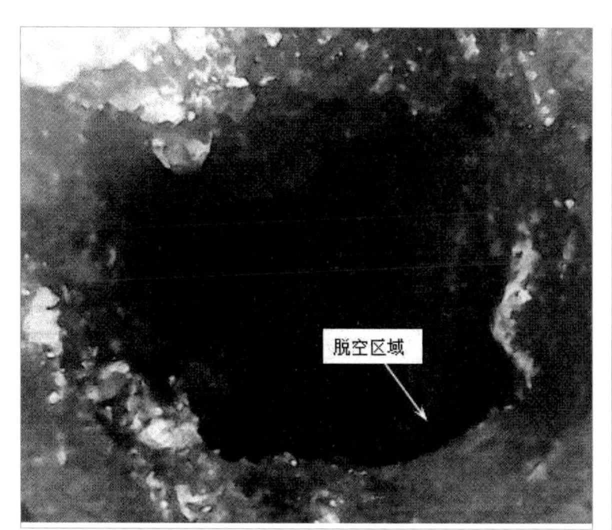

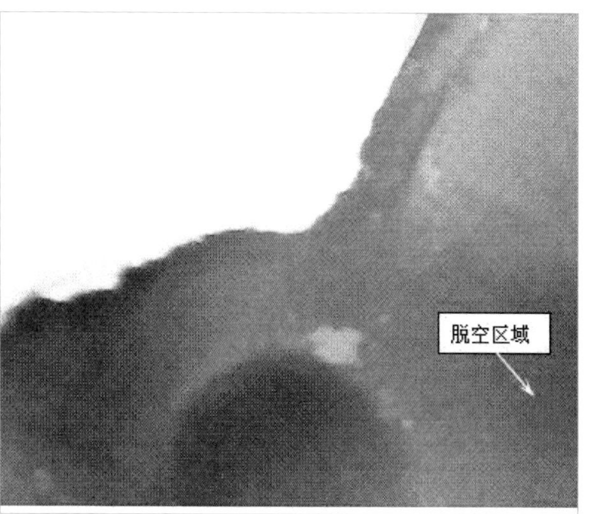

3-16 微型钻探内部视频截图

瓮城城台券洞南端墙体

外观直观观察瓮城城台券洞南端墙体，墙体空鼓外闪区域主要为券洞东侧部分墙体，空鼓外闪面积约 12 平方米。墙体最大空鼓外闪 256 毫米。

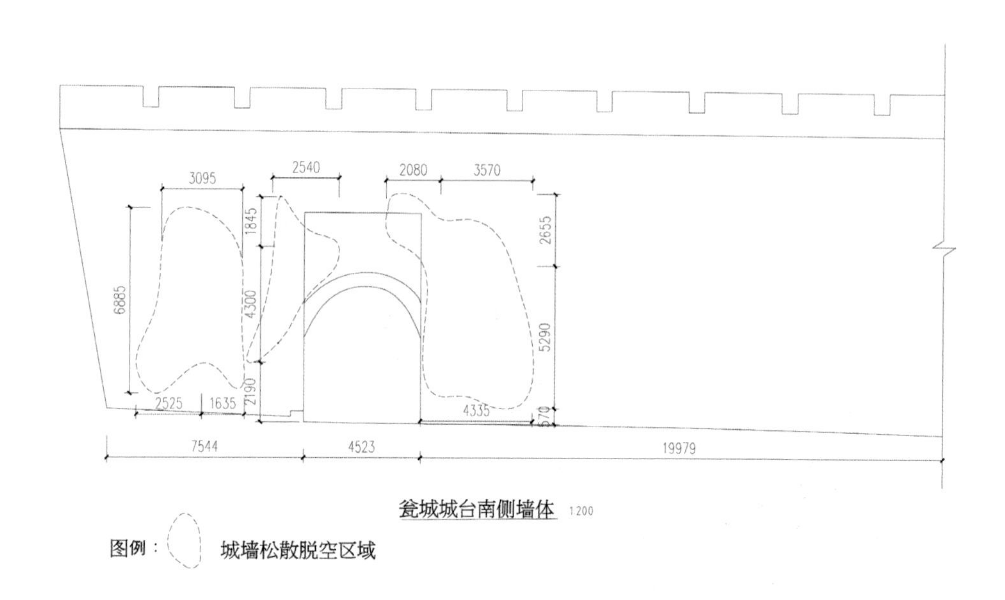

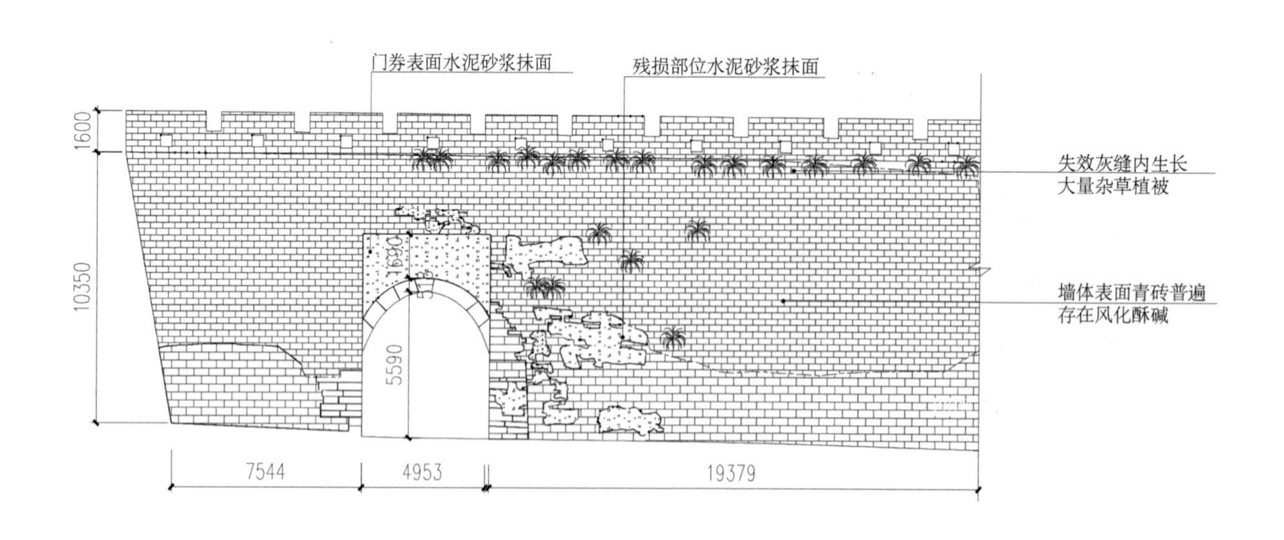

3-17 瓮城城台南侧墙体脱空区域

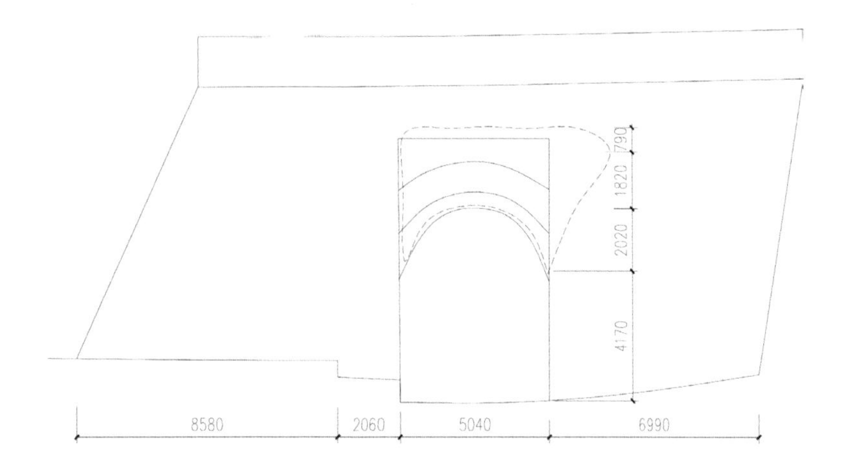

3-18 瓮城城台南侧墙体空鼓外闪区域

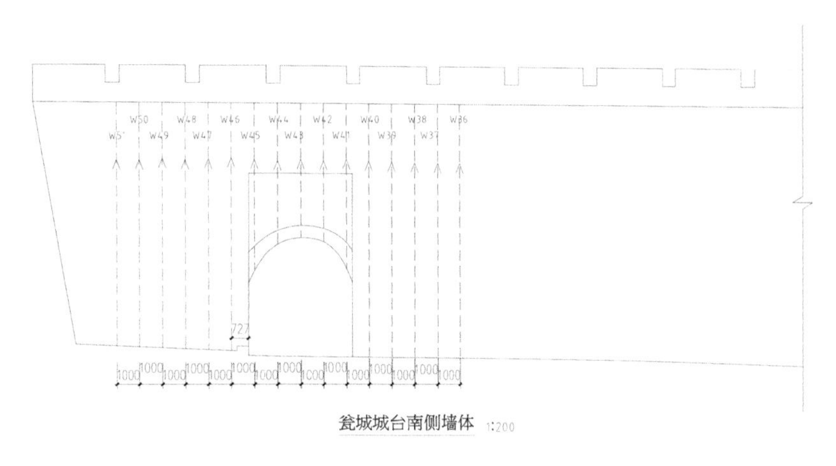

3-19 瓮城城台北侧探地雷达及微型钻探布置图

3-20 瓮城南侧墙面砖酥碱、脱空、局部植被生长

瓮城城台病害分析一览表

项目	病害类型	残损现状	原因分析	发展趋势
瓮城城台券洞北端墙体	空鼓外闪	主要分布在券体，券体上部及西侧部分墙体，面积约 23 平方米，最大空鼓外闪 278 毫米。	自然环境及后期人为整修方法不当。	空鼓外闪范围持续扩大，且存滑塌风险。
	松散脱空	主要分布在券体、券体上部及券洞西侧区域，面积达 66 平方米，深度距外墙皮 0.8 ～ 1.8 米，墙体距外墙皮 170 毫米及 470 毫米处均存在墙体脱空现象，脱空厚度达 480 毫米。	自然环境及后期人为整修方法不当。	松散脱空区域有扩大趋势，且脱空部位墙体存在滑塌风险。
	墙体裂缝	券洞内部西墙北侧存一条竖向裂缝，最大宽度为 45 毫米，推测墙体裂缝与墙体内部脱空区域连为一体。	自然环境及后期人为整修方法不当。	墙体裂缝有扩大趋势。
	青砖风化酥碱及植被生长	墙体上部生长大量植被，青砖普遍存在风化酥碱现象，墙砖酥碱残存约 35%，券洞西侧墙体内部脱空区域连为一体。	风雨侵蚀破坏其他自然原因。	墙体植被生长有持续生长蔓延趋势，青砖风化酥碱、残损有加剧趋势。
瓮城城台券洞南端墙体	空鼓外闪	主要分布在券洞东侧墙体，面积约 12 平方米，最大空鼓外闪 256 毫米，该面墙体未进行微型探孔。	自然环境及后期人为整修方法不当。	空鼓外闪范围持续扩大，且存滑塌风险。
	松散脱空	主要分布券洞两侧区域，面积达 57 平方米，深度距外墙皮 0.7 ～ 2.2 米，整体松散，脱空较为严重。	自然环境及后期人为整修方法不当。	松散脱空区域有扩大趋势，且脱空部位墙体存在滑塌风险。
	水泥砂浆抹面	券洞东侧及上部青砖酥碱残损严重区域采用水泥砂浆补抹约 15.9 平方米，石质门券上部券体采用水泥砂浆补抹 11 平方米，水泥砂浆补抹破坏了文物本体整体性协调性。	后期人为整修方法不当。	——
	青砖风化酥碱及植被生长	墙体上部局部生长植被，墙砖普遍存在风化酥碱现象，墙体青砖酥碱残损约 70%，券洞顶部及东侧墙体酥碱残损情况尤为严重。	风雨侵蚀破坏及其他自然原因。	墙体植被有持续生长蔓延趋势，青砖风化酥碱残损有加剧趋势。

瓮城城台探地雷达检测结果一览表

部位	测线	病害类型	病害位置
瓮城券洞北侧墙体	W21	松散脱空	自现有地平高度 6.5 ~ 10.0 米，深度距墙外皮 1.0 ~ 1.6 米。
	W22	松散脱空	自现有地平高度 6.5 ~ 9.5 米，深度距墙外皮 0.9 ~ 1.6 米。
	W23	松散脱空	自现有地平高度 6.0 ~ 9.5 米，深度距墙外皮 0.9 ~ 1.6 米。
	W24	松散脱空	自现有地平高度 5.5 ~ 10.0 米，深度距墙外皮 0.8 ~ 1.6 米。
	W25	松散脱空	自现有地平高度 4.5 ~ 9.5 米，深度距墙外皮 0.8 ~ 1.6 米。
	W26	松散脱空	自现有地平高度 7.0 ~ 9.5 米，深度距墙外皮 0.9 ~ 1.5 米。
	W27	松散脱空	自现有地平高度 1.2 ~ 2.2 米，深度距墙外皮 0.4 ~ 1.6 米。
			自现有地平高度 6.5 ~ 10.0 米，深度距墙外皮 0.4 ~ 1.6 米。
	W28	松散脱空	自现有地平高度 0.5 ~ 2.5 米，深度距墙外皮 1.1 ~ 1.6 米。
			自现有地平高度 3.0 ~ 5.0 米，深度距墙外皮 1.0 ~ 1.8 米。
	W29	松散脱空	整体存在松散脱空现象，深度距墙外皮 0.6 ~ 1.8 米。
	W30	松散脱空	整体存在松散脱空现象，深度距墙外皮 0.8 ~ 1.8 米。
	W31	松散脱空	整体存在松散脱空现象，深度距墙外皮 0.8 ~ 1.8 米。
	W32	松散脱空	整体存在松散脱空现象，深度距墙外皮 0.8 ~ 1.8 米。
	W33	松散脱空	自现有地平高度 7.0 ~ 9.5 米，深度距墙外皮 1.1 ~ 1.5 米。
	W34	松散脱空	自现有地平高度 7.0 ~ 8.0 米，深度距墙外皮 1.1 ~ 1.4 米。
	W37	松散脱空	自现有地平高度 7.0 ~ 8.0 米，深度距墙外皮 1.1 ~ 1.7 米。

续表

部位	测线	病害类型	病害位置
瓮城券洞北侧墙体	W38	松散脱空	自现有地平高度 1.0 ～ 6.5 米，深度距墙外皮 1.1 ～ 1.7 米。
	W39	松散脱空	自现有地平高度 0.5 ～ 5.0 米，深度距墙外皮 1.0 ～ 1.8 米。
	W40	松散脱空	自现有地平高度 1.0 ～ 2.5 米，深度距墙外皮 1.1 ～ 1.9 米。
			自现有地平高度 5.0 ～ 6.0 米，深度距墙外皮 1.1 ～ 1.9 米。
	W41	松散脱空	自现有地平高度 2.0 ～ 4.0 米，深度距墙外皮 0.8~1.6 米。
	W42	松散脱空	自现有地平高度 2.2 ～ 3.0 米，深度距墙外皮 0.7 ～ 1.8 米。
	W45	松散脱空	自现有地平高度 1.0 ～ 2.0 米，深度距墙外皮 0.8 ～ 1.8 米。
	W46	松散脱空	自现有地平高度 3.0 ～ 6.5 米，深度距墙外皮 1.0 ～ 1.6 米。
	W47	松散脱空	自现有地平高度 1.5 ～ 2.5 米，深度距墙外皮 1.1 ～ 1.4 米。
	W48	裂隙	自现有地平高度 1.0 ～ 4.0 米，深度距墙外皮 1.7 ～ 2.2 米。
		松散脱空	自现有地平高度 4.0 ～ 5.0 米，深度距墙外皮 1.1 ～ 1.4 米。
	W49	松散脱空	自现有地平高度 1.5 ～ 4.5 米，深度距墙外皮 1.7 ～ 2.1 米。
	W50	松散脱空	自现有地平高度 2.5 ～ 5.5 米，深度距墙外皮 1.8 ～ 2.2 米。
	W51	松散脱空	自现有地平高度 0.5 ～ 2.0 米，深度距墙外皮 1.1 ～ 1.9 米。
检测结果：①镇东楼城台券洞东侧墙体内部存在较大范围的松散脱空区域，松散脱空区域分布在券洞中线南侧 13.3 米至券洞中线北侧 8.3 米范围内，松散脱空深度分布在距墙外皮 0.6 ～ 2.0 米范围内； ②瓮城券洞北端墙体内部存在较大范围内的松散脱空区域，松散脱空区域分布在券洞中线东侧 5.1 米至券洞中线西侧 10.2 米范围内，松散脱空深度分布在局墙外皮 0.4 ～ 1.8 米范围内； ③瓮城券洞南端墙体内部存在较大范围的松散脱空区域，松散脱空区域分布在券洞中线东侧 6.7 米至券洞中线西侧 8.7 米范围内，松散脱空深度分布在距墙外皮 0.7 ～ 2.2 米范围内。			

为探明墙体内部病害情况，采用探地雷达对墙体内部进行检测，该面墙体共布置测线16条。通过对检测结果进行综合分析，墙体松散脱空区域主要集中在券洞两侧区域，整体松散、脱空较为严重，松散、脱空面积达57平方米。松散、脱空部位主要集中在墙体内部0.7米～2.2米。

券洞东侧及上部酥碱残损严重区域采用水泥砂浆补抹约15.9平方米。石质门券上部券体采用水泥砂浆补抹11平方米水泥砂浆补抹破坏了文物本体整体协调性。

墙体上部局部生长植被，青砖普遍存在风化酥碱现象，墙体青砖酥碱残损约70%，券洞顶部及东侧墙体酥碱残损情况尤为严重。

3-21 瓮城南侧砂浆补抹墙体照片

西门内北侧宇墙

外观直观观察西门内北侧宇墙墙体，墙体存在较大范围的空鼓外闪区域。墙体空鼓外闪区域主要以马道以北 0 ～ 60 米处位置，平均裂缝宽度为 200 毫米，经过现场有关方面的沟通协商，为了更好地掌握裂缝的深度，制定合理的方案，保证城墙本体的安全性。现场经建设单位、设计单位、监理单位、施工单位共同商定，西门内北侧墙体高度与长度拆除至无裂缝位置及变形处为止，按补砌外层墙体加固措施图做法进行施工。

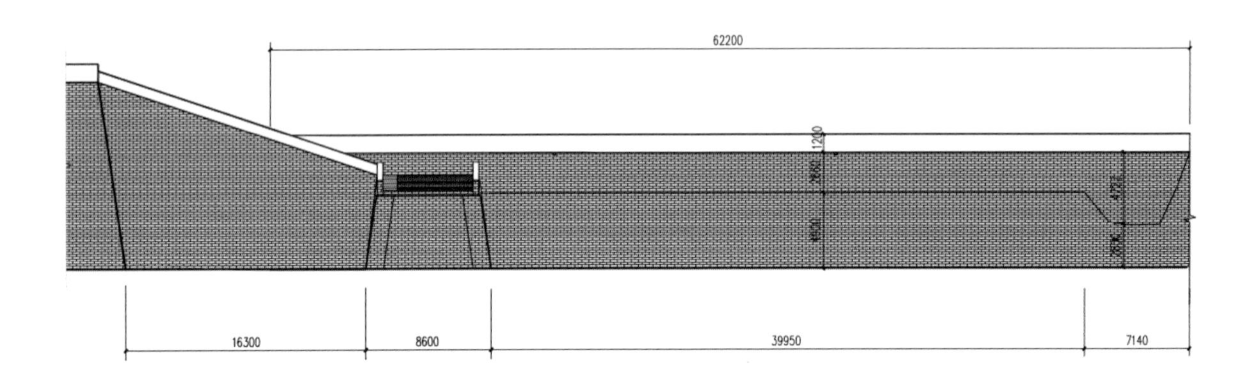

西门北侧内侧城墙立面图 1:200

3-22 西门内北侧宇墙立面图

3-23 发现裂缝

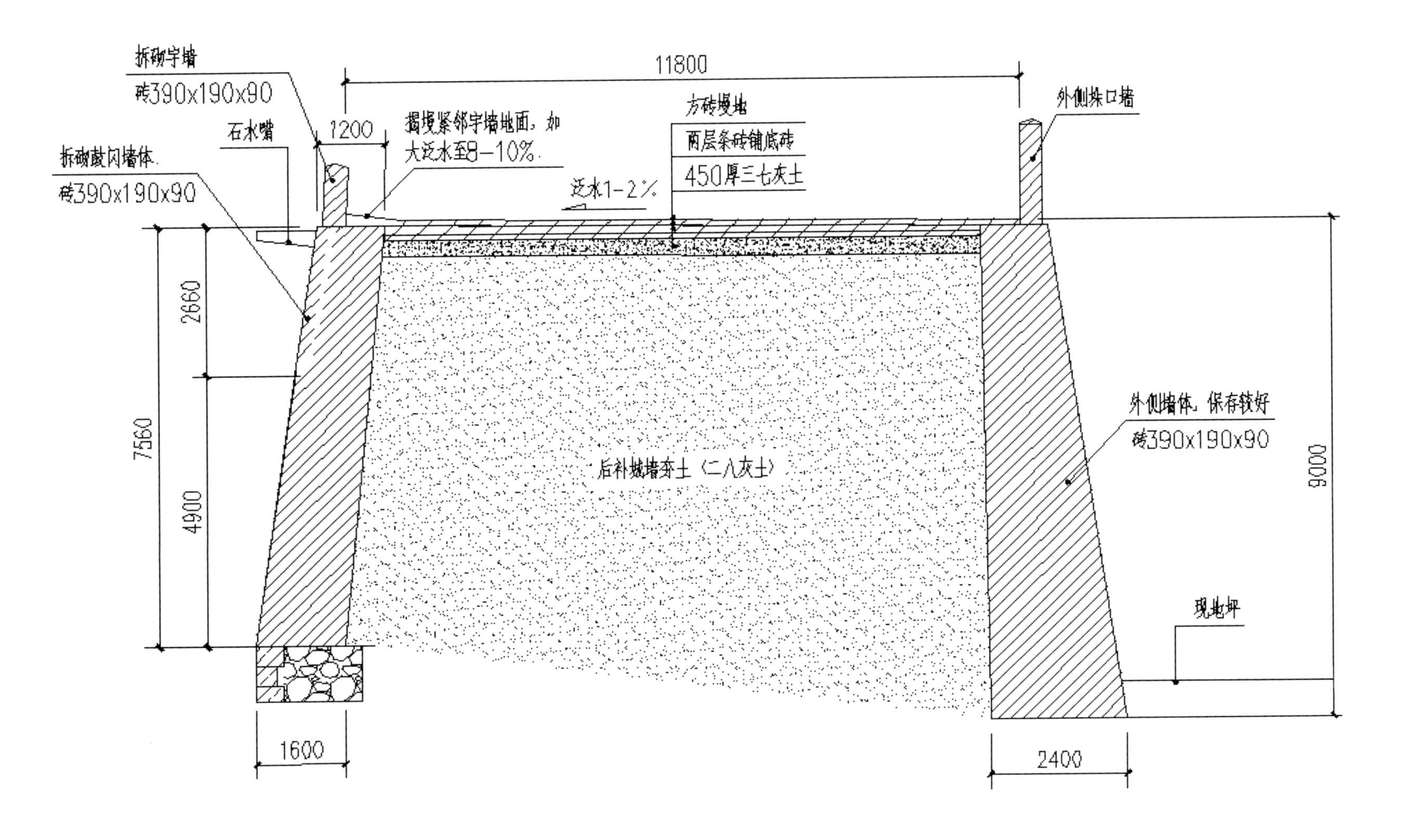

3-24 西门内北侧宇墙剖面图

成因分析

经对收集的原始资料进行研究，并结合现场实地勘察，分析该墙体病害的主要成因如下：

1. 后期维修不当

从墙体表面可以明显看出，墙体曾屡经维修。前期维修并未处理好墙体内部存在的病害及新旧墙体之间的有效连接，导致目前墙体内部出现大面积松散脱空现象及墙体裂缝的发展，局部出现墙体空鼓外闪。

2. 风雨侵蚀破坏

雨雪水渗入墙体内部松散脱空区域，形成径流，对内部砌筑白灰冲刷侵蚀，且冻胀作用对墙体的损害更加明显。墙体勾缝灰受到风雨侵蚀后强度降低导致失效，进而大面积脱落。而且雨水渗入由墙体表面的缝隙中，助长植被滋生。

3. 战争及当地居民破坏

山海关作为北方重要的边关要塞，历史上在此处进行过许多战争，战争频繁对文物本体造成了一定程度的破坏。另外，20 世纪 60 年代以前，由于人们的文物保护意识薄弱，当地居民对文物也进行了一定程度的破坏。

3-25 瓮城城墙现状

瓮城城台探地雷达检测结果一览表

项目	病害类型	残损现状	原因分析	发展趋势
镇东楼城台券洞东侧墙体	空鼓外闪	主要分布在券体及券体南侧上部墙体。面积约 40 米，最大空鼓外闪 437 毫米。	自然环境及后期人为整修方法不当。	空鼓外闪范围持续扩大，且存滑塌风险。
	松散脱空	主要分布在券体、券体上部及拳洞南侧区域，面积达 91 米，深度距墙外皮 0.6 ～ 1. 9 米。墙体距墙外皮 180 毫米、450 毫米及 610 毫米处均存在墙体脱空现象，脱空厚度达 160 毫米。	自然环境及后期人为整修方法不当。	松散脱空区域有扩大趋势，且脱空部位墙体存滑塌风险。
	墙体裂缝	券洞内部南墙东侧存两条竖向竖缝，最大裂缝宽度 10 毫米， 券体上部存一后期人为裂缝，最大裂缝宽度 10 毫米，推测墙体裂缝与墙体内部脱空区域连为一体。	自然环境及后期人为整修方法不当。	墙体裂缝有扩大趋势。
	青砖风化酥碱及植被生长	墙体上部生长大量植被，青砖普遍存在风化酥碱现象，墙体青砖酥碱残损约 70%。	风雨侵蚀破坏其他自然原因。	墙体植技有持续生长蔓延趋势，青砖风化酥碱、残损有加剧趋势。
瓮城城台券洞北端墙体	空鼓外闪	主要分布在券体、券体上部及西侧部分墙体，面积约 23 米最大空鼓外闪 278 毫米。	自然环境及后期人为整修方法不当。	空鼓外闪范围持续扩大，且存滑塌风险。
	松散脱空	主要分布在券体券体上部及券洞西侧区域，面积达 66 平方米 . 深度距墙外皮 0.8 ～ 1.8 米，墙体距墙外皮 170 毫米及 470 毫米处均存在墙体脱空现象，脱空厚度达 480 米。	自然环境及后期人为整修方法不当。	松散脱空区域有扩大趋势，且脱空部位墙体存滑塌风险。

镇东楼城台及瓮城城台病害分析一览表

项目	病害类型	残损现状	原因分析	发展趋势
瓮城城台券洞北端墙体	墙体裂缝	券洞内部西墙北侧存一条竖向裂缝， 最大裂缝宽度 45 毫米。推测墙体裂缝与墙体内部脱空区城连为一体。	自然环境及后期人为整修方法不当。	墙体裂缝有扩大趋势。
	青砖风化酥碱及植被生长	墙体上部生长大量植被，青砖普遍存在风化酥碱现象，墙体青砖酥碱残损约 35%，券洞西侧墙体酥碱残损情况尤为严重。	风雨侵蚀破坏其他自然原因。	墙体植技有持续生长蔓延趋势，青砖风化酥碱残损有加剧趋势。
瓮城城台券洞南端墙体	空鼓外闪	主要分布在券洞东侧墙体，面积约 12 平方米，最大空鼓外闪 256 毫米．该面墙体未进行微型钻孔。	自然环境及后期人为整修方法不当。	空鼓外闪范围持续扩大，且存滑塌风险。
	松散脱空	主要分布在券洞两侧区域，面积达 57 平方米，深度距墙外皮 0.7 ～ 2.2 米，整体松散、脱空较为严重。	自然环境及后期人为整修方法不当。	松散脱空区域有扩大趋势，且脱空部位墙体存滑塌风险。
	水泥砂浆抹面	券洞东侧及上部青砖酥碱残损严重区域采用水泥砂浆补抹约 15.9 平方米，石质门券上部券体采用水泥砂浆补抹 11 平方米，水泥砂浆补抹破坏了文物本体整体协调性。	后期人为修整方法不当。	——
	青砖风化酥碱及植被生长	墙体上部局部生长植被，青砖普遍存在风化酥碱现象，墙体青砖酥碱残损约 70%，券洞顶部及东侧墙体酥碱残损情况尤为严重。	风雨侵蚀破坏及其他自然原因。	墙体植被有持续生长蔓延趋势，青砖风化酥碱残损有加剧趋势。

第四节 修缮说明

朱峰（摄）

依据保护原则，针对镇东楼城台券洞东侧墙体及瓮城券洞两端墙体和西门内北侧宇墙的实际病害情况，按照脱空的程度选择相应的除险加固保护方法，施工总体思路如下：

1. 对外闪、脱空严重的区域，因空鼓外闪砖体整体性较差，已不适宜加固处理，应进行拆砌处理，直接消除外闪脱空病害；拆除外闪墙体后，对拆除的保存较好的青砖清理并保留加以利用。

2. 对内部脱空区域进行注浆加固处理，防止外闪脱空病害进一步发展。

3. 由于城台区域位于景区，城台外墙风化、酥碱、松动的墙砖是一大危险源。因此，本次除险也对加固处理区域的病害砖进行一并处理；同时对施工区域进行围挡防护，禁止游人闯入；并设置专人进行交通疏导；入口处悬挂警告标志。

4. 在砌筑过程中对已经完工的墙体进行成品保护，防止二次污染。

4-1 人工清理旧砖

4-2 拆除的青砖码垛堆放整齐

4-3 瓮城城台通道进行防护

4-4 镇东楼城台上雨棚防护

4-5 西门施工区域围栏防护

4-6 西门施工区域进行防护

工程内容及技术措施

工程内容

1. 清理墙体表面失效灰缝内生长的杂草；

2. 采用压力灌浆工艺对墙体松散区域进行处理；

3. 采用局部拆砌的方式对墙体脱空、外闪部位严重进行处理，消除安全隐患；

4. 采用局部剔补的方式对酥碱残损严重区域青砖进行剔补加固；

5. 对新旧墙体植入拉结筋。

技术措施

1. 植被清理

（1）人工清除墙体失效灰缝内的杂草；

（2）要用小铲将墙体失效灰缝内的灰渣及植被根系铲除干净，并用水冲洗，将草籽冲走以减少再生的可能；

（3）注意季节性，最好是安排在其草籽成熟之前，以提高除草效果；

（4）在拔草过程中，若造成局部青砖松动或裂缝应及时整修；

（5）对较大根系进行砍伐，并清除植入城墙内根系。

4–7 植被根系处理

4-8 植被根系喷洒药物

2. 鼓闪墙体拆除

（1）对结构鼓闪且变形严重影响墙体安全稳定的，可采取全部拆除砌筑方法。拆除时用灰铲、瓦刀和小撬棍一层层的拆除，切不可生砸硬撬，避免在拆除过程中对相邻墙体造成破坏。清理砖上的灰浆，分类码放，重砌时按原有做法砌筑，最大限度恢复原貌。采用横向甩槎，做好与原墙体连接。需要更换的城砖应同原砖尺寸，做到墙体间的协调。

（2）拆除墙体脱空、外闪部位青砖砌体，原位回砌。松散部位压力注浆完毕，且浆液达一定强度后，再对内部墙体外露面断裂、残损青砖进行剔除。砖体拆除应采取相应的安全防护措施，并根据现场实际情况预留砖体的接茬。

（3）脱空、外闪部位拆砌时，为防止墙体局部垮塌，应分段进行拆砌。在一段拆砌完成后，再进行下一段的清理拆砌。

4-9 西门内北侧宇墙拆除

3. 注浆孔及植筋孔技术要求

（1）钻头一定要稳，不要左摇右摇。

（2）要注意来回抽插，不要让灰尘干粉卡钻。

（3）没有水管或水源时，最好不要用把水加在钻头里再打的方法钻洞。用水量过少，水会把粉末黏住，形成稀泥，增加钻头的摩擦力。

（4）不要一钻到底，下压时注意力度，难打时或下降缓慢时，一定要拔出钻头，观察是否有砖头芯断在钻头内。

（5）水钻打孔如的确操作：首先要把水钻贴胸脯拿稳，对着墙打的时候，水钻的钻头不能全部相切与墙壁，全切容易跑偏。正确的做法是把钻头往下斜，斜度大概为15°，待钻头在墙上钻进一部分之后，稍钻深一点点，然后再慢慢地调正。等钻头调正以后，在打的过程中不要晃来晃去的，容易烧坏电机。偶尔地晃俩下，让钻头与墙的缝隙大一点。打的过程中，用水要适当，根据实际情况进行调整。

4. 压力灌浆

（1）灌浆工艺流程：裂缝表面处理→封缝→埋设灌浆嘴→准备灌浆泵→试压→配制灌浆材料→灌浆→检验及表面处理。

每个嘴子浆液灌满后，要马上套封胶皮管，以防浆液漏出。每次灌浆完毕，都应将所用的全部器具及时用酒精、丙酮或苯液洗净。

（2）灌浆孔采用水钻进行打孔，现场产生的灰尘用塑料布防护，避免污染墙体。灌浆孔角度大约 15°。

（3）压力灌浆工艺旨在加固墙体内部松散部位砌体，拆砌部位的墙体应在墙体脱空、外闪部位青砖拆除后再进行灌浆。其他不需大面积拆砌的局部脱空区域，将墙面钻孔部位的面砖剔除后进行灌浆处理。

（4）墙体分层分段进行压力灌浆，不可全部拆除脱空、外闪部位后在进行灌浆。

（5）墙体脱空、外闪部位拆除或面砖剔除后，于墙体松散部位钻孔，孔径与注浆嘴大小一致，孔深 1 米，分层布孔，水平向间距 1 米，竖直向间距 1 米，矩形布置。清理注浆孔，用空压机清除孔内浮土灰尘，并洇湿注浆孔。

（6）钻孔内设置和固定灌浆嘴，并将灌浆孔内清理和冲洗干净。灌浆前墙体裂缝应用黄泥进行封堵。待裂缝封堵面层和灌浆嘴的固定具有一定强度后，再进行灌浆。

（7）灌浆材料采用桃花浆，浆液配比根据现场试验确定。浆液应具有良好的流动性，保证灌浆的质量。采用小压力灌的方法，灌浆压力控制在 0.1MPa 左右，不宜超过 0.2MPa（瓮城和镇东楼），西门城墙修缮为 0.5MPa。根据施工过程的灌注程度，以及外墙体稳定状况确定，若压力微微下降，说明正在进浆；若压力有超过 0.5MPa 的趋势，则说明已经灌满，需换注浆嘴。灌浆时若浆液从上面嘴中漏出，则说明已经灌满，可换注浆嘴。

（8）灌浆顺序自下而上，分层灌注。灌一段距离应停顿间隔 10 分钟后再继续灌，直到不进浆或临近灌浆嘴溢浆为止。在灌浆时，如果发现临近墙缝冒浆或总是灌不满时，应及时检查和封堵跑（漏）浆处，并停灌 15 ～ 20 分钟，待浆液静止凝固一段时间后，再继续进行。

（9）灌浆完成后，将剔除的面砖进行补砌。灌浆施工时，须注意文物本体的安全，提前对实施灌浆修补的墙体进行必要的支护。

5. 局部剔补

（1）利用传统的方法对酥碱深度大于 30 毫米部分的墙体进行剔补，用錾子凿除需要更换的残砖，凿除面积应是单个整砖的整倍数。

（2）剔补部位采用先清理，后砌筑的方式进行处理。将残损碎砖、灰渣剔除干净，用清水冲洗附着在剔凿砖体表面碎砖灰渣，并将新旧砖接茬处浸湿，再砌筑，以加强新旧砖之间的黏接力。

（3）按原规格配制新砖。要求新旧砖连接要协调、灰口大小要一致。灰浆采用素灰。灰缝厚度与原灰缝保持一致，灰浆饱满度满足规范要求。

（3）按原规格配制新砖。要求新旧砖连接要协调、灰口大小要一致。灰浆采用素灰。灰缝厚度与原灰缝保持一致，灰浆饱满度满足规范要求。

（4）安装牢固后再进一步出细，新旧槎在接缝处要清洗干净，然后黏结牢固。

6. 局部补砌

（1）清理旧墙表面的白灰，洇水将表面清洗干净，按原做法进行砌筑；为加强新旧墙体连接，采用钢筋和丁砖的办法对其进行加固，其做法为：一是在旧墙上打直径50毫米的钻孔。按图纸要求：西门城墙为600毫米，镇东楼和瓮城为500毫米，直径8螺纹钢筋一端做鱼尾勾，一端做20毫米弯勾。孔内填满水泥砂浆，插入锚筋，外露钢筋为200毫米，用钢筋将新旧墙体连在一体，砂浆灌实。

（2）墙体砌筑时在新砌筑部分与旧墙砌体之间设置丁砖，以增加墙体连接强度，丁砖水平向每隔1000毫米相应整砖位置布置一块，竖直向每隔5皮砖布置一块，整体呈梅花形布置。

（3）墙体砌筑时，应植入直径8钢筋钉。

（4）原墙体深度不小于500毫米，植入新砌墙体不小于200毫米。水平向每隔1000毫米布置一个，竖直向每隔5皮砖布置一个，与丁砖交叉布置。钢筋应采用钻进方式成孔，钢筋锚固采用标号42.5MPa普通硅酸盐水泥浆锚固。丁砖植入亦采用标号42.5MPa普通硅酸盐水泥进行锚固连接。实施之前，应做实验保证填塞效果及适宜水灰比。

（5）铺灰坐浆时，灰浆采用素灰。灰缝厚度与原灰缝保持一致，灰缝应横平竖直，灰浆饱满度不小于80%。

（6）砌筑砖砌体时，青砖应浇水湿润，含水量宜为10%～15%。旧砖应剔除干净后浇水湿润。所选砖料尺寸应于周边砖尺寸一致，保证灰缝平直。

（7）应优先选用尺寸及强度满足要求的旧青砖，在旧青砖尺寸、强度不能满足要求的情况下，可选用新青砖。

（8）拆砌过程中应在顶部墁地设置围挡隔离，保证实施过程中的人员及文物安全。

（9）补砌剥落墙体：用錾子轻轻剔除要剔补的残旧砖，剔砖时应从中间向四周放射剔除。不应伤及相邻的砖棱。剔除深度应以一砖厚为准。然后按原墙体砖规格重新砍制，砍磨后照原样用原做法重新补砌好。

打点：补换完的砖件应及时打点修理。相邻砖棱的凸起处，用磨头磨平。

墙体收分：城墙在砌筑时要收分，应按收分要求先制作收分靠尺，配合砌筑控制好收分的精度。

7. 钢筋锚固

钢筋应采用钻进方式成孔，钢筋锚固采用标号42.5MPa普通硅酸盐水泥浆锚固。丁砖植入亦采用标号42.5MPa普通硅酸盐水泥进行锚固连接。实施之前，应做实验保证填塞效果及适宜水灰比。

4–10 瓮城城台垛口墙鼓闪墙体拆除

4–11 鼓闪墙体拆除

4-12 分段进行拆砌（30 厘米为一段）

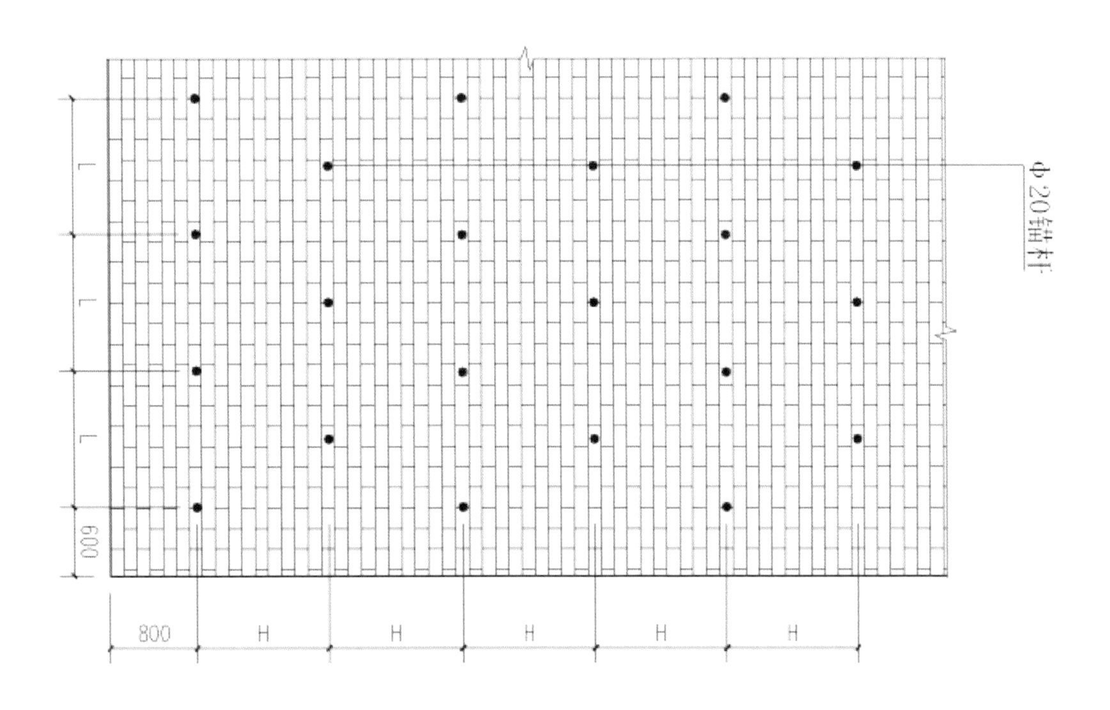

4-13 西门内北侧宇墙锚杆注浆加固措施图

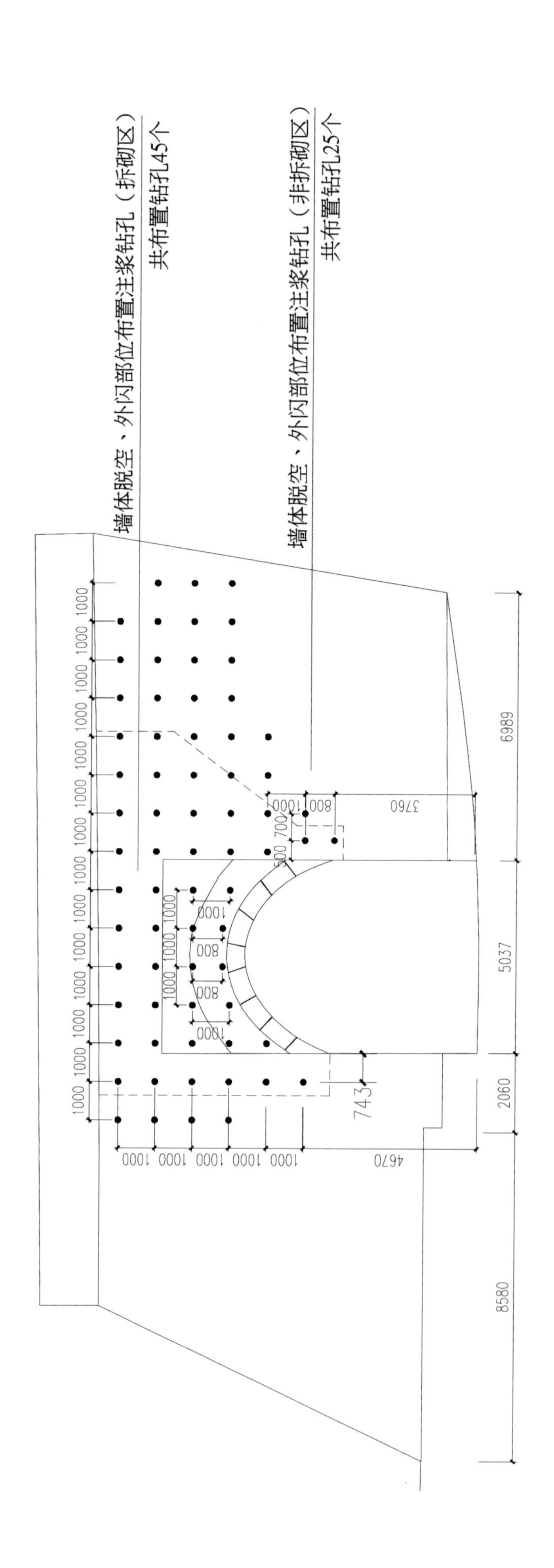

4-14 瓮城城台注浆孔位置图

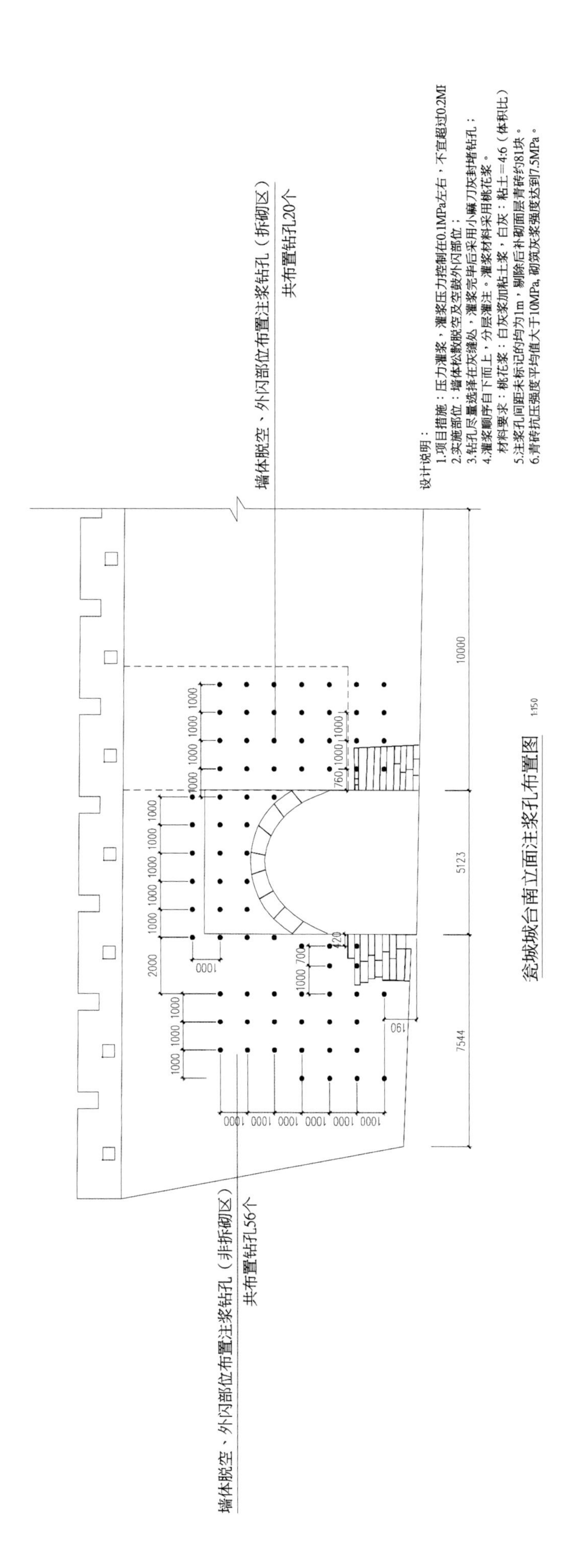

4-15 瓮城城台注浆孔位置图

4–16 西门内北侧宇墙打孔

4–17 水钻打孔

4–18 注浆孔打孔

4-19 采用热浆

4-20 掺入黄土

4-21 桃花浆配比

4-22 压力灌浆

4-23 剔除酥碱墙体

4-24 剔除水泥抹灰

4-25 补配酥碱墙体

4-26 墙体补砌

4-27 墙体局部补砌

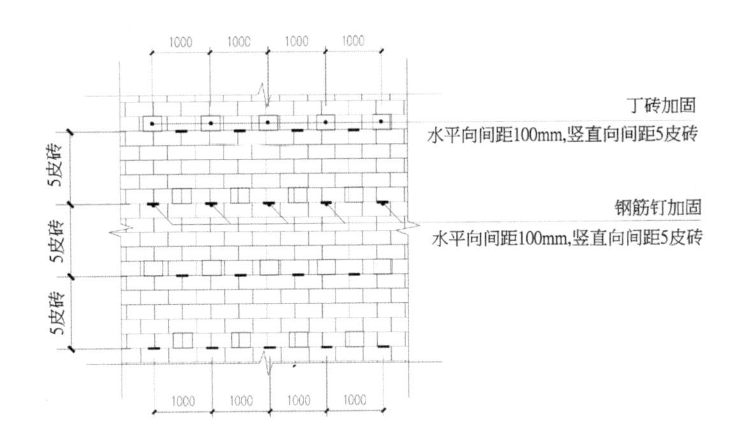

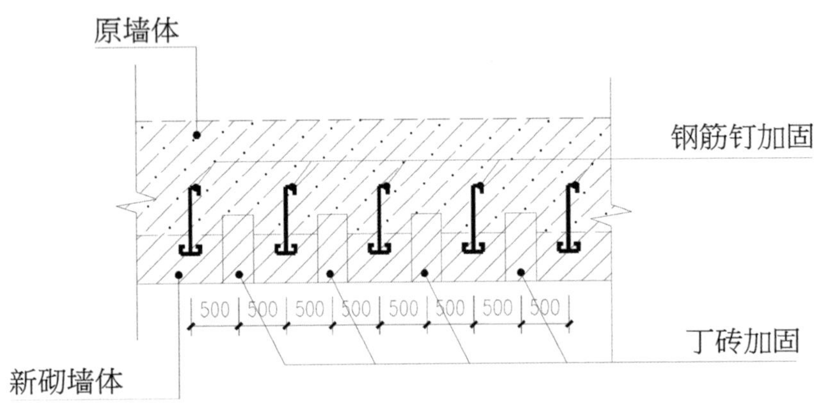

4-28 丁砖及钢筋加固布置图

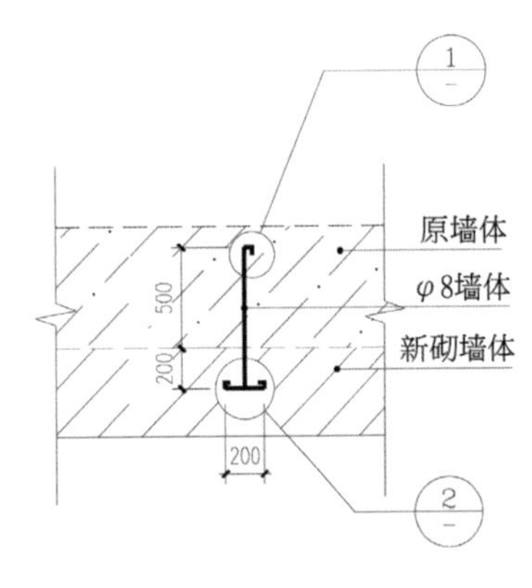

设计说明：

1.丁砖水平向每隔100mm相应整砖位置布置一块，竖直向每隔5皮砖布置一块整体呈梅花形布置；

2.钢筋采用φ8钢筋加工制作，钢筋钉植入原墙体深度不小于500mm，植入新墙体不小于200mm。水平向每隔1000mm布置一个，竖直向每隔5皮砖布置1个，与丁砖交叉布置，丁砖钉入原墙体180mm

3.钢筋应采用钻进方式成孔，钢筋锚固采用标号42.5MPa普通硅酸盐水泥浆锚固。丁砖植入亦采用标号42.5MPa普通硅酸盐水泥进行锚固连接，实施之前应做实验保证填塞效果及适宜水灰比。

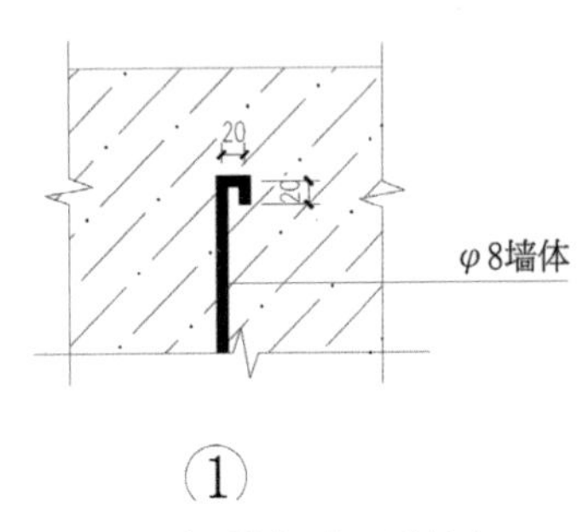

①

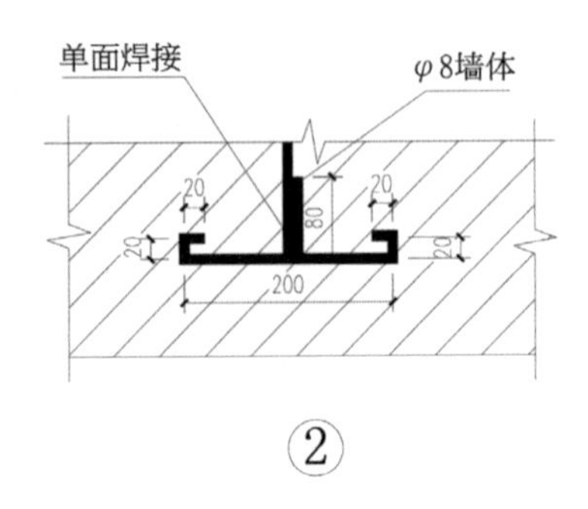

4-29 钢筋钉布置详图

4-30 丁砖剔除颜色标记

4-31 洇砖

4-32 洇砖

4-33 钢筋锚固

8. 西门发券的施工方法

（1）根据现场测量放样，采用木模制作券胎；利用券胎充分受力后进行损坏城砖剔补，券脸剔补城砖数量60块，拆除砖与保留砖接茬处剔补14块。拆砌“一券一伏”；一券16.5平方米，一伏16.5平方米。

（2）券胎下弦采用顶丝支撑，中间放置垫木；满堂红脚手架搭设。

4-34 西门拱券修缮前照片

4-35 券腿两侧划痕

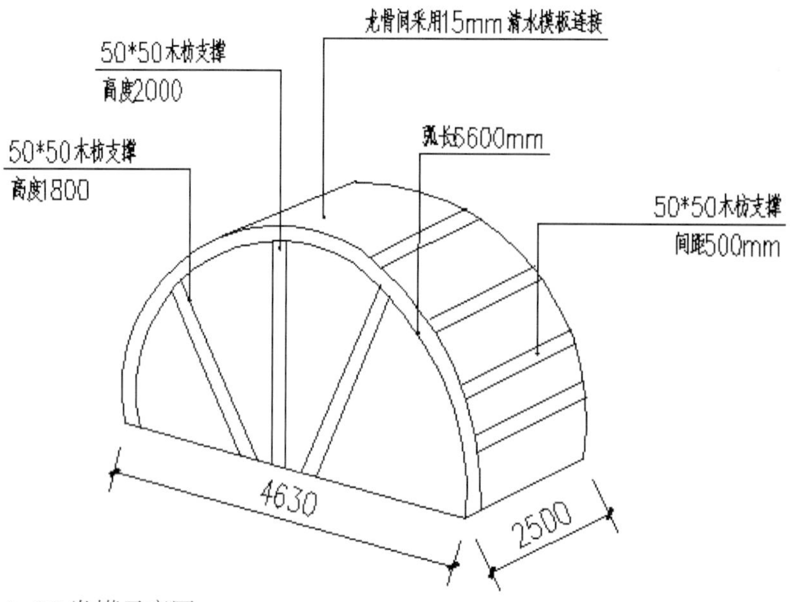

4-36 券模示意图

4-37 脚手架搭设完毕

4-38 现场放样

4-39 发券

4-40 西门券洞修缮完毕

9. 施工标准

（1）材料要求

①砖的尺寸允许偏差：长度 -3 ～ 5 毫米，宽度 -3 ～ 5 毫米，厚度 -1.5 ～ 1.5 毫米；不允许有欠火砖和酥砖，砖不得出现隐残，表面应平整、无变形，棱边应顺直、无缺损，颜色应均匀一致。砖质细腻密实。设计强度抗压平均值达到 10MPa。

②白灰：块状生石灰，灰块比例不得少于灰量的 60％，各项指标执行《建筑生石灰》（JC/T497-92) 钙质生石灰优等品标准。用于塔身砌筑工程的石灰泼灰后存放时间应大于 7 天，但是不宜大于 90 天，使用前应过筛（筛孔为 5 毫米）。设计灰浆强度达到 7.5MPa。

③土：粉土或粉质黏土，有机质含量不得大于 5%，不含腐质物的土过筛，筛孔为 25 毫米。

④钢材：选用直径 8 毫米（HRB400）热轧带肋钢筋。

上述材料均应在检测试验合格后方可用于本工程。

（2）质量要求

①砖的规格、品种、质量等必须符合传统建筑材料要求，其加工应严格遵守原建筑砖的时代特点和尺寸。

②砖的看面必须磨平、磨光，不得有“花羊皮”和斧花；砖肋不得有“棒槌肋”，不得有倒包灰。墙面抹麻刀灰应平整，接茬通顺自然，浆色一致，无赖疤瘌、龟裂等现象；墙面抹灰应上下顺齐，刷浆横平、竖直，茬子抽顺、浆色一致，干净美观，无施工接茬痕迹。

③泼灰中不得混入生石灰渣；选用加工后长度不大于 15 毫米的麻刀，提前一天用清水淋湿，润透。使用时，应弹松抖散并去除杂质。

④黄土选用粉土或粉质黏土，用 25 毫米孔径筛子过筛，土中不得含腐质物，不得掺有落房土或煤灰、炉渣等杂质，黏性较大的黄土、亚砂土及砂土禁止使用。

（3）注意事项

文物是不可再生的，施工中应对原遗址本体的每一个构件，包括一砖一石都应倍加爱护，不能随意损坏。应严格遵循“不改变文物原状”及“最少干预”的原则。

①施工前，要首先根据现场实际情况做好文物保护措施，确保维修范围内一切文物建筑及附属文物的安全。

②遵守国家现行的有关文物保护工程标准及验收规范进行施工。

③在施工过程的每一阶段，都要做详细的记录，包括文字、图纸、照片，留取完整的工程技术档案资料。

④如果发现墙体残损实际尺寸与设计图纸尺寸存在显著差异、隐蔽残损情况，或发现与设计不符的情况，应做好记录并及时通知设计单位，以便调整或变更设计。

⑤选用的各种建筑材料，必须有出厂合格证，并符合国家或主管部门颁发的产品标准，地方传统建材必须满足合格等级的质量标准。

⑥券体拆砌加固过程中，应做好现有券体的支护，防止因拆砌造成新的破坏。墙体施工过程中，也应做好旧墙体的支护，防止产生局部滑塌等破坏。

⑦施工过程中，要加强监测，确保施工过程中文物本体的安全。

第五节 施工过程

瓮城南侧城台施工前后照片

施工前、中、后对比照片

位置及施工内容		南侧施工照片
施工前	1. 夯土墙芯裸露，孔洞破坏严重，需修补。 2. 杂草丛生。 3. 建筑垃圾堆积。 4. 整体破坏、风化严重。	
施工中	吊车配合进行吊装砖及白灰、灰土 3 ∶ 7 施工。	
施工后	墙体砌筑完成，内部夯土墙芯夯实，增加垛口墙。	

瓮城城台北侧施工工序照片

5-1 宇墙拆除前原状

5-2 人工拆除宇墙

5-3 拆除城台

5-4 拆除墙体城台（俯视图）

5-5 墙体砌筑

5-6 水钻打孔

5-7 丁砖剔除

5-8 墙体勾缝

5–9 桃花浆钻孔

5–10 桃花浆材料配比

5–11 桃花浆灌注

5–12 脚手架拆除

瓮城北侧城台施工前后照片

施工前、中、后对比照片

位置及施工内容		北侧施工照片
施工前	1. 夯土墙芯裸露，孔洞破坏严重，需修补。 2. 杂草丛生。 3. 建筑垃圾堆积。 4. 整体破坏、风化严重。	
施工中	吊车配合进行吊装砖及白灰、灰土 3 ： 7 施工	
施工后	墙体砌筑完成，内部夯土墙芯夯实，增加垛口墙。	

瓮城城台北侧施工工序照片

5-13 垛口墙拆除前原状

5-14 人工拆除压顶砖

5-15 拆除垛口墙

5-16 拆除墙体城台

5-17 丁砖剔除

5-18 墙体砌筑

5-19 水钻打孔

5-20 压力注浆

5-21 酥碱砖剔除

5-22 酥碱砖补配

5-23 桃花浆灌注

5-24 脚手架拆除

5-17 丁砖剔除

5-18 墙体砌筑

5-19 水钻打孔

5-20 压力注浆

5-21 酥碱砖剔除

5-22 酥碱砖补配

5-23 桃花浆灌注

5-24 脚手架拆除

5-29 压力灌浆

5-30 宇墙勾缝

第六节 施工前后照片对比

6–1 瓮城南侧城台施工前照片

6–2 瓮城南侧城台施工后照片

6-3 瓮城北侧城台施工前照片

6-4 瓮城北侧城台施工后照片

6-5 西门内北侧宇墙修缮前照片

6-6 西门内北侧宇墙修缮后照片

古建修缮

第四章 正定古城墙修缮

正定城概况

正定城，战国燕赵间地。汉初地属常山郡，汉高帝十一年（前 196 年）改名真定，后分常山郡置真定国，真定得名由来于此。隋唐为恒州或恒山郡。唐贞元初，分天下为十道，恒州属河北道，置成德军，为北方军事重镇，后改名镇州。北宋因之，置军如故。元代置总管府，直隶中书省。明清两代为真定府治，真定府城在今河北正定县。明代，巡抚驻节真定，升为省会。清代，移省会于保定府（今保定市），改真定府为正定府，辖州县十四，正定为首县，县治附于府城，今县所辖即归真定县县城范围。

真定，自古以来号称河北重镇，“面临滹水，背依恒山，左接沧海，右抵太行”，形势险要，为南北交通要冲，历史上每为兵家相争之地。

唐宝应元年（762 年）因滹沱河溢水灌城，城日以圮，进行拓建。明正统十四年（1449 年），扩建为“周长二十四里，高三丈二尺，上宽二丈”的土城。隆庆五年（1571 年），真定知县顾授始将土城改为砖城。后任知县周应中申动府库银 6 万余两，征用真定府辖各县民夫，分段兴工，于万历四年（1576 年）竣工。四城门，东曰迎旭，南曰长乐，西曰镇远，北曰永安，并均附有月城和瓮城。后世重修或改建也均是在此基础上进行。在预防水患和军事防卫上起了重要作用。由于历史的原因和近年城镇建设的发展，正定城除现存城门外，已多为土城。东城门已埋于国防工事之下，南门存里城门和瓮城门，西存里城门、瓮城门、北存里城门及月城门。正定城墙于 1993 年 7 月 15 日被河北省人民政府公布为重点文物保护单位。

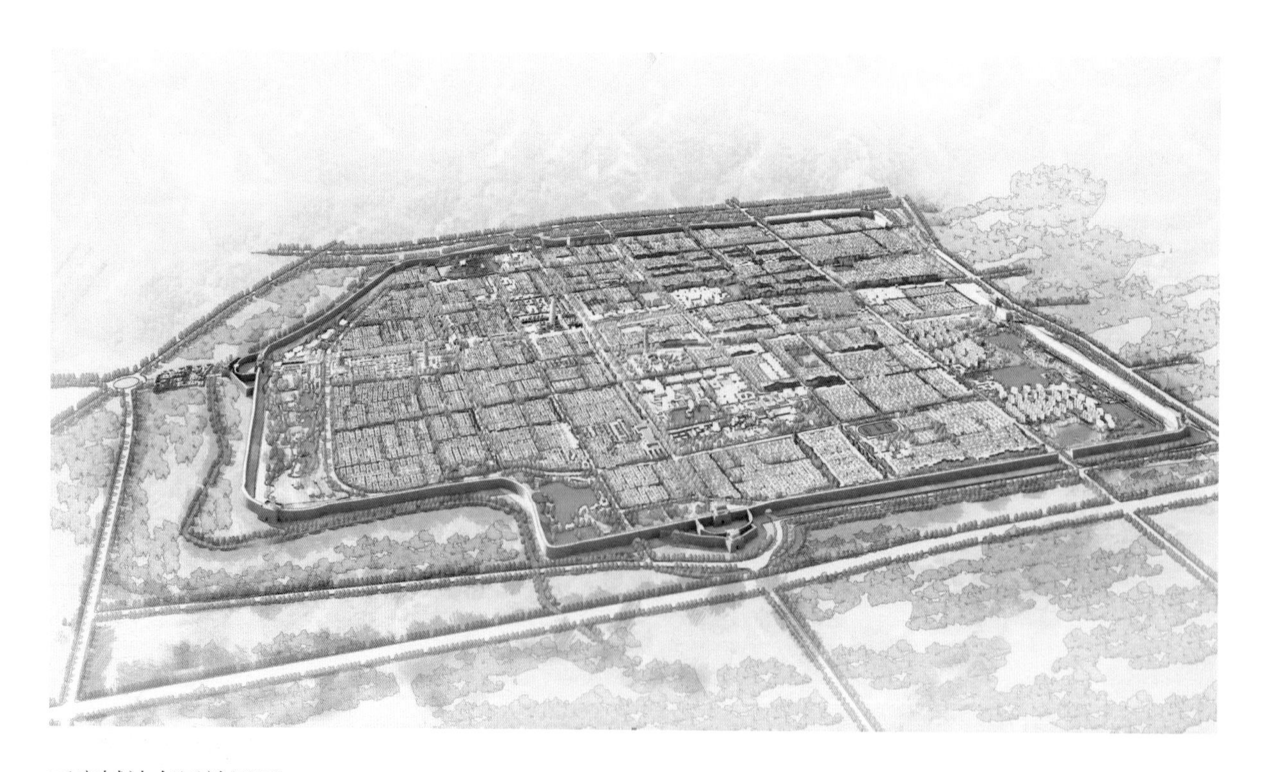

正定城池布局效果图

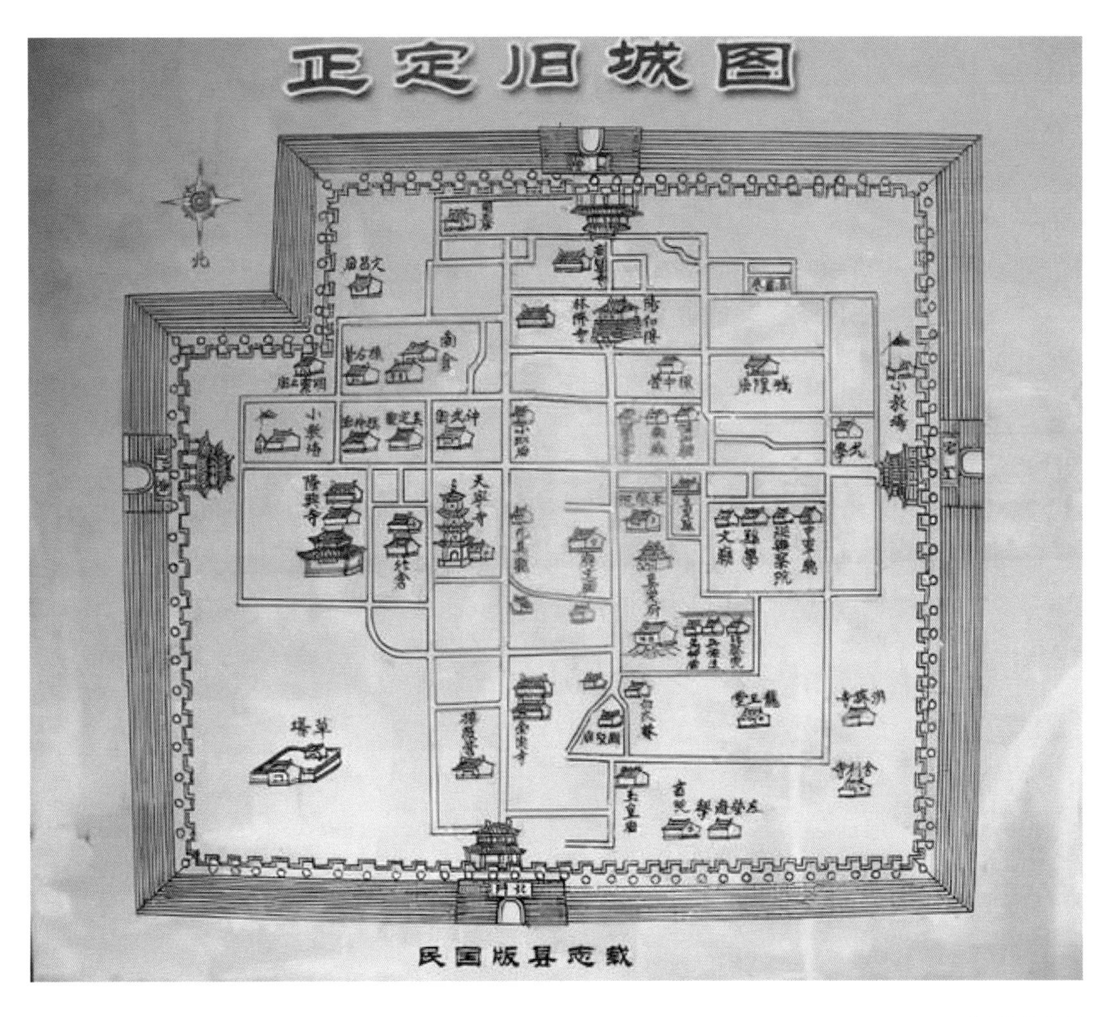

正定旧城图

古城正定是三国常胜将军赵云的故里，古城墙是正定的一种标志，现存城墙为明代遗存，周长 24 华里，高三丈有余：凡城池建设，多以《考工记》王城图为原则，多为方形或矩形，而正定古城墙现状为“官帽形”，东南缺一角，取“天满西北，地缺东南”之意。

民间有“正定城，官帽形，达官贵人出无穷”的说法。传说明英宗正统年间在扩城时，御史陈金增去“风水学”上“天满西北，地缺东南”之吉语，把城墙修成了“官帽形”，以期盼正定府人才辈出。但客观上应该是为了减轻洪水的压力，修城时在东南向内凹进了一个直角。这样设计，适应了从前滹沱河水弯道的流向，符合水利减灾的科学要求。

正定城墙老照片（梁思成先生拍摄）

地理位置

正定县位于太行山东麓洪积扇的中上部，太行山南段山麓平原西部，河北省的西南部，石家庄市的中部，东经 114º23′～114º42′、北纬 37º58′～38º21′之间。东邻藁城市，东南连栾城县，南部和东南部隔滹沱河与石家庄市相望，西界鹿泉市，西北接灵寿、行唐县，北靠新乐市。县城在县境的中南部，市距河北省会石家庄市中心 15 公里，东北距首都北京市 258 公里，东距渤海岸（直线）300 公里。县境北部宽大，东南窄长，西南偏缺，南北最长 43 公里，东西最宽 29 公里。1987～1989 年，按照国家《土地利用现状调查技术规程》，通过进行土地利用现状调查，总土地面积为 606.62 平方公里。境内有京广、石德铁路和京广、沧石、正南、正深 4 条干线公路，交通方便。河流有滹沱河、周汉河、木刀沟（俗称老磁河），南部还有石津总干渠。

古城在县城内区位示意图

自然地理

气候条件

正定位于北温带半干旱、半湿润季风气候区。其特点是大陆季风气候明显，春秋短，冬夏长，四季分明。日平均气温 13.1℃，最高气温 42.8℃（2004 年 7 月 15 日），最低气温 -26.5℃（1951 年 1 月 8 日）。平均相对湿度 62%。年平均风速 1.4 米 / 秒，7 级以上大风天数 9 天，全年主导风向西北风。降水：平均年降水量 534 毫米。1954 年降水量最多达 1105 毫米，1957 年降水量少，仅 265 毫米。初霜日平均为 10 月 17 日，终霜日平均为 4 月 4 日，无霜期年平均 198 天。初雪日平均为 12 月 1 日，终雪日平均为 3 月 9 日。土壤开始冻结日平均 11 月 12 日，终冻日平均在 3 月 13 日，年最大冻土层深度为 54 厘米（1984 年）。平均日照时数 2527 小时，日照率 58%，太阳辐射总量平均 127 千卡 / 平方厘米。年平均水面蒸发量 1800 毫米，年平均蒸发量是降水量的 3.5 倍。

滹沱河流域

水文条件

滹沱河是流经正定县的最大河流，位于县城南部，距南城门不足 1 千米，西北 - 东南流向，境内长 34.6 千米，河床宽 3 ～ 5 千米，安全泄洪流量 600 立方米每秒。但滹沱河已断流多年。

木刀沟位于正定县境北部，自陈家疃入正定县界，东经西平乐乡出境，境内长 10 千米，安全泄洪流量 800 立方米每秒，木刀沟也断流多年。周汉河，紧靠滹沱河东行，绕县城西、南、东三面，由固营村出境入藁城市，河长 7 千米。安全流量 40 立方米每秒，已断流多年。磁河于正定县西北陈家疃村、西宿村一带入境，西北—东南向，至咬村、东杨庄一带出境入藁城，境内长 23.5 千米，宽 5 千米，河道总面积 6.15 万亩，久无水，也不行洪，为干枯河道沙质河滩，俗称“老磁河”。

地形地貌

正定县地处太行山东麓，山前冲洪积扇的中上部，为山前倾斜平原。总的趋势是西北高，东南低，由西北向东南倾斜。海拔高度在 105 米（陈家疃一带）至 65 米（蟠桃一带）之间，自然坡度千分之 1.3。正定县城海拔高度为 70.0 米。

正定南城墙位于滹沱河冲洪积平原下游。场地内孔口最高标高 70.82 米，最低标高 66.92 米（取土坑），相对高差仅 3.90 米，大部分区域标高处于 70 米左右，地势平坦。

第一节 历史沿革

建置沿革

真定城市建置，根据文献记载，自汉代的东垣城始有迹象可寻。东垣故城在今县城南八里古城村，地当滹沱河以南，与今城隔河相望，即汉真定国旧治，晚至清代，废城渠流犹可辨认。晋代常山郡置赵国，移建置真定县，是为后来（唐宋元明清以来）的府城址，与东垣故城已非一地。城池建制，据明清时代编修的府县志称，汉晋时所筑均为石城。唐宝应年间，成德军节度使李宝臣因滹水灌城，又扩而大之。宋元时代并因旧城修葺，然非石垣。唐以前究竟是石垣还是土筑，已无从证实。从明朝包修砖垣推测，宋元时期城仍为土筑。真定府城包修砖垣，大规模的工程是在明中叶以后，从隆庆五年（1571 年）开始，延续到万历四年（1576 年）才完工。工程浩大，由府属各州县征派大量民工、卫军，计算丈尺，分段包修。先是宣德三年（1428 年）即有修葺北门城楼之役，正统十四年（1449 年）又增筑城址、疏浚城濠，以为固守之计。崇祯二年（1629 年）又于北门月城连接，十二年（1639 年）又补城西南隅。终明一代，城工屡屡不断，是和当时的政治军事形势有着直接的关系。自正统间土木之变，蒙古贵族残余势力屡屡南袭，企图恢复旧日局面，给明代封建统治造成很大威胁，河北一带府州县城先后改为砖甓。至于明末年的葺理增补工程，不过是对当时声势浩大的农民起义运动所采取的一时应变措施而已。这座古代城市，到了清朝仍然屡有修补，并沿承明代兵卫旧制在太行山龙泉、固关各处隘口驻军设防，作为封建城垒的外围守卫。

正定，自古以来号称河北重镇，“面临滹水，背依恒山，左接沧海，右抵太行”，形势险要，为南北交通要冲，历史上每为兵家相争之地。

春秋时期（前 770 年），居住在今河北省境内的白狄族人（姬姓）以正定为中心，建立鲜虞国，国都新市（今新城铺）。周敬王三十一年（前 489 年），鲜虞国被晋国所灭，此地属晋国管辖。战国初期（前 475 年），鲜虞人在这一带建立了中山国，在此设东垣邑。赵惠文王三年（前 296 年）中山国被赵国所灭，属赵。

秦统一中国后，改东垣邑为东垣县，治所在今石家庄市古城村附近，属巨鹿郡。

汉初，仍为东垣县。汉高祖十一年（前 196 年），改东垣县为真定县（意即真正安定），属恒山郡。汉文帝前元元年（前 179 年），因避文帝刘恒讳，改恒山郡为常山郡。汉武帝元鼎四年（前 113 年），分常山郡北部置真定国，辖真定、藁城、肥垒（今藁城县城子村一带）和绵曼（今井陉县境）四县。《史记·孝武本纪》载：“天子封其弟于真定，以续先王祀，而以常山为郡。”东汉建武十三年（前 37 年），废真定国，将真定县划归常山国管辖。

三国时，真定县属魏国常山郡。西晋时，常山郡的治所由元氏移至真定（今石家庄市古城村）。从此，正定县即成为河北中部的政治、经济、文化中心。

北魏天兴元年（398 年），把郡治所移至安乐垒（今藁城九门附近），真定为县。北齐时（550 ～ 577 年），又把郡、县治所移到滹沱河北，即今正定镇。北周宣政元年（578 年），从定州、常山郡各分出一部兼置恒州，治真定县。

1-1 正定古城墙

隋开皇初废郡，存恒州、真定县；开皇十六年（公元 596 年），真定县分为真定、常山两县（常山县治所安乐垒），属恒州。大业元年（605 年），改恒州为恒山郡，治真定县。

唐武德元年（618 年），改恒山郡为恒州，治所石邑（今石家庄市振头附近）。武德四年（621 年），徙恒州治真定。武后载初元年（689 年），改真定为中山县。神龙元年（705 年），复真定县。开元十四年（726 年），在恒州恒阳城置恒阳军；天宝元年（742 年），废恒州为常山郡，治真定县；乾元元年（758 年）复置恒州，属河北道常山郡，治真定县。宝应元年（762 年），置成德军于恒州。安史之乱后（763 ～ 921 年），为成德军节度使治所，又称恒冀节度使、镇冀节度使，是唐朝在今河北地区设置的节度使，唐末到五代，割据河北，为河北三镇之一，也是河北的藩镇最稳定的一个，160 年间只有三姓更迭。兴元元年（784 年），以恒州为大都督府，元和十五年（820 年），为避穆宗李恒名讳，改恒州为镇州。

五代后梁时仍为镇州，治真定县。后唐长光元年（923 年），改镇州为北都，同年又复为镇州。后唐长兴三年（932 年），升镇州为真定府；后晋天福七年（942 年）复名恒州，改成德军为顺国军。后晋天福十二年（947 年），又改恒州为镇州，顺国军复为成德军；契丹号为中京。后汉乾祐元年（948 年）为镇州，又升真定府。后周广顺元年（951 年），又改为镇州。

北宋时期，真定府为十大次级府之一，河北西路治所。宋庆历八年（1048 年），废镇州置真定府路，统真定府和五州及真定等九县。金袭之，于天会七（963 年）年置河北西路，治真定府。元初改为真定路，辖一府五州及真定等九县。

明洪武元年（1368 年），改真定路为真定府，辖五州及真定等 27 县。明朝中后期，设保定巡抚，驻真定。清顺治元年（1644 年），属直隶省。顺治十七年（1660 年），直隶巡抚移驻真定。康熙八年（1669 年），直隶巡抚复移驻保定。雍正元年（1723 年），因避世宗胤禛讳，改真定府为正定府，辖一州及正定等十三县。

民国二年（1913 年）废府存县。正定县属直隶省范阳道观察使署（治保定）。民国三年（1914 年），改范 1 阳道为保定道，仍领正定县。

民国十四年（1925 年）6 月 24 日，以正定县城厢为正定市，隶属正定县。不久即撤销正定市。民国十七年(1928 年)6 月 20 日，直隶省改为河北省，废保定道，正定县直隶于省。民国二十六年(1937 年）3 月，河北省划为 17 个督察区，正定县属第十二督察区。同年 10 月 8 日，日军侵占正定县城。次年 2 月，建立伪正定县公署，隶属真定道（治石门市）。

1938 年 4 月 25 日，正定县西北部地区与新乐县化皮地区合并建立正（定）新（乐）县（抗日）政府，驻正定县后塔底村，属晋察冀边区第四特别委员会。

1938 年 8 月 25 日，撤销正新县，建立正定县（抗日）政府，仍属第四特别委员会。10 月，县政府改属冀西区第三专署。年底，县政府改属晋察冀边区第三专署，县委仍属第四特别委员会。

1939 年 1 月，第四特别委员会改为第四地方委员会。

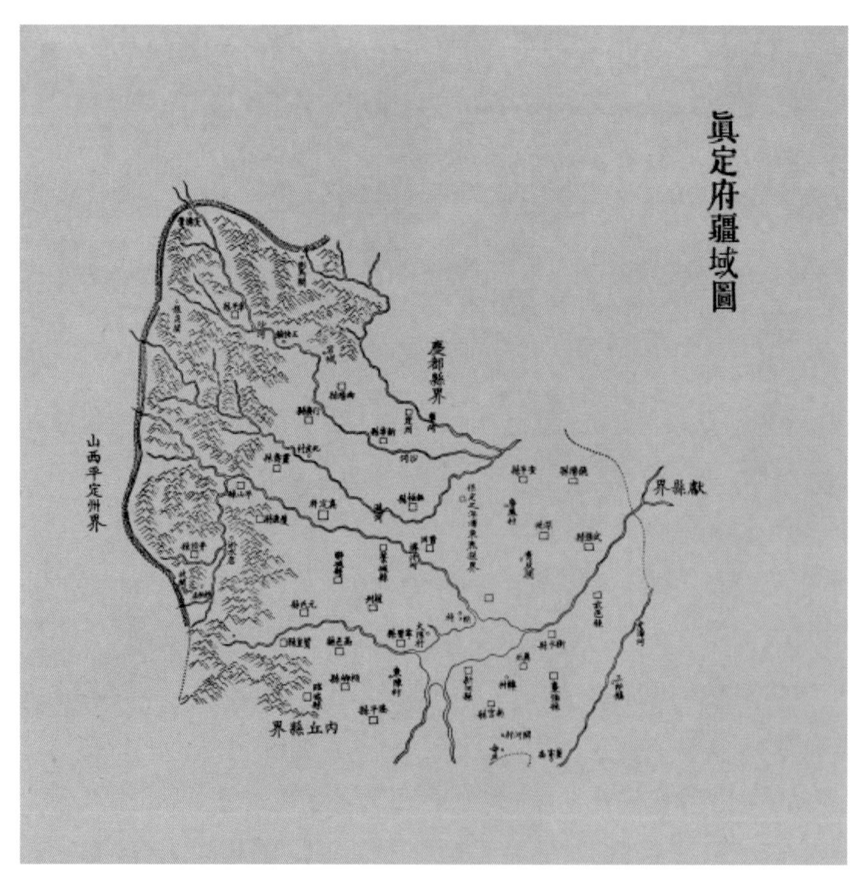

1-2 明代真定府疆域图

1939年10月，正定县滹沱河以北、京汉铁路以东地区与藁城县北部地区建立藁正县联合办事处，属晋察冀边区冀中区地二专署；正定县滹沱河以南地区与获鹿县东部地区建立正获县，县委属冀南区第一地方委员会，县政府属冀南区第四专属滏北办事处。

1940年1月，滏北办事处改为冀南区第一专署。6月，冀南区第一地委、第一专署改为冀中区第一地委、第一专署。10月，第一地委改称第六地委，第一专署改称第七专署；正定县辖滹沱河以北、京汉铁路以西地区，共4个区、84村。

1940年2月，藁正县与新乐县佐合并建立藁正新县，属冀中区第二地委、第二专署。

1940年7月，晋察冀边区第三专署改称第五专署，仍辖正定县政府。

1940年8月，撤销藁正新县，将原藁正县与无极县西部地区合并建立藁无县，县委属冀中区第七地委，县政府属冀中区第八专署（1944年3月，第八专署改称第七专署）。

1941年1月，中共晋察冀边区委员会改称中共北岳区委员会，正定县委属北岳区第四地方委员会。

1941年2月，正定县改属冀中区第七专署，县政府迁驻藁城县小西门一带。8月，夏归晋察冀边区第五专署，县政府又迁回县西北部地区；1941年11月，藁城县滹沱河以南的西部地区与正获县合并建立藁正获县，县委属冀中区第六地委，县政府属冀中区第七专署。

1943年9月，撤销藁正获县，恢复正获县，隶属关系未变。1944年6月，冀中区第七专署改称第六专署。1944年6月，晋察冀边区第五专署改称第四专署，仍辖正定县。9月，正定县改属冀晋区第四专署。

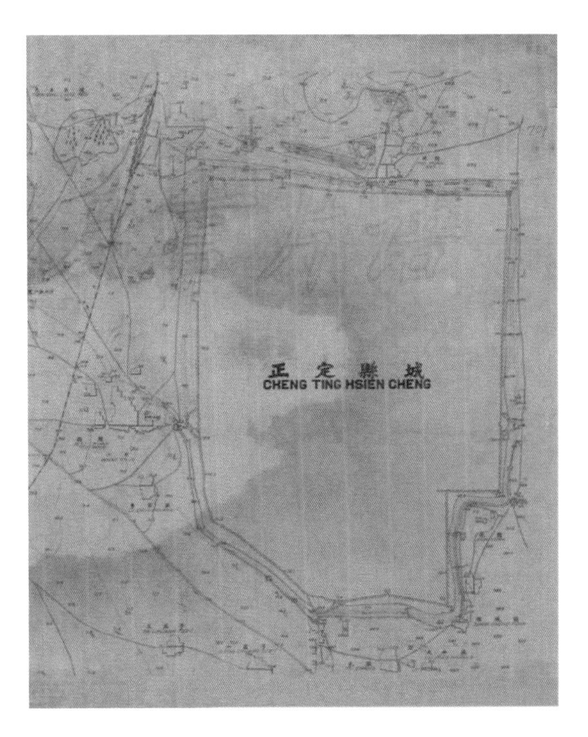

1-3 1735年法国人绘真定府城图（左） 正定县城平面图（右）

1945年3月，栾城县与正获县合并建立栾正获县，属冀中区第六专署。1945年9月，国民党在城内建县政府。正定县解放区仍属冀晋区第四专区，撤销藁无县，恢复正藁县，属冀中区第七专区。

1946年2月，撤销正藁县，置正定县佐，辖正定县京汉铁路以东（滹沱河南、北）地区；撤销栾正获县，恢复正获县，仍属冀中区第六专区。1946年3月，建立中共正定市委员会和市政府，属冀中区第六专区。1946年5月，改属第十一专区。1946年5月，正定县改属冀晋区第三专区；复设藁正获县，属冀中区第十一专区。1946年9月，撤销正定县佐，恢复正藁县，属冀中区第十一专区。

1947年4月12日，人民解放军解放正定县城。城内为正定市，属冀中区第十一专区。西北部农村为正定县，仍属冀晋区第三专区。5月，改属第四专区。1947年7月10日国民党军复占正定县城，在城内建县政府。1947年8月24日，人民解放军第二次解放正定县城，建置未变。1947年10月26日，正定县城第三次解放，建置未变。1947年11月，撤销正藁县和藁正获县。原属正定县的村庄除西南部17村划归获鹿县外，复归正定县。正定市改为县辖市；正定县改属北岳区第四专区。

1-4 解放军登正定城墙老照片

1949年1月，正定县改属察哈尔省建屏专区。

6月，撤销正定市，改为正定县城关区。

8月1日，河北省人民政府成立，下设10个专区。正定县属石门专区。

8月10日，石门区行政督察专员公署在正定城内建立。

9月28日，石门区行政督察专员公署改称石家庄地区行政督察专员公署。仍辖正定县。

10月，石家庄地区行政督察专员公署由正定迁石家庄市。

1950年9月9日，石家庄地区行政督察专区改称河北省人民政府石家庄专区，仍辖正定县。

1958年11月5日，正定县、灵寿县合并为正定县（12月20日国务院批准）。

1960年5月3日，撤销石家庄专区，正定县改属石家庄市。

1962年5月23日，复置石家庄专区，辖正定县。

1962年1月1日，恢复正定县、灵寿县建置，正定县仍属石家庄专区（3月27日国务院批准）。

1967年11月22日，石家庄专区改为石家庄地区，辖正定县。

1986年4月5日，石家庄地区撤销，正定县划归石家庄市。

时期	变迁
新石器时代	人类在此居住
春秋	鲜虞国定都新市
战国	中山国都垣邑
秦	钜鹿郡东垣县
汉	初涉恒山郡，后改为常山郡，治真定县
魏晋南北朝	常山郡治真定县
隋	属恒州常山郡，治真定
唐	恒州属河北道，后改为镇州，领真定县
宋	河北路和镇州治所均在真定县
元	改真定府为真定路（治真定），领真定县
明	改真定府，辖五洲及真定等27县
清	真定县属直隶省真定府，治真定；避世宗讳，改真定府、真定县为正定府、正定县
民国	正定县属正定府，治正定县；1913年，废府存县
1986年	石家庄地区撤销，正定县划归石家庄市

1-5 正定古城的历史沿革

建筑沿革

正定县城建于北周（5570 ~ 581 年），始为石城。

唐宝应元年（762 年），因滹沱河水灌城，石城坍塌，成德军节度使李宝臣按镇治扩建城池，改为土城，宋、元皆有修葺，又屡遭兵祸毁坏。

明正统十四年（1449 年）改建为高 3 丈多，上宽 2 丈，周长 24 里的城墙，并疏浚了护城河。隆庆五年（1571 年）申动府库银 6 万余两，由府内各县分段施工，改用砖石砌筑。历时 6 年，于万历四年（1576 年）竣工 。

明万历十八年（1590 年），重修四门、月城及各城角楼。崇祯二年（1629 年），增建北门月城楼上的小楼。十二年（1639 年）修城墙西南隅，并将垛口改并为 2548 个 。“城周二十四里，高三丈、广两丈五尺，门四，东曰迎旭，南曰长乐、西曰镇远、北曰永安。池二十五里，宽十丈、深一丈许”。

清康熙二十五年（1686 年）、雍正六年（1728 年）、嘉庆十六年（1811 年）、同治七年（1868 年）均有修葺 。乾隆十年（1745 年）由柏棠村南挑河 1614 丈，将西韩河之水转输护城河，由城东南角响水闸东流入东大道河。光绪二十六年（1900 年），京汉铁路通车后，在西北角楼与本门之间增开华安门（俗称小北门）。

正定古城已有 1600 余年历史。东晋时土筑，北朝北周时石砌，唐代扩建为土城，明朝扩建后改为周长 24 华里的砖城。现存正定城墙为明代遗存，城垣残存 8106 米。正定城垣最宏伟壮观的当数四座城门经岁月剥蚀，西、北城门已无往日风采，东门在 20 世纪 60 年代被整体掩盖在国防工事下面。正定历史上曾与保定、北京并称为“北方三雄镇”，至今南城门尚嵌有“三关雄镇”石额。古城于 1990 年被列为省级历史文化名城，1994 年被列为国家级历史文化名城。

近年来，在河北省及石家庄市的支持下，正定县加大对古城保护力度，坚持“保护为主、抢救第一、合理利用、加强管理”的原则，按照重保护、轻包装，重整体、轻干预，本真保护、突出重点、不盲目复建、不拆旧建新，让文物有尊严、让文物活起来的工作思路，高标准地推进古城保护工程实施，使城市记忆可见可触，历史文化可感可知。

1-6 “三关雄镇”石额

正定古城墙的兴衰

正定，历史文化名城。正定的千年古城墙一直是正定的标志性建筑之一，虽历经千年风雨，至今仍矗立于这片热土之上。它作为城市的文明符号和人类古老的见证，承载着丰厚的历史文化内涵，历尽了世事的沧桑，向世人诉说着这座千年古城的兴衰，无论在文化、教育，还是在考古、旅游等方面，它的价值都是巨大的。

正定古城墙规制

明清真定府城是在唐宋以来旧土城的基础上进一步发展起来的。府县志称：城周二十四里，高三丈余，上宽二丈。门四，各有瓮城，月城，城上建楼，东曰迎旭（后称环翠），南曰长乐，西曰镇远，北曰永安（县志作永乐）。四隅各建角楼，南城外楼曰看花，额曰襟山带河。垛口旧五千五十有奇，崇祯十二年（1639 年）并为 2548。四门月城原来各有甬道，与里城不相连属，崇祯十年废甬道接筑为一。护城河 25 里，阔十余丈，深二丈左右，堤高丈余，厚如之。

过去城隅一带多属芦苇坑地，城下有水门流向护城河。生活灌溉用水，依赖街坊、田间水井，地下水位浅，凿井很便利。城外水道，西北来源于西北乡大小鸣诸泉水，流向护城河；城东北另有旺泉水；城东南又有河水泉，都与护城河汇通，东南流向滹沱大河。城西南滹沱河水，沙泥浊流，素有小黄河之称。城西南修筑两道土堤，作为护城防备，但遇有山洪暴涨，水患仍然难免，历史上河工堤防屡屡修治。

在城制结构设计上最明显的是四门各设三重城垣，里城外面不但环绕有瓮城如一般城池制度，而且瓮城外面又环绕月城一道，瓮城高厚与里城相同，月城高厚仅及里城之半。里外城门三重，里城、月城门随方位正向开门，瓮城门偏左或偏右向开口，东北两瓮城门都偏在正门的右方，西南两门的则偏在左方。四门之间虽然位序不顺，但各个门都是向着日出或正南方向，这样四门出入孔道，由于瓮城的错向位置，很自然地构成了曲折、迂回的形势，既保持了城池门阙正面严正巍峨的外观状貌，层间设防掩而不露，又可以避免敌人长驱直入，利于攻守，正是出于军事深堑层垒设险为固的意图设计的。月城的设施，颇类似南宋淮阳城下卧羊墙（羊马城，环大城外短墙）做法，卧羊墙围大城以外，此则仅在四城门外重点设防，方法略有不同。真定城这种建置当有历史的来源。

西北两门上存门墩台。城垣原有炮台设置，相隔五六炮台宽一座，即《营造法式》所说“马面”做法，随城垣外侧凸出一部分。真定城东南面所见，炮台多有随城身里外面都凸出的，台面加大，旧置铁炮火器，更有利于攻守。另有大型炮台数座，横宽两倍于一般炮台。这种构造形制，在其他城制颇少见。现存城心筑土较为完整部分，上顶宽度约 9.56 米，大于文献记载数字，如连外面砌砖厚度合计（约 1.2 米）当更为广阔。炮台外凸部上顶长约 6.45 米，横宽 12 米左右，墙身里外都有收分，上半截坍毁积土堆在城脚，已难准确测出。城墙外侧砌砖从残迹部分看，原做法表面使用城砖一进（城砖规格 10 厘米 ×23 厘米 ×46 厘米），统采取丁顺成砌方法（梅花丁）。背后砖使用城砖或用小砖（规格 6 厘米 ×17 厘米 ×33 厘米），一般城砖厚四进满用丁砖粗砌，小砖五六进不等。砌砖大体厚度在 1 ～ 1.2 米，城砖纯白灰砌。城里身随城高镶筑灰土一周，如外侧砌砖，灰土层厚 26 ～ 27 厘米。城心夯筑素土，一般层厚 20 厘米上下，个别也有 10 厘米左右的间有碎砖瓦隔层，似属明以前做法。

城上海墁地面筑灰土两步，层厚约 25 厘米上下。里外城脚灰土散水两步，宽 1 米多，层厚 20 ～ 25 厘米，城一外墙脚镶砌青条石两层，层厚约 30 厘米。这些设施在城身个别地方和城门墩台券门两侧地脚都还有保留。

城门洞发砖券、城门、瓮城门都是“五券五伏”做法，月城“三券三伏”，都是三心券，如北京城门发券方法。券洞分里外券，靠外券里口安装城门扇，原制门扇包锭铁叶（门扇已无存），券内砌有石拴眼和上顶安门轴石眼仍完整。砖券自平水墙以上用小砖圈砌，长身通顺细砌。纯白灰浆砌，砖工很精致，墩台、城身表面砖都是用“缩蹬”砌法，随城垣收分自下而上逐层缩进不足半厘米。真定城工本于工部统一规定，绝不是地方手法，可能是明代土工通行的做法。就现状所见，万历间改修加固工程与当时京城内外城垣具体做法基本是一致的。

1-7 “九省通衢”石额

正定城墙的内墙四周还筑有暗门，是城被敌兵围困时，派出侦探或骑兵偷袭出城之路。从城外看，隐而不见，从城内看，即城墙洞。城墙上建有更铺、旗台，城四周各建一角楼，角楼比较小，形状像亭子，四面有窗，便于瞭望，楼上设兵丁戍守，并设鼓楼，有更夫巡夜打更，所以角楼也叫敌楼、谯楼。

正定城垣最宏伟壮观的要数四座城门。每座城门洞长约5丈，高2丈，都是用青条石铺基、大城砖拱券，用条石砌成甬道；城门门板厚半尺，外有铁皮封包。每座城门上都有巨幅石额镶嵌。而且每座城门还都设有里城、瓮城和月城三道城垣，每道城门之上都悬挂着匾额。南城门内门上嵌有“三关雄镇”的匾额，瓮城门嵌有“迎薰”，月城门上嵌有“九省通衢”的匾额。在西城门内门嵌有“秀挹太行”，瓮城门嵌有“挹蓝”的匾额。北城门内门所嵌匾额为“拱护神京”，瓮城门为“展极”，月城门为“畿南保障”，东城门内门和瓮城门分别嵌有“光含瀛海”和“含翠”的匾额。

城门上的匾额的题词也都各有探究。南城门名叫长乐门，内门上题的是。“三关雄镇”；瓮城门上题的是“迎薰”，月门上题的是“九省通衢”。长乐，顾名思义，是一种美好的愿望。三关雄镇，在古代，正定是历代兵家必争之地，明代洪武年间在正定设“真定卫”，作为真定、保定二府驻军的最高军事指挥机构，“京师的南大门”在这时叫响。真定卫控制着紫荆关、倒马关、娘子关三大关隘，是北方兵力很强的一座雄镇。明正统、隆庆年间重修正定城墙时，“三关雄镇”的匾额便当仁不让的留在南城门上。还有另一种说法：历史上北京、保定、正定并称为北方三雄镇，三关雄镇以此得名。薰是一种带有香气的草。以前在城南的滹沱河与护城河内种植着大片的莲花、芦苇、艾草等植物，每值盛夏，香气扑鼻。“迎薰”便由此而来。“九省通衢”是指正定自古既是南北交

1–8 “秀挹太行” 石额

通的要道，是控制燕晋咽喉的交通中心，是沟通京师与西北、西南地区的交通枢纽。所以在清代，大诗人容丕华曾在一首《正定府》诗中曰：“中国咽喉通九省，神京锁钥控三关。”

西城门名叫镇远门，内城门上镶嵌匾额“秀挹太行”，因正定城西依太行，“秀挹太行”之意是说，正定城似乎可以从太行山上舀取秀丽的山色。瓮城门上悬挂的是“挹蓝”，是形容正定城墙就像一双张开的双臂拥抱着来自太行和天空的蓝色。

每座内城门上都建有高大雄伟的城楼。每座城楼都是飞檐斗拱，雕梁画栋，十分壮观。南门月城上另建有城楼，叫看花楼，也叫望河楼，楼上悬挂着“襟山带河”四个大字的额匾。真是壁垒森严、气势磅礴。城外护城河宽 10 丈多，深 2 丈多，城东北角和西北角各有大、小泉眼 50 多穴，泉水流入护城河。护城河外，筑有护城堤，堤长 4420 丈，高 1 丈多。护城河上，在四城门外筑有石桥，桥上车马通行，桥下可以行船。当时的城外绿水环流，芰荷弥望，堤柳掩映，鸬鹚回翔，可以行舟，成为一大胜景。清人朱佩莲过正定府，见城垣雄峻以诗状之：“九达京华路，真称北镇雄。波惊徒骇侧，云压太行东。门管三重固，谯楼四角崇。古来争霸地，时泰尽成空。”正定城之雄峻由此可见一斑。

1-9 “拱护神京”石额

明万历年间，正定砖壁城墙早已颓废，原有城身筑土，四面围势，至今断断续续犹宛然可辨，规模一如文献记载。四门城楼、四角楼、城上沿外侧砖砌垛口等，均已无存。现在仅南门墩台、券门，包括瓮城、月城和局部城身基本保留原来砌瓮形制。

古城墙兴盛的历史背景

正定的城垣最早创建于东晋十六国时期。352 年，前燕大将慕容恪攻打冉闵于常山，在滹沱河北岸建了一座军事城堡，起名安乐垒，此为今正定城的前身。北魏天兴元年（398 年），魏王拓跋珪占领常山郡城（今东古城），登城垣北望安乐垒，“嘉其美名”，遂将郡城迁到此地，从此安乐垒成为常山郡的政治、军事中心。

北周宣政元年（578 年），在真定（原安乐垒）置恒州，将原来的土筑城垣改为周长 15 华里的石砌城垣。这是正定城池的建设迈出的重要一步。

唐“安史之乱”后，唐朝封降唐有功的恒州刺史张忠志为成德军节度使，兼恒州刺史，赐姓名李宝臣。真定为成德军节度使大都督府驻地。当时的真定城事实上已成为河北中部地区的中心城市。唐宝应元年（762 年），滹沱河水灌城，原石城坍塌。李宝臣借机扩建，将原城墙拆除，“以土筑城，原城所用之石筑门”。扩建之后的城墙平面呈“凹”形，周长 20 华里。由此可见，真定城墙既有军事防御功能，又有防水患的作用。

北宋雍熙四年（987 年）河北路分为东西两路，真定为河北西路的首府，城池得到了进一步修整。宋代学者吕颐浩在《燕魏杂记》中记载：真定“府城周围三十里，居民繁庶，佛宫禅刹掩映于花竹流水之间，世云塞北江南”。

金元时期，真定城作为真定路的首府，城墙受到战争和水灾的不断侵袭而多处倒塌，朝廷不但多次进行修整，还在滹沱河北岸耗巨资年复一年地修筑护城堤。

明朝改真定路为真定府，直隶于京师，成为拱卫京师的重要城镇。因此，城垣不断修缮，军事

1-10 正定城墙实拍图

防御功能不断强化。明正统十四年（1449 年）都御史陆矩会、御史陈金增为加强真定城的防御重新修筑真定城，将真定城固定在了周长 24 里，高 3 丈余，宽 2 丈余的规模上，并疏浚了护城河，但当时仍是一座土城。

明隆庆四年（1570 年）真定知县顾绶购砖石大修，即在城墙夯土外加砌一层灰砖，作为加固，后经知县周应中申请府库银 6 万余两续建，至万历四年（1576 年）方竣工。从此，土城变成了砖城。今日之城墙即为明代遗存。其平面呈“官帽”形，西北饱满，东南稍缺，取“天满西北，地缺东南”之意。据说，这种风水极好，有“为官长久，贵人多处”之意。

万历十八年（1590 年）又重修了四城门、月城及角楼。崇祯十二年（1639 年）修补西南角城墙，并把原有的 5052 个垛口合并为 2548 个。

顺治十三年（1657 年），在北京之外的直隶地区设保定巡抚（后改直隶巡抚），治所在真定。此时，真定城已相当于直隶省省会的地位。康熙八年（1669 年）直隶巡抚从真定徙治保定。从此，真定城的政治地位逐步让位于保定，雍正元年（1723 年），因避皇帝名讳改真定为正定，但作为城市标志性建筑的古城墙，依然受到清政府的重视。康熙二十五年（1686 年）、雍正六年（1728 年）、嘉庆十六年（1811 年）及同治七年（1868 年）分别对城墙进行了不同程度的修补。

古城墙的衰败及现状

清朝末年至 1949 年，随着国力的衰败，战争的频繁及人们对古建筑的人为破坏，正定城墙逐渐失去了昔日的雄姿。

清光绪年间，芦汉（京汉）铁路通车后，在正定设立火车站，上下火车的人需绕道七八里路，从西门或北门出入，实在不便。于是在民国九年（1920 年），县知事华汉章经上级批准，在北门西距西北角楼不远处开辟了一个小北门，并修筑土马路一条，直通火车站。为纪念这位华县长的功德，又因大北门名为“永安门”，所以，小北门被命名为“华安门”。在城门上写有“华安”两个大字。现华安门虽然已经不复存在，但“华安路”“华安商场”等均依此命名。

在抗日战争和解放战争时期，日军、国民党军队在城墙中修筑了工事。正定城墙已成为战争的工具和炮火轰击的目标。1947 年，第一次解放正定后，为防驻石门市的国民党军队的突袭，人民政府发动群众将城墙的东、北两面拆了一些豁口。1958 年“大炼钢铁”时，有些单位拆城墙砖修高炉。1966 年，在大搞“备战”的年代，又在城墙处修筑防御工事，并将东城门整个筑入工事之中。后来，又陆续有部分群众拆砖修房盖屋，取土填圈积肥、填房基。久而久之，一座气势恢宏的砖城墙变成了残垣断壁。

20 世纪中后期，改革开放的大潮冲击着正定，人们积极建设正定的热情越来越高涨，再加上时处和平年代，滹沱河水的时而断流，人们越来越觉得城墙阻碍着时代和经济的发展，所以城墙又一次遭到严重毁坏。

1975年，在西城门北边将城墙拆一豁口修建了常山路。此后，水利局、外贸加工厂、汽车修理厂、县一中、八中等单位先后摊平部分城墙，建了办公楼、厂房、教师宿舍。至此，正定城的城门楼、角楼、垛口均以已不存，城墙砖也所剩无几，土筑规模尚可见到。城垣断断续续，残存8106米。四城门现状为：南城门存里城门和瓮城门，里城门外券上仍嵌有“三关雄镇”的石匾额。瓮城留有较完整的城垣；西城门存里城门和瓮城门；北城门存里城门和月城门；东门已不可见。另外，西城门、北城门、西南角楼尚存马道。东城墙留有较完整的排水槽。

古城墙保护维修及其开发价值

进入20世纪90年代以后，随着正定旅游业的发展，以及人们对文物保护意识的增强，正定县委、县政府组织实施“旅游带动战略”，目标要将正定建成“省会休闲度假区”、“中国优秀旅游城市”，通过对现有的资源、项目进行整合与开发，从而形成“大旅游、大市场、大产业、大发展”的格局。

2001年，正定县委、县政府为保护文物，发展旅游，号召全县百姓积极捐献旧城砖2万余块，并投资399万元修复了南城门城楼及两侧城墙各50米。这次对南城门的修复，主要是依据对现存南、西二城门的勘查、测量和对当地老辈人及古建专家的专访，同时又到清华大学建筑学院查找相关的图文资料，并结合梁思成先生,20世纪30年代拍摄的古城照片进行设计的。施工时，对遗址进行了科学发掘，对保存较完整的部分墙体实行了剔补的维修办法，严格遵循了不改变文物原状的修缮原则，为后人留下了真实的考古依据。2004年，依照修复南城门的成功经验，对濒临倒塌的北城门进行了抢险加固性维修。2006年，县委、县政府又计划修复东南、东北角楼和部分东城墙，使高速公路上的车辆行人能看到正定古城的风貌。

1-11 瓮城墙、月城城墙、内城墙

调查、考古、保护、展示工作沿革

1. 调查研究工作

1933 年 4 月 16 日，梁思成第一次考察正定古建筑。《正定古建筑调查纪略》载于 1933 年《中国营造学社汇刊》第 4 卷第 2 期。

1933 年 11 月，梁思成第二次考察正定古建筑。

1935 年 5 月，刘敦桢考察正定古建筑，《河北古建筑调查笔记》此文原载于《刘敦桢文集》第 3 卷。

1950 年 7 月 21 日，由中央人民政府文化部及文物局负责组织成立的雁北文物勘查团，对正定城及古建筑也进行了考察。1951 年出版了《雁北文物勘查团报告》，郑振铎序，文化部文物局出版。

1952 年，梁思成第三次考察正定古建筑。

1993 年，牛锡俊、马利在《正定文史资料》第 1 辑发表《漫话正定古城墙》一文。

1995 年，刘友恒在正定古文化研究会编写的《古圃》第 2 期发表《我县发现两方明代修城刻石》一文。

2005 年，第 3 期《文物春秋》刊登张锦洞、杜平《正定新发现两方明代修城刻石》一文。

2. 考古工作

（1）2011 年，正定县文物保护所委托河北省文物研究所对正定城墙西南角楼进行考古发掘工作，完成了《正定城墙西南角楼考古发掘报告》。

（2）2013 年 12 月，正定县文物保护所委托河北省文物研究所对正定城墙南月城、瓮城进行考古发掘工作，完成了《正定古城南城月城遗址、瓮城南部城台遗址考古试掘工作报告》。

3. 保护管理工作

（1）1954 年，正定县成立正定县文物保护管理所。

（2）1959 年 5 月 28 日 ，正定县人民委员会发布《关于认真保护城墙的布告》。

（3）1962 年 1 月 22 日，正定县县人民委员会发布《关于公布正定县第一批重点文物保护工作的通知》，确定正定城墙为第一批县级重点文物保护单位。

1-12 “全国重点文物单位”碑刻

第二节 价值评估及建筑形制

正定城墙价值评估

历史价值

正定城为第三批国家级历史文化名城，中国古代建筑的博物馆。2013年，正定城墙由国务院核定公布为第七批全国重点文物保护单位，成为正定城内第9处国保单位，具有重要的历史价值。

正定城墙作为明代府级城池遗存，其三重城门防卫体系，现状存有月城、瓮城、里城城墙、马面、马道及护城河等实物或遗迹，格局清晰、本体保存基本完整，为了解正定建城史，研究明代城池规制提供了珍贵实物资料。

正定县文物保管所现存有正定城墙四方青石质石刻，纪年分别为明隆庆四年（1570 年）、隆庆六年（1572 年）、万历四年（1576 年），刻石中不仅记有督造官、管工的职衔外，还记有总作头、石匠头、泥匠头等人的姓名，参与修筑城墙的人员籍贯涉及真定府所辖的饶阳县、深州、宁晋县、平山县、灵寿县，为研究正定城墙的修筑历史提供了新的资料。刻石内容不仅是志书的实物例证，而且具有补充和匡正志书记载的作用。

正定城墙始建于北周，属府级规制，周长24华里，建筑格局独特，规模雄竣壮观。南门系统由护城河、月城、瓮城、主城墙、城楼构成的天际线，气势恢宏，具有重要的艺术欣赏价值。

据清代文献记载，南门月城上建有看花楼，护城河外有护河堤、荷花池，城外绿水环绕，堤柳掩映，为当时一大胜景，留下了许多动人的诗篇。如今，古城虽遭受破坏，但昔日风貌尚存，仍不失为人们登高览景、休闲小憩的好去处。启动正定城墙整体保护的实施，有利于恢复南门系统的完整性和历史风貌，吸引越来越多的人前来观瞻。

科学价值

正定城墙由护城河、月城、瓮城及里城构成的军事防御体系，在中国城池建设史上具有重要的地位。在月城与瓮城的关系处理上具有独特性和唯一性，是古代劳动人民的聪明与智慧的结晶。为研究城池总体规划理念与军事防御思想，为研究中国古代城池军事防御体系内涵、规制与内容均具有重要的科学研究价值。

正定城墙城工技艺高超，构筑材料密度大、强度高、质量好，砌筑及夯土工艺精良，为研究明代城砖、白灰烧制技术及夯土工艺提供了重要的实物资料。

社会价值

正定城墙为历史文化名城正定城的标志性建筑，是正定古城的重要组成部分，是正定城市文脉的象征，是正定县民众寄托情感的重要载体。

一直以来，正定县委、县政府一直重视城墙的保护与管理工作，得到了社会各界和民众的普遍关注、关心，历次保护修缮均得到了地方民众的大力支持，在提高当地社会的凝聚力、创建和谐社会的过程中，起到了重要的作用，本次南门系统的保护维修，将会发挥更大的作用。

正定城墙不仅在古代有着较高的军事地位，而且时至今日，仍在老百姓心目中占有不可替代的位置，正定人民为之骄傲。它的存在，见证了古城悠久的历史，更为现代人提供了民族文化教育、爱国主义教育的宝贵素材，在社会主义精神文明建设中也发挥着巨大的作用。

2-1 正定城墙老照片

正定城墙城垣构筑制度

明万历年间砖壁城工早已颓废，原有城身筑土，四面围势，至今断断续续犹宛然可辨，规模一如文献记载。四门城楼、四角楼、城上沿外侧砖砌垛口等，均已无存。现在仅南门墩台、券门，包括瓮城、月城和局部城身基本保留原来砌瓮形制，西北两门上存门墩台。城垣原有炮台设置，相隔五六炮台宽一座，即《营造法式》所说“马面”做法，随城垣外侧凸出一部分。真定城东南面所见，炮台多有随城身里外面都凸出的，台面加大，旧置铁炮火器，更有利于攻守。另有大型炮台数座，横宽两倍于一般炮台。这种构造形制，在其他城制颇少见。现存墙芯筑土较为完整部分，上顶宽度约 9.56 米，大于文献记载数字，如连外面砌砖厚度合计（约 2 米）当更为广阔。马面外凸部上顶长约 6.45 米，横宽 12 米左右，墙身里外都有收分，上半截坍毁积土堆在城脚，已难准确测出。城墙外侧砌砖从残迹部分看，原做法表面使用城砖一进（城砖规格 470 毫米 ×230 毫米 ×100 毫米），统采取丁顺成砌方法（梅花丁）。瓮城城台使用城砖 （规格 330 毫米 ×165 毫米 ×70 毫米），砌砖大体厚度在 1 ～ 2 米，城砖纯白灰砌。城里身随城高镶筑灰土一周，如外侧砌砖，灰土层厚 26 ～ 27 厘米。墙芯夯筑素土，一般层厚 20 厘米左右，个别也有 10 厘米 左右的间有碎砖瓦隔层，似属明以前做法。城上海墁地面筑灰土二步，层厚约 25 厘米左右。里外城脚灰土散水 2 步，宽 1 米多，层厚 20 ～ 25 厘米，城墙外墙脚镶砌青条石两层，层厚约 30 ～ 40 厘米。

这些设施在城身个别地方和城门墩台券门两侧地脚都还有保留，城门洞发砖券、城门、瓮城门都是“五券五伏”做法，月城“三券三伏”，都是三心券，如北京城门发券方法。券洞分里外券，靠外券里口安装城门扇，原制门扇包锭铁叶（门扇已无存），券内砌有石拴眼和上顶安门轴石眼仍完整。砖券自平水墙以上用小砖圈砌，长身通顺细砌（十字缝），如清代所谓“（爽 + 瓦）白细缝”做法。纯白灰浆砌，砖工很精致，墩台、城身表面砖都是用“缩蹬”砌法，随城垣收分自下而上逐层缩进不足 0.5 厘米。真定城工本于工部统一规定，绝不是地方手法，可能是明代土工通行的做法。就现状所见，万历间改修加固工程与当时京城内外城垣具体做法基本是一致的。所不同的是，在城制结构设计上最明显的是四门各设三重城垣，里城外面不但环绕有瓮城如一般城池制度，而且瓮城外面又环绕月城一道，瓮城高厚与里城相同，月城高厚仅及里城之半；里外城门三重，里城、月城门随方位正向开门，瓮城门偏左或偏右向开口，东北两瓮城门都偏在正门的右方，西南两门的则偏在左方。四门之间虽然位序不顺，但各个门都是向着日出或正南方向，这样四门出入孔道，由于瓮城的错向位置，很自然地构成了曲折、迂回的形势，既保持了城池门阙正面严正巍峨的外观状貌，层间设防掩而不露，又可以避免敌人长驱直入，利于攻守，正是出于军事深堑层垒设险为固的意图而设计的。月城的设施，颇类似南宋淮阳城下卧羊墙（羊马城，环大城外短墙）做法，卧羊墙围大城以外，此则仅在四城门外重点设防，方法略有不同，真定城这种建置当有历史的来源。

正定城墙及城墙设施建筑特色

在城制结构设计上最明显的是四门各设三重城垣，里城外面不但环绕有瓮城如一般城池制度，而且瓮城外面又环绕月城一道，瓮城高厚与里城相同，月城高厚仅及里城之半；里外城门三重，里城、月城门随方位正向开门，瓮城门偏左或偏右向开口，东北两瓮城门都偏在正门的右方，西南两门的则偏在左方。四门之间虽然位序不顺，但各个门都是向着日出或正南方向，这样四门出入孔道，由于瓮城的错向位置，很自然地构成了曲折、迂回的形势，既保持了城池门阙正面严正巍峨的外观状貌，层间设防掩而不露，又可以避免敌人长驱直入，利于攻守，正是出于军事深堑层垒设险为固的意图而设计的。月城的设施，颇类似南宋淮阳及西藏萨迦寺城下卧羊墙（羊马城，环大城外短墙）做法，卧羊墙围大城以外，此则仅在四城门外重点设防，方法略有不同。

2–2 仅存的月城城墙

第三节 现场勘察及病害

顶部海墁地面

现状基本做法	残损情况	残损原因分析
根据西南角台顶面现存地面、判断地面为 350 毫米 ×170 毫米 ×80 毫米条砖铺墁两层	顶面原防水层及地面铺墁已无存，城墙上生有大量植物、植物根系对城墙造成严重破坏。	人为破坏、年久失修。

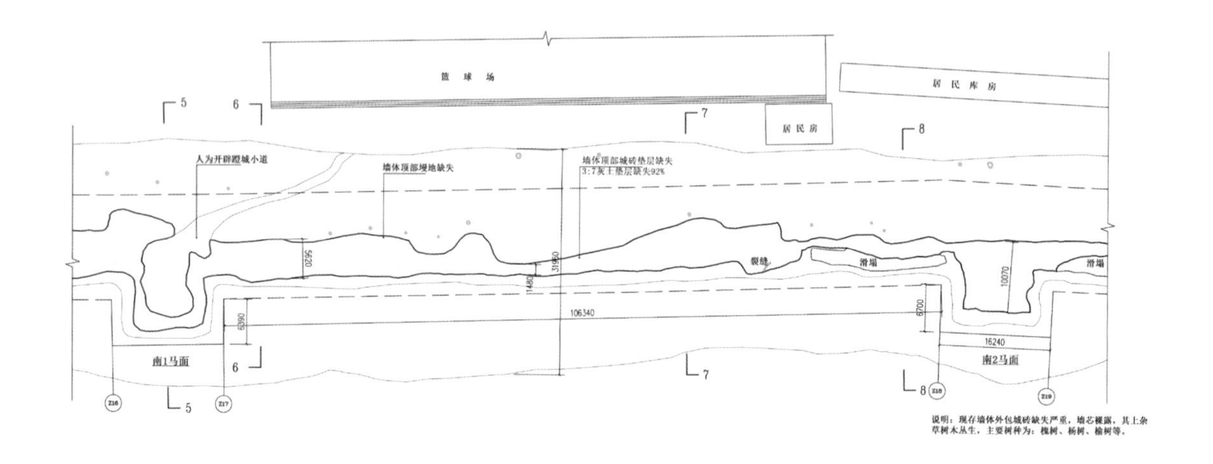

3-1 Z16-Z18 轴之间墙体平面图

3-2 顶部海墁地面病害照片

垛口墙

现状基本做法	残损情况	残损原因分析
根据老照片推算垛口墙高约 1860 米、垛墙长约 1800 米、垛口长约 550 米，下面掩墙为 9 皮砖、上部垛口为 9 皮砖。一顺一丁、白灰膏砌筑、勾缝	已无存	人为破坏、年久失修。

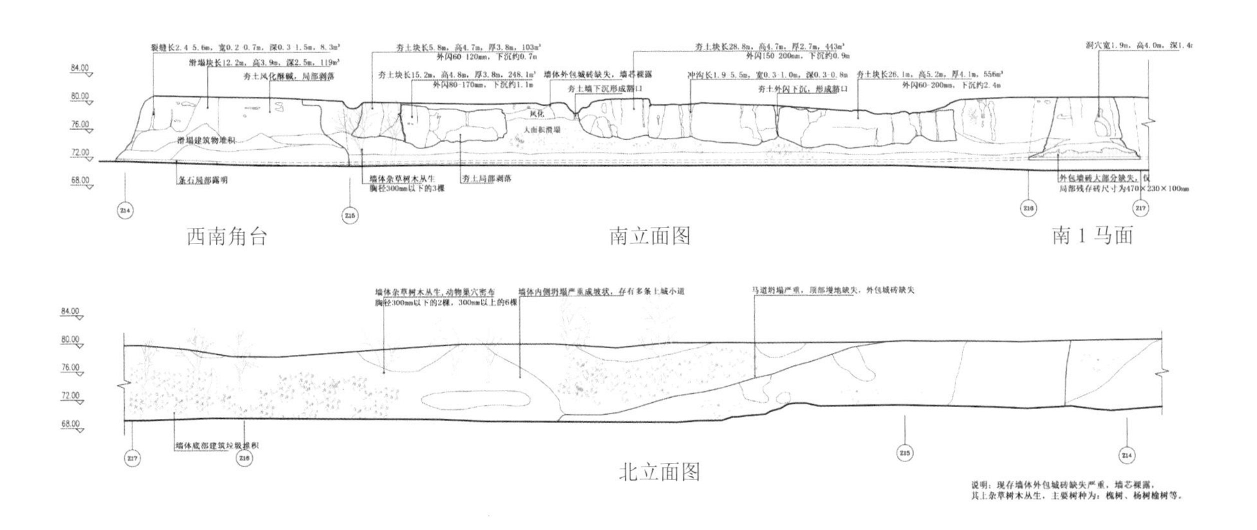

3–3 Z14–Z16 轴之间墙体南立面图、北立面图

3–4 垛口墙病害照片

外包城砖

现状基本做法	残损情况	残损原因分析
城砖砌筑、砌筑方式为一顺一丁、白灰膏勾缝，砖规格 470 毫米 ×230 毫米 ×100 毫米。	外包砖墙全部缺失，墙体局部外层墙面剥落，外露背里残砖。	人为破坏、年久失修。

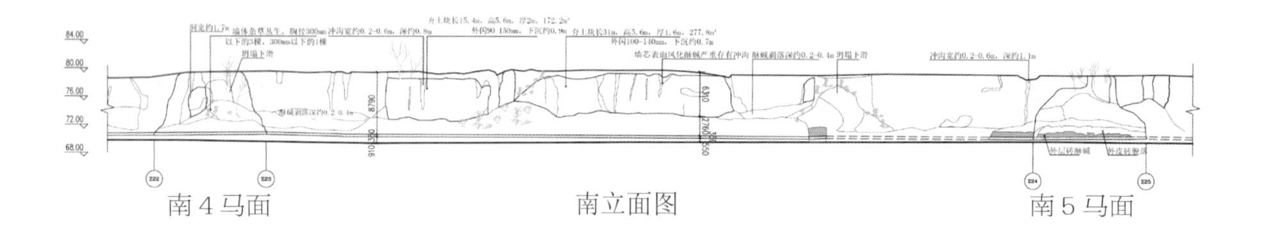

3–5 Z22–Z24 轴之间墙体立面图

3–6 外包城砖病害照片

墙心

现状基本做法	残损情况	残损原因分析
素土夯实、夯层厚度约 100 毫米。	两侧和顶部墙芯夯土不规则坍塌严重，坍塌土体上杂草、树木丛生，植物根系对城墙造成严重破坏。	人为破坏，自然风化，常年雨水冲刷，四季冻融、植物根系破坏。

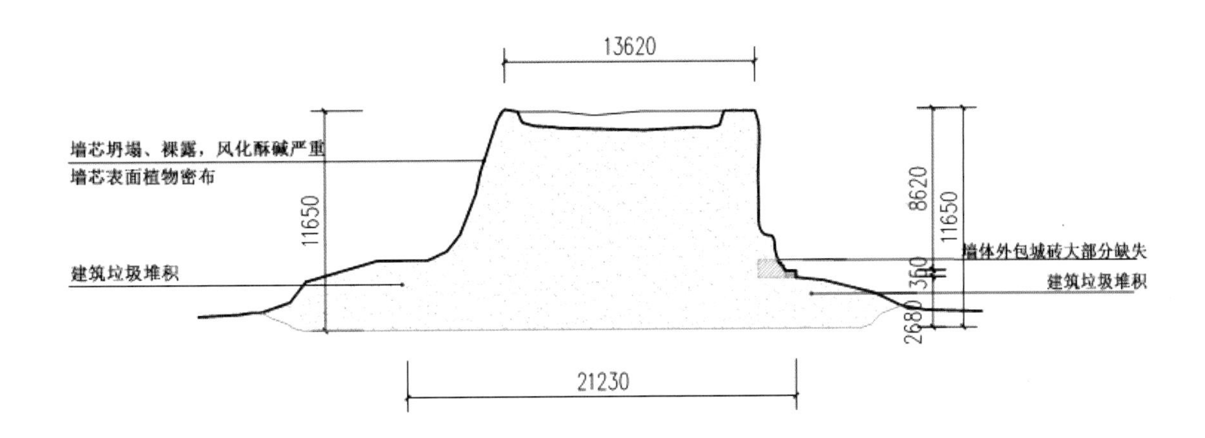

3-7 墙芯病害图

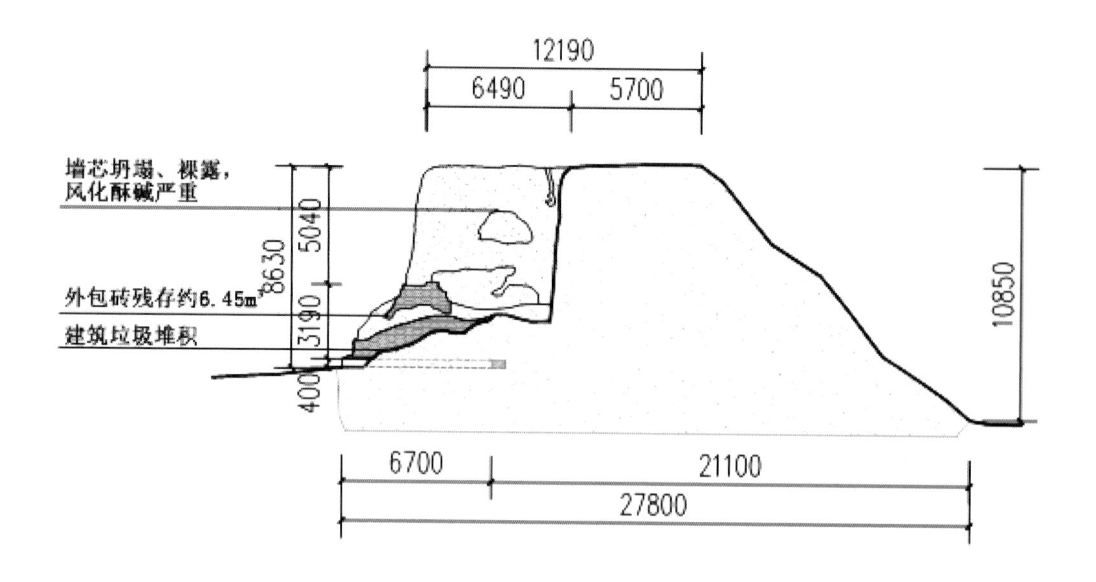

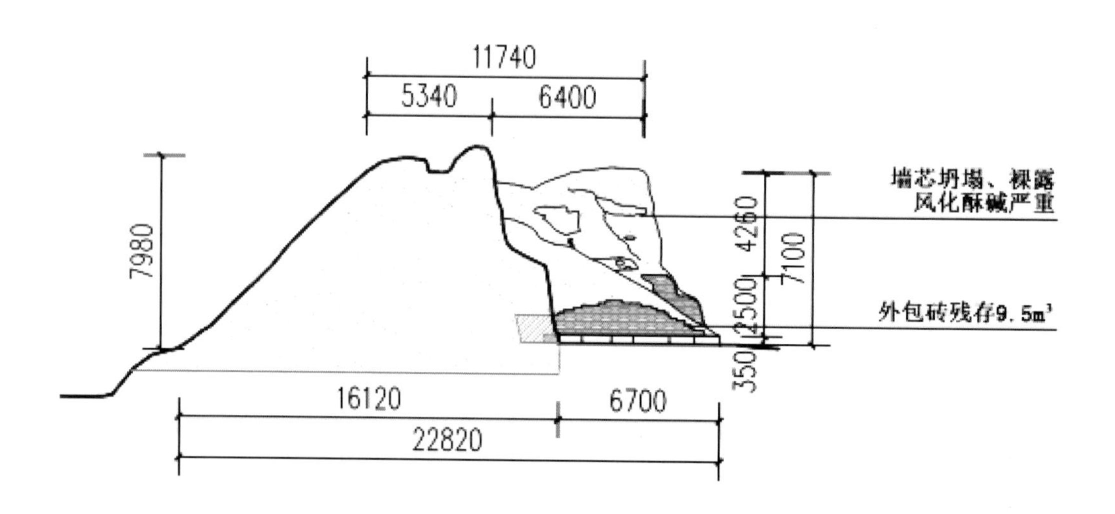

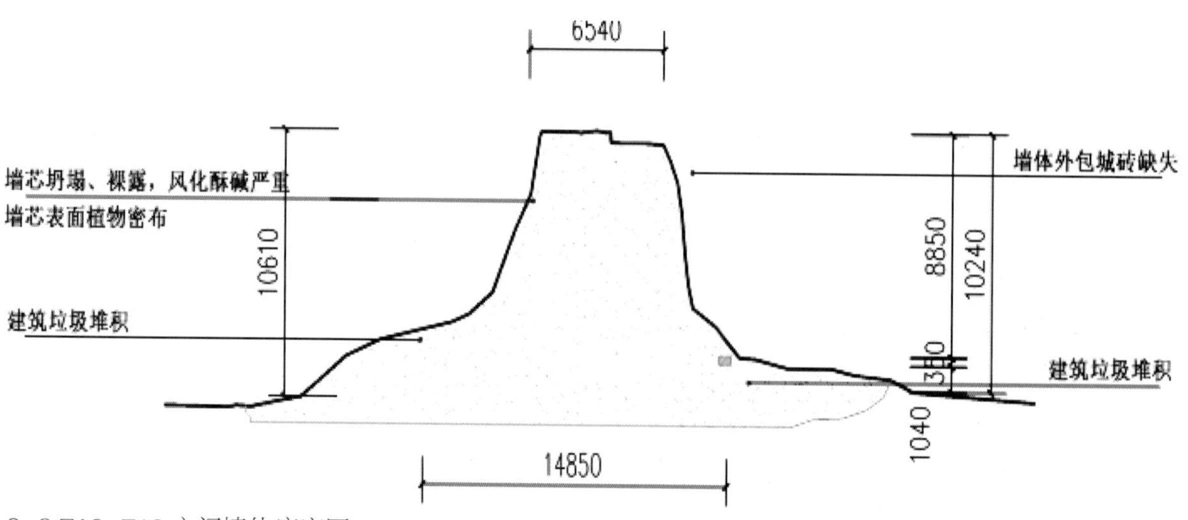

3-8 Z16-Z18 之间墙体病害图

第四节 正定城平面布局

正定城布局介绍

明清真定府城是在唐宋以来旧土城的基础上进一步发展起来的。府县志称：城周二十四里，高三丈余，上宽二丈。门四，各有瓮城，月城，城上建楼。四隅各建角楼。四门月城原来各有甬道，与里城不相连属，崇祯十年废甬道接筑为一。城平面东西略长于南北，独缺东南一隅。城内街坊布置，随四门方位各有主干通衢，东西门相对，通衢直贯两门之间，南北门错位相向，不在城池南北中轴线，北门偏东，南门偏西。两门内主干大道分别交在东西通衢之处，形成两个十字街口，对北门的名小十字街，对南门的名大十字街，两者之间相距里许，城市中心形成一个双十字形的干道体系。志书形容“城内街市，星罗棋布，分三十二地方”。所开街坊名称，基本是按四门统系划分的，半数以上属于主干通衢间的十字街或丁字街道口名称。历史上由于兵革变迁，户口变动很大，城市繁华集于阛市通街，余外都改为田园。特别是城隅一带更多空旷，所以俗有“空城”传说，说明当时地方经济、文化发展远远落后于都会中心。

封建社会郡县城池的设置，一般说来，在规划布局上，除少数由于山川形势的限制例外，大都受着《考工记·匠人》王城建制传统思想的影响，总以方整为主。无论城市平面布局、城垣构筑方法与其内容设施，往往也是封建都会中心的缩影。府县官衙是封建政权的地方机关，常放在城市中心，文庙学校并居要冲，社稷城隍、军卫仓储各有一定位置。至于佛道寺观，往往遍布坊里各处。

真定府城也不例外，府衙坐落大十字街以西偏北，朝向正南，府前街南接东西通衢，形成城内最大的丁字街。前街后宅，衙前鼓楼、牙门、照壁，局面宏敞，至清朝末年犹拥有大小房舍200余间。

衙署后面山池台榭，早在唐代即有“北潭”园林之胜，与城东海子园齐名，屡见于唐宋人诗歌吟咏。县署在其西，前临两街通衢，规模略小于府署。城内文庙（孔庙）两处，府文庙当城中正北，县文庙在县署西，府县学校分设文庙旁侧，是专门培养封建官吏人才的地方。卫军驻防设有镇署，门前大街即为卫前街。城东南、西南两隅设有操练教场，城北另有大教场，占地数百亩。明建社稷坛在城外西北，清建先农坛设在东门外偏北，都是列在封建祀典的郡县设置。街道名称不少就是当年的官府寺宇旧地，这些官修设施分布全城要冲地方，大小机构总不下数十处，占全城地积十之二三。

明代牧养军马于真定，定额常在数千余匹，太仆寺街即由当日官署所在得名。南门外沿滹沱河北岸木厂村，旧为明代木材抽分场址。修北京宫殿采大木于山西，由滹沱河运至真定交卸。

城市地形，大体据有两道高岗，自城西北通向城内偏北侧一道，由西北经府衙延至龙兴寺，府文庙所在旧称金粟岗。南面一道，即东西通衢一带，地势最高，与城隅四角凹下处高差丈余。官食民坊，集中主干街道两侧者，与自然地形也有一定关系。过去城隅一带多属芦苇洼地，城下有水门流向护城河。生活灌溉用水，依赖街坊、田间水井，地下水位浅，凿井很便利。城外水道，西北来源于西北乡大小鸣诸泉水，流向护城河；城东北另有旺泉水；城东南又有插河水泉，都与护城河汇通，东南流向滹沱大河。城西南滹沱河水，沙泥浊流，素有小黄河之称。城西南修筑两道土堤，作为护城防备，但遇有山洪暴涨，水患仍然难免，历史上河工堤防屡屡修治。

第五节 修缮说明

5-1 浆灰池（为避免白灰对土壤进行渗透，对浆灰池底及壁进行水泥砂浆抹灰硬化）

5-2 搭建钢棚（为了避免淋灰扬尘对周围环境的污染，灰场周围采用钢结构封闭大棚进行遮挡）

5–3 对现场夯土进行过筛

5–4 特制灰斗

5-5 特制灰槽，用于灰浆的制作及吊运

5-6 钢筋笼，用于青砖的运输及吊装

5-7 200 毫米宽钢模板，用于夯土墙的支模

5-8 筛土网

5-9 临建房基础混凝土浇筑

5-10 临建房基础混凝土浇筑完毕

5-11 临建房主体搭设

5-12 施工区域内围挡搭设

5-13 青砖进场

5-14 石质水槽进场

修缮范围

西南角台，南 1 马面、南 2 马面及西南角台至南 3 马面之间墙体，垛口墙施工，西南角台马道，北侧西南角台至 3 马面之间夯土墙及台上排水、石槽及相关工作。

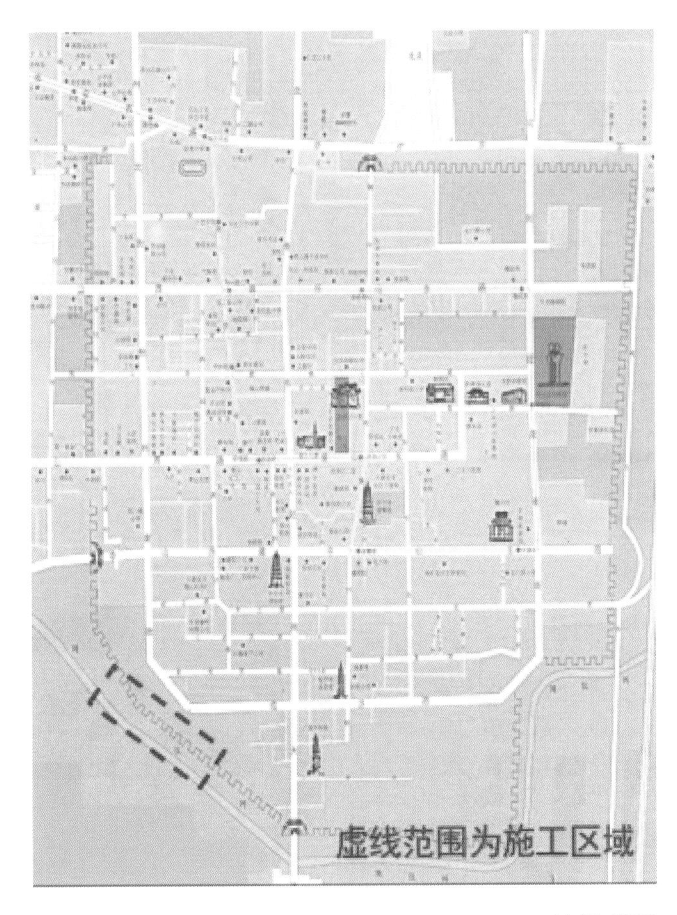

5–15 修缮范围

工程性质与特点

1．工程性质

现状整修与局部修复。

2．工程特点

（1）在施工过程中的不确定因素较多。因此，根据工程的实际情况所做的工程变更、补充设计及工程洽商较多。

（2）文物本体病害情况复杂。因此，在施工前和施工过程中，我单位对城墙进行了二次勘察，并根据设计文件的要求，制定了切实可行的施工方案。

图纸会审记录		编号	001
工程名称	正定城墙修缮工程——南城墙（不含南门系统）修缮工程	日期	2015年9月17日
地点	正定县文物局会议室	专业名称	维修方案

序号	设计问题	设计问题交底
1	《修缮设计方案》文字说明第29页左上角城砖砌筑施工工艺（4）勾缝工序要求"用深丹白油灰勾缝"，但在方案图纸标注中为"油灰勾缝"，请进一步明确具体做法。	部位不同区别对待，顶部为防水与其他地方有区别，不对应地方再沟通明确
2	29-29剖面和方案43图纸、蹬道、蹬程马道设计标注"白灰勾缝"，因蹬道使用频率较高，为增强耐久性，建议用"油灰勾缝"，可否？	可以考虑
3	图纸标注"对新旧夯土墙芯的连接，使用φ50竹筋（批竹）拉结，旧夯土空洞内注浆锚固"，修缮通则中明确注浆材料为白灰浆，能否达到加固要求？	滑塌体处理，现场具体确定
4	城墙病害"根系植物伤害"处理，设计方案要求选择性保留，要求"对城墙上存在的地方传统树种，数形较美观，位置位于特殊节点的树木予以保留"。说法有些概括，施工前应统计并予以明确？	较大尺寸的树木图纸上有显示，具体情况现场确定
5	城墙"侧滑下沉、掏蚀、洞穴"病害的修缮均要求"施工方必须，对滑塌体进行稳定性分析和评估制定完善的支护措施，报设计单位批准后方可实施。"施工前建议设计给予具体指导。	现场具体确定

会签字栏（公章）	建设单位	设计单位	监理单位	施工单位

主要施工工艺

本工程为城墙保护维修工程，施工中可能存在现实情况与施工图纸不相符合的问题，或施工中业主需要更改的项目，作为施工单位，我公司项目部管理人员提前两周熟悉图纸，并与业主、监理方签订更改联系单，施工前一周撰写施工工艺卡，报业主和监理方批准。对于项目部不能解决的施工难点，提交公司本部，公司在施工前一周派公司技术总负责人到施工现场亲自指导项目部，直到整个施工工艺明确完毕。对于目前主要施工方案如下：

1. 土方清理工程

施工准备：项目部在接到图纸后，由项目工程师牵头组织质检员及班组长熟悉图纸，了解清理部位，对工程的性质、内容、技术要求、周边环境、地质情况等做了认真、充分的研究，并为以后的进场施工作准备。

清理方法如下：

（1）采用人工清理坍塌散落的墙体城砖；拆除紧邻城墙建筑物，迁移城墙沿线坟地；清除紧邻城墙的树木和灌木。

（2）清理墙体时，采用人工将需清理部分与不清理部位确定后，再进行清理，保证不影响原结构。

（3）清理时，边清理边记录，并留有影像资料。

（4）基础需根据现场环境、歪闪情况进行清理。

（5）清理前应复核验线，并由工程技术负责人向全体施工管理人员及施工班组人员进行技术交底，要留设控制桩点。每个作业班都要有现场管理人员跟班指挥。

（6）清理时应有顺序施工，并不断检查测量清理标高是否达原坚固基石基础。

（7）清挖至原坚固基石基础时，要严格控制尺寸关系，将请监理、甲方等单位验收，若满足应做好记录。若不满足设计要求时，应会同设计人另行商定处理。

（8）根据地层情况（特别是厚沙层处）密切与安全喷护配合，局部按照支护施工的具体要求进行开挖。

（9）机械开挖时应确保护壁体的安全，严禁碰撞护壁。

（10）土方开挖到基底部设计标高以上 150 ～ 300 毫米，停止机械开挖。待用人工清底后，立即进行施工验槽，以保证土的原状土性。

（11）施工时做好开挖的测量放线工作，并根据施工图纸要求放出开挖线。

（12）若遇地质资料与实际开挖不相吻合，应会同业主、设计院、勘察单位、监理单位共同协商处理。

（13）雨期施工时，设备应搞好接地处理；运输机械行驶道路应采取防滑措施，以保证行车安全。

2. 杂草、树木清理

清理墙体和植物：城墙上自然生长的灌木类主要是酸枣树，乔木类主要是榆树，部分为人为栽植的杨树和槐树，由于植物根系已深入墙体和夯土内，造成砖砌体鼓闪、变形、墙体松散、渗水和夯土松散渗水。故在清理时，不能只将杂草、树木表面的颈、叶等去掉，应尽量连根清除干净，以免残留树根继续滋生小树，或由于树根腐烂，使局部墙体变形。在清理杂草和树木时，应先用刀、锯将杂草、树木的颈、叶去掉，再用小铲、扁錾子等将草根、树根剔、挖干净。不能用蛮力生拉硬拽，防止伤及完好的或尚能修复利用的墙砖。对因清理植物而受影响的墙体按“拆砌墙体”的要求进行施工。夯土墙内树木被清除后，应及时用素土按补夯土要求将树坑分层夯填。

清理杂草、树木时，若发现墙体和夯土存在裂缝、空洞等安全隐患，应立即向设计方和监理汇报，以便及时进行处理。

5-16 杂草清理

3. 灰土工程

土料控制：土料需要过筛，粉碎，不得有成坨成块的土料出现。

（1）为保证施工中的夯土土料符合要求，用于墙芯夯土的土粒不大于 50 毫米，用于城墙灰土的土粒不大于 20 毫米。

（2）每层铺土厚度及压实遍数根据土料及施工机具设备条件，通过试压经试验检测确定。

（3）城墙夯土用 3 ∶ 7 灰土压实系数必须控制在 0.93 以上，素土夯实压实系数必须控制在 0.9 以上。

土料的控制及原理：

⑴ 白灰的选用：白灰中的活性氧化钙是激发土壤中活性氧化物生成水硬性物质——水化硅酸钙的必要成分。因此，白灰中活性氧化钙的含量与灰土的强度有着十分密切的关系。根据实验可以得知，相同的配合比，但用活性氧化钙的含量分别为 69.5% 和 82% 的白灰制成的两种灰土试样，测得的抗压强度，前者仅为后者的 60%。另据实验，当石灰消解熟化暴露于大气中一星期时，活性氧化钙的含量已降至 70% 左右，28 天后，即降至 50% 左右。12 个月后，则仅为 0.74%。为能保证灰土的强度，应注意下列几点：

一是生石灰块的块末比应在 55 以上，即应保证至少有一半以上的块状生石灰。

二是泼灰宜在 1 ～ 2 天内使用，最迟不超过 3 ～ 4 天。消解熟化的时间超过一个星期的白灰应改作他用。

三是泼灰时，不宜泼得太“涝”，尤其是不能使用被大雨冲刷过的泼灰。此外，灰泼好后应过筛，能孔不超过 0.5 厘米。如果灰的飘粒过大，会因为施工后白灰的继续消解，而造成结构层的松散和破坏。

⑵ 黄土的选用：黄土以选用黏性土较好。黏土是一种天然硅酸盐，二氧化硅是其主要化学成分之一。当白灰和土拌和后，二氧化硅和氧化钙即发生物理化学反应，逐渐生成一种新物质水化硅酸钙。土的黏性越大，颗粒就越细，物理化学反应效果也就越好。这种硅酸钙新物质具有一定的水稳定性，对浸水和冰冻也有一定的抵抗力。它的早期性能接近柔性垫层，而后期性能则接近于刚性垫层。

砂土由于颗粒较粗，又比较坚硬，因此与石灰混合后的反应效果较差。土壤中含砂量越多，与白灰的胶结作用也越差，强度也越低。通过用亚砂土和黏土做同样的 317 灰土试验，结果表明，28 天的抗压强度和形变模量，后者比前者分别高 5 倍和 3 倍。当然，当土壤过黏时，难于破碎，施工中如处理不当，反而会影响灰土的质量。因此，选用亚黏土 (性指数小于 20) 拌和灰土是比较适当的。或者说，只要能进行破碎，黏的总比不黏的好。亚砂土和砂土应禁止使用。

夯土的留槎和接槎：分层留槎位置、方法正确，接槎密实、平整。

土筑做法：即先夯筑灰土后砌筑墙体，在与砖墙相撞的土筑部分，要在压住墙体部分 300 毫米以上的位置支模板；每夯实 1 ～ 1.2 米后，将多夯的灰土切除；砌筑砖墙时，砖与夯土切除的断面接实。

夯土作法：首先将生石灰崩解过筛，土选用黏土过筛，灰、土经检验质量合格后，按 3 ∶ 7 的配合比搅拌均匀，分层洒水并达到一定湿度后，虚铺 200 毫米厚，开始夯实，夯实后的厚度应在 120 ～ 130 毫米，宽为 300 ～ 500 毫米，旧土做台要见到原土，不能有腐殖土，新旧土接茬时要洒水湿润旧土。

（1）工艺流程：检验土料和石灰粉的质量→灰土拌和→模板支护→槽底清理→分层铺灰土→锚杆加固→夯打密实→找平→验收

（2）灰土拌和：灰土的配合比应用体积比，应按 3 ∶ 7 灰土配比拌和。基础垫层灰土必须过标准斗，严格控制配合比。拌和时，必须均匀一致，至少翻拌两次。拌和好的灰土颜色应一致。

5-17 人工清理

（3）灰土施工时，应适当控制含水量。如土料水分过大或不足时，应晾干或洒水润湿。含水率的控制土的夯实程度与土的含水率相关施工中应严格控制土料的含水量，一般采用确定土料的含水率即用手抓取土料如果能“手握成团落地开花”认为含水率合适。对新旧墙芯的夯土的拉结，使用 φ50毫米的竹筋进行拉结，旧夯土孔洞灌浆锚固。

（4）基土表面应清理干净。特别是墙边掉下的虚土，风吹入的树叶、木屑纸片、塑料袋等垃圾杂物。

（5）分层铺灰土：每层的灰土铺摊厚度，可根据不同的施工方法根据具体实际情况进行定夺选用。各层铺摊后均应用木耙找平。

（6）夯打密实：夯打（压）的遍数应根据设计要求的干土质量密度或现场试验确定，一般不少于三遍。人工打夯，应一夯压半夯，夯夯相接，行行相接，纵横交叉。先快速整体夯击一遍然后慢速压实夯击两遍特别注意墙的角部需夯实。夯筑顺序先外围后里面先四周后中心从外到里成回字形夯击。夯击时夯点之间保证连续、不漏夯。一层夯筑完成后使用尖角锤在夯土表面打出坑槽以保证上下两层夯土之间的黏结。

5-18 城台顶部杂草丛生

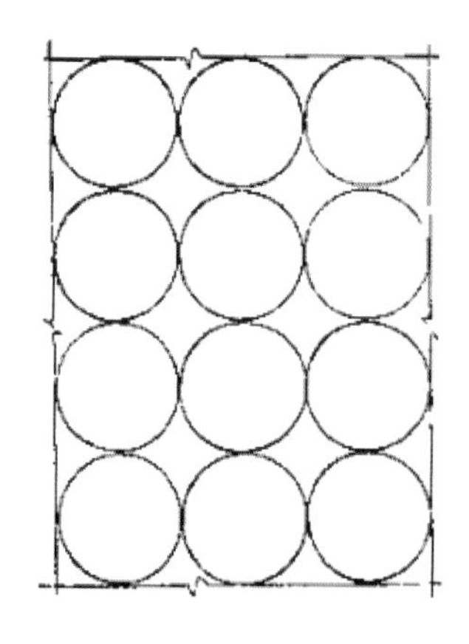

5-19 打夯分位图

（7）灰土分段施工时，不得在墙角、柱基及承重窗间墙下接槎。上下两层灰土的接槎距离不得小于 500 毫米。转角、层间衔接处理要保证表面平整度，转角处铺双层玻纤网格布，加设锚杆竹批进行交接，以加强震动时的抗裂性。模板拆卸后，应把墙体端部铲成斜面，以使前后夯筑的夯土墙能够结合紧密。如果相隔时间较长，宜在夯筑时再铲成斜面，并应浇水后夯筑。模板拆卸后，墙体如有坑洼处，需要进行修整并用原色土料抹平。墙体转角处在模板内侧加入小木三角片，使墙角在夯筑后形成倒角，可以有效减少墙角的应力集中。

（8）灰土回填每层夯（压）后，应根据规范规定进行环刀取样，测出灰土的质量密度，达到设计要求时，才能进行上一层灰土的铺摊。用贯入度仪检查灰土质量时，应先进行现场试验以确定贯入度的具体要求。环刀取土的压实系数用 dy 鉴定，一般为 0.93～0.95；也可按照相关的规定执行。

（9）找平与验收，灰土最上一层完成后，应拉线或用靠尺检查标高和平整度，超高处用铁锹铲平，低洼处应及时补打灰土。

5-19 人工进行植被砍伐

表C5-1-1　　**隐蔽工程验收记录**　　编号：

工程名称：正定城墙修缮工程-（2标段）南部城墙修缮工程　施工单位：北京擎屹古建筑有限公司

隐检项目	墙芯夯土	隐检部位	Z15-Z16轴之间墙体墙芯夯土
图纸、变更编号	方案-01、02、03	隐检日期	2016年5月13日
施工标准名称	《古建筑修建工程质量检验评定标准（北方地区）》（GJJ39-91）		

隐蔽内容	质量要求	施工单位自查情况	监理（建设）单位检验情况
墙芯表面浮土清理	设计要求	合格	符合要求
夯实系数	设计要求	合格	
下竹筋、白灰灌浆	设计要求	合格	

说明：

符合设计及施工规范要求，到达隐蔽条件，可以进行下一道施工工序。

验收结论：

同意验收

签字栏	监理（建设）单位	施工单位	
		技术负责人	质检员
	张亚美	[illegible]	[illegible]

5-20 夯土隐蔽工程报验单

表G8-2

灰土垫层检验批质量验收记录

工程名称	正定城墙修缮工程-（2标段）南部城墙修缮工程施工	分项工程名称	墙芯夯土	验收部位	西南角台墙体
施工单位	北京擎屹古建筑有限公司			项目经理	赵玉良
施工执行标准名称及编号	《古建筑修建工程质量检验评定标准（北方地区）》（GJJ39-91）			专业工长	
分包单位		分包项目经理		施工班组长	

检控项目	序号	质量验收规范的规定			施工单位检查评定记录										监理（建设）单位验收记录
主控项目	1	灰土体积比	符合设计要求		灰土体积比为3：7、施工计量控制严格、符合设计要求										
一般项目	1	灰土土料与粘土（粉质粘土、粉土）颗粒	4.3.7条		熟石灰颗粒粒径小于5mm黏土内无有机质、粘土颗粒粒径小于15mm										
	1）	土料颗粒粒径	不应大于16mm		小于16mm										
	2）	熟化石灰颗粒粒径	不应大于5mm		小于5mm										
	2	灰土垫层表面	允许偏差（mm）		量测值（mm）										
	1）	表面平整度	10		6	0	5	9	8	7	1	3	1	5	
	2）	标高	±10		13	8	-1	-7	12	10	9	-8	10	-10	
	3）	坡度	不大于房间相应尺寸的2/1000，且不大于30	长向		△		△	△	△	△	△	△	△	
				短向											
	4）	厚度	在个别地方不大于设计厚度的1/10，且不大于20		0	3	0	12	12	9	6	9	0	4	
施工单位检查评定结果	主控项目全部合格，一般项目满足规范规定要求；检查评定合格 项目专业质量检查员：华兆小山　2016年5月10日														
监理（建设）单位验收结论	合格 监理工程师（建设单位项目专业技术负责人）：张亚美　2016年5月10日														

5-21 夯土工程检验批质量验收记录

5-22 竹筋拉结

5-23 人工打夯

5-24 环刀取样

5-25 墙芯打夯完拆模效果

清理注意事项：

（1）对原有结构部分基础进行清理时，严格按设计图纸范围进行施工。

（2）坚持先防护后清理，清理时仔细认真，杜绝野蛮施工，防止对原有城墙造成破坏，确保施工安全。

（3）派专人进行跟踪监督检查，防止范围扩大，破坏文物及保证安全。

技术要领：在进行墙体夯筑时，模板的支模宽度要在原有方案尺寸的基础上外侧多支护 20c 米，在模板拆除后，按砌砖的尺寸切除多余的夯土。

夯土主要用具：

（1）雁别翅：一人双手持“雁翅”，和胸平齐，然后用力夯击，用于掖边。

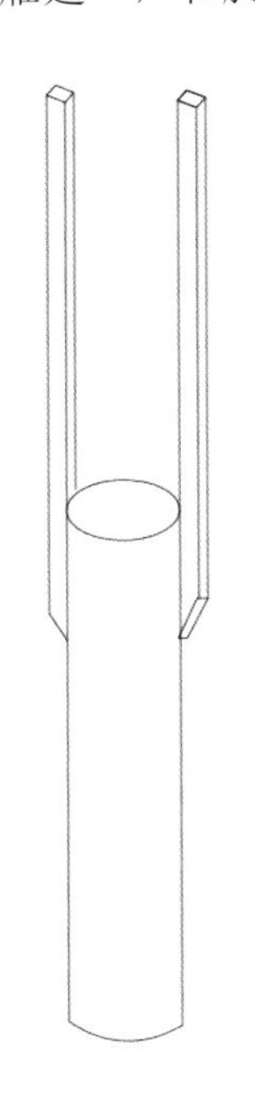

5–26 雁别翅

（2）蛙夯：每台夯机设两名操作人员。一人操作夯机，一人随机整理电线。操作人员均必须戴绝缘手套和穿胶鞋。操作夯机者先根据现场情况和工作要求确定行夯路线，操作时按行夯路线随夯机直线行走。严禁强行推进、后拉、按压手柄强猛拐弯，或撒把不扶任夯机自由行走。用于大面夯击。

（3）搂耙：用于虚铺灰土时的找平或落水时将水推散。

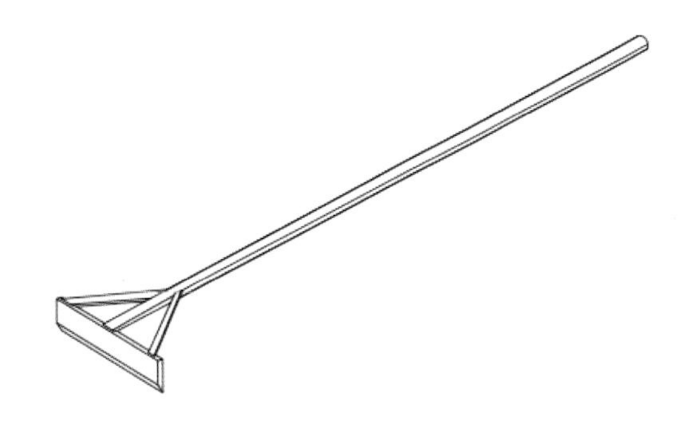

5–27 搂耙

4. 砌体工程

外包墙体砌筑：墙体立面砌筑形制为一顺一丁，背里为丁砌，灰缝宽度约为 12 ～ 18 毫米，砌筑墙体前要先排砖，确保与已修缮段砖墙顺畅衔接，横向灰缝根据排砖情况可做适当调整。每砌好一层，都要及时用瓦刀或溜子沿灰缝直线划出内八字缝（做法与旧砖墙相同），灰缝要压紧压实，并用石灰浆对砖缝及砖墙与夯土之间的缝隙做灌缝处理。

（1）砌筑前对已夯筑灰土墙芯立面进行检查，对表层风化、松散的部分进行清理，对于墙芯较高的部位，可在砌筑时随砌随清，清理后夯土缺欠的部分采用城砖砌实。

（2）在施工过程中发现城墙包砖厚度与设计厚度不符时，及时通知了现场施工管理人员，并各方见证后根据城墙原状尺寸进行调整。不刻意按照设计尺寸进行，而对原夯土墙芯造成损伤或破坏。对于夯土立面局部风化缺失或形成孔洞、冲沟的部位，若缺失的深度不足 800 毫米时，可根据现场不同情况各方协商调整，不再采用夯土补筑。砌筑外包砖墙时，采用条砖同步砌筑。同时每砌筑一层都用生石灰浆灌注砖土之间的缝隙。

（3）在对城墙进行清理过程中，在施工阶段，如西南角台、南 1 马面，南 2 马面等夯土墙芯分别发现防空洞，经过现场四方洽商，对已经发现的防空洞进行人工清理后内衬城砖填充，随外包墙体同时砌筑至顶部。

垛口墙砌筑：包括砌筑材料和砌筑时的注意事项，以及施工工艺。

（1）砌筑材料

a. 垛口墙

按照图纸要求，正定城墙现场垛口墙砖的规格为 390 毫米 ×190 毫米 ×90 毫米，为“全顺”砌筑方法，外白灰勾缝。

b. 砌筑用的白灰，应用生石灰块加水反复泼洒粉化后过筛，要随用随泼随筛，粉化过筛灰的存放时间以不超过 7 天为宜。施工准备应备有大铲、刨锛、瓦刀、线坠、尼龙绳、卷尺、水平尺、灰槽、扫帚等。

（2）砌筑时的注意事项

a. 对用于墙面的砖进行挑选，选择棱角齐全、表面无隐残的砖用于砌筑。

b. 砌筑之前要提前先浇水湿润，含水率达到 10% ～ 15%，禁止出现干砖上墙现象。

c. 砌筑之前，先排砖，对于非整长的砖必须进行切割，以保证所有用于墙面的砖都棱角齐全，砖的竖缝宽窄一致。

d. 墙体砌筑要求灰浆的稠度适中，灰浆饱满。

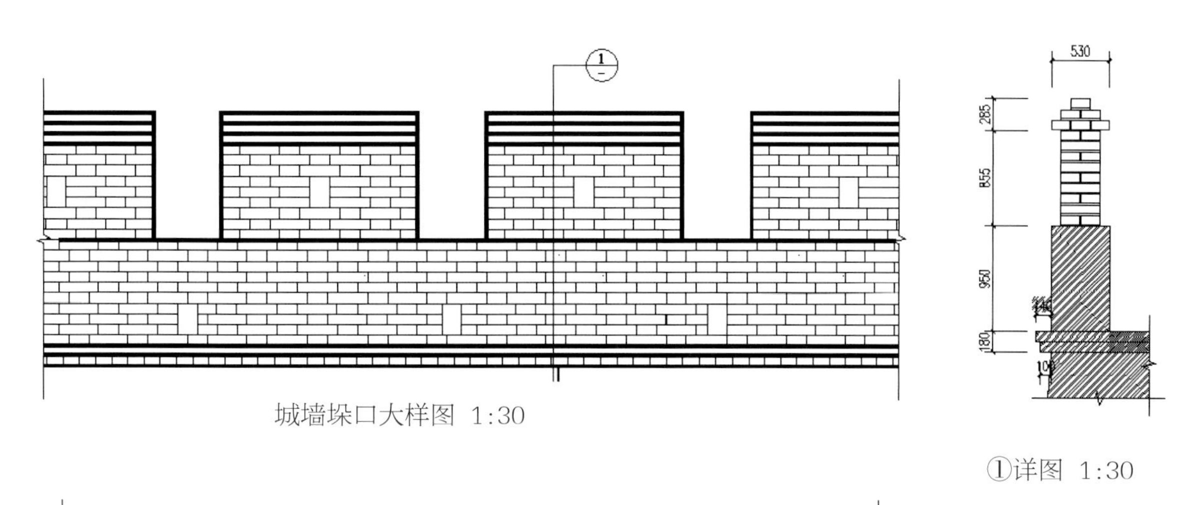

城墙垛口大样图 1:30

①详图 1:30

城墙垛口局部平面图 1:30

（3）施工工艺

a. 垛口墙砌筑时，应先用干砖试摆，以确定排砖方法和错缝位置，使砖砌体平面尺寸符合要求。

b. 砌筑时，应现拍灰底，在分层挂线砌筑，铺砖按着“满顺”砌法，做到前后咬槎，上下错缝，缝之上要错开四分之一长。

（4）松动砖剔除

剔补墙砖的选择：对损坏程度超过砖进深方向 1/3，且对周围墙体结构产生影响的墙砖，采用剔补的方法进行修补，严格控制剔补数量。剔补前，将需剔补的墙砖逐块做出标记，并经过监理工程师同意后再实施。

b. 工艺流程如下：

首先，用电钻和小铲将酥碱部分、破碎严重的砖砌体剔除干净。剔凿工时，注意相邻砖块的完整。剔凿时，应逐渐扩大，不能大块剔凿，以避免对墙体和相邻砖块产生损伤和破坏。对剔凿后暂时不能补砌的孔洞用城砖做好支顶。

其次，用清水将剔凿后的作业面冲净，并将与作业面相邻的墙砖洇湿、洇透。再用与原城砖规格相同的旧砖或新砖进行剔补（剔补的砖件也要用清水浸泡，泡透），并保证剔补所用的城砖都棱角齐全，没有隐残。剔补之前先排砖，对排好的非整长砖件，用切砖机进行切割，以保证剔补后的墙砖都棱角整齐。

注意砌筑灰浆采用泼制的白灰，过 5 毫米筛后搅拌成均匀的灰浆，采用原砌筑做法补砌墙体。新剔补上的城砖与相邻砖砌体相交处做好衔接与协调。城墙里面用白灰背实。墙面用原灰勾缝，勾缝灰不超出旧砖的轮廓线，灰缝按原做法压成内八字缝。

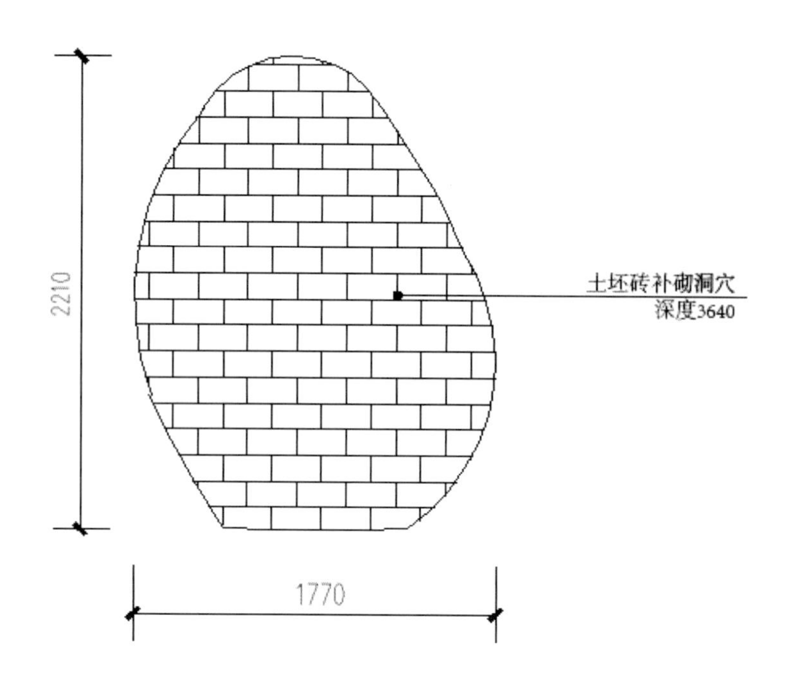

5-28 城墙夯土墙芯发现防空洞

5-29 对防空洞内侧渣土进行清理

5-30 对防空洞进行填充砌筑

5-31 防空洞砌筑完毕

5-32 白灰浆浇筑

5-33 垛口墙砌筑

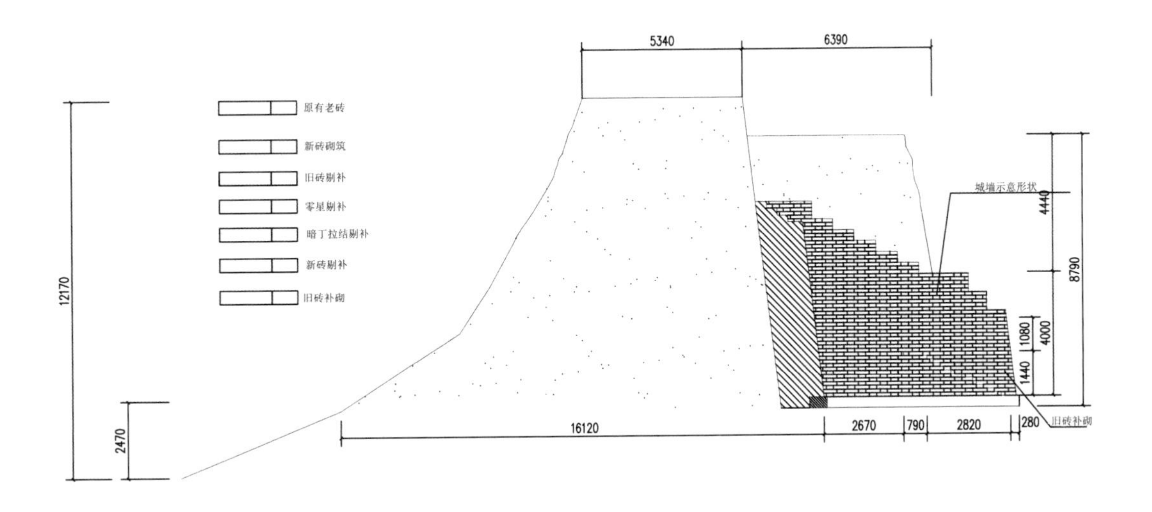

5-34 墙体剔补施工图

5-35 城砖剔补前

5-36 城砖剔补后

5. 护台砌筑

为了利于长城外包墙体排水，以及防止外包墙体基础不均匀沉降导致的墙体鼓闪，按照方案图要求对城台基础进行护台加固。

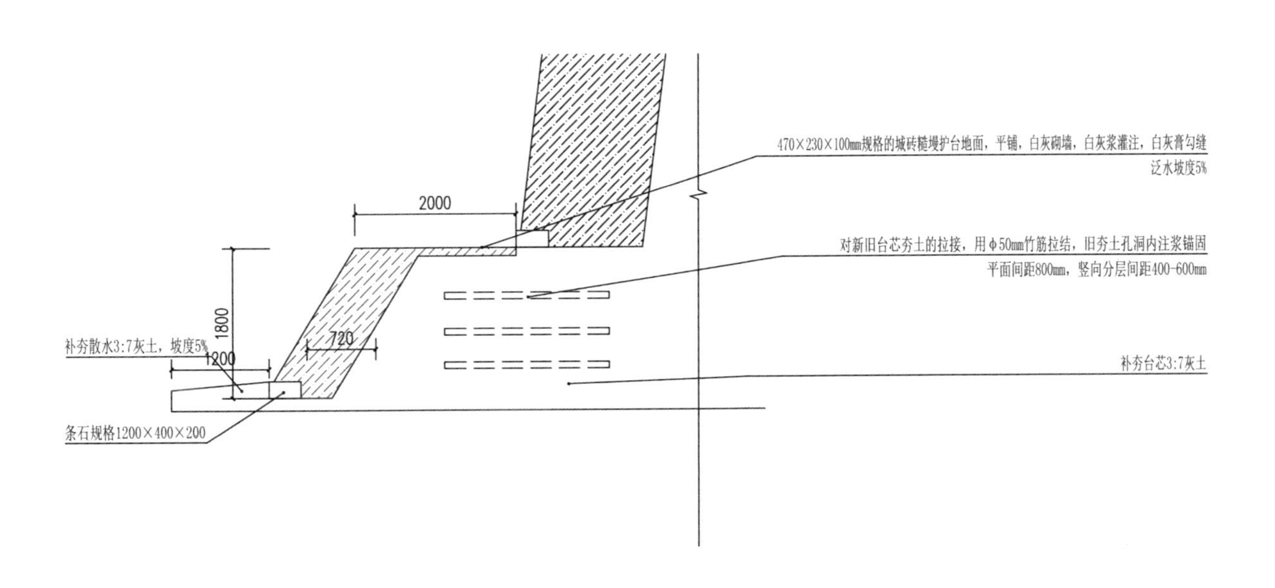

5-37 护台大样图

5-38 护台土方开挖

5-39 铺设三七灰土垫层

5-40 打夯

5-41 条石基础

5-42 护台砌筑

5-43 完成后效果

6. 马道及排水施工

马道，指建于城台内侧的漫坡道，一般为左右对称。坡道表面为陡砖砌法，利用砖的棱面形成涩脚，俗称“礓”，便于马匹、车辆上下。

在西南北侧墙体及马道墙体砌筑前进行清理淤土及杂草的清理施工。清理过程中，发现了西南角台北侧及马道残存的部分旧墙体，现场及时通知了有关单位。进行勘察后，发现原有旧墙体保存较为完好，具有极为重要的历史文物价值，清理发现西南角台北侧残存墙体保留面积较大，马道墙体仅存部分墙体及调试基础，马道地面发现保存较为完好的青砖台阶、青石阶条、礓礤台阶及墁砖地面。

为了更好地对城台地面进行排水，现场经过有关方共同洽商后决定，在马道底部设置暗排，用于解决西南角台地面排水问题。

5-44 四方对西南角台进行现场查勘

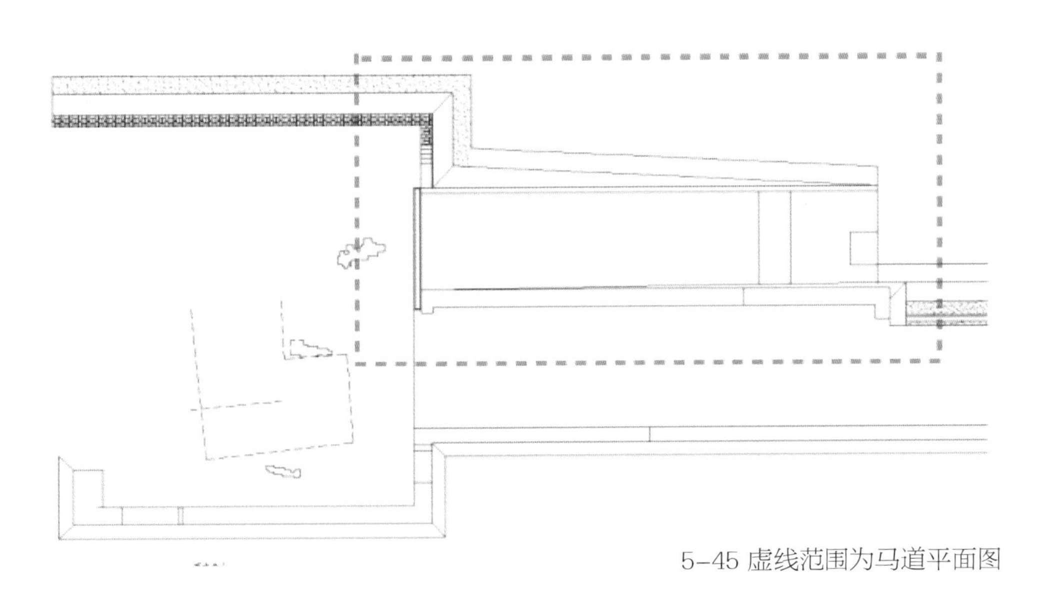

5-45 虚线范围为马道平面图

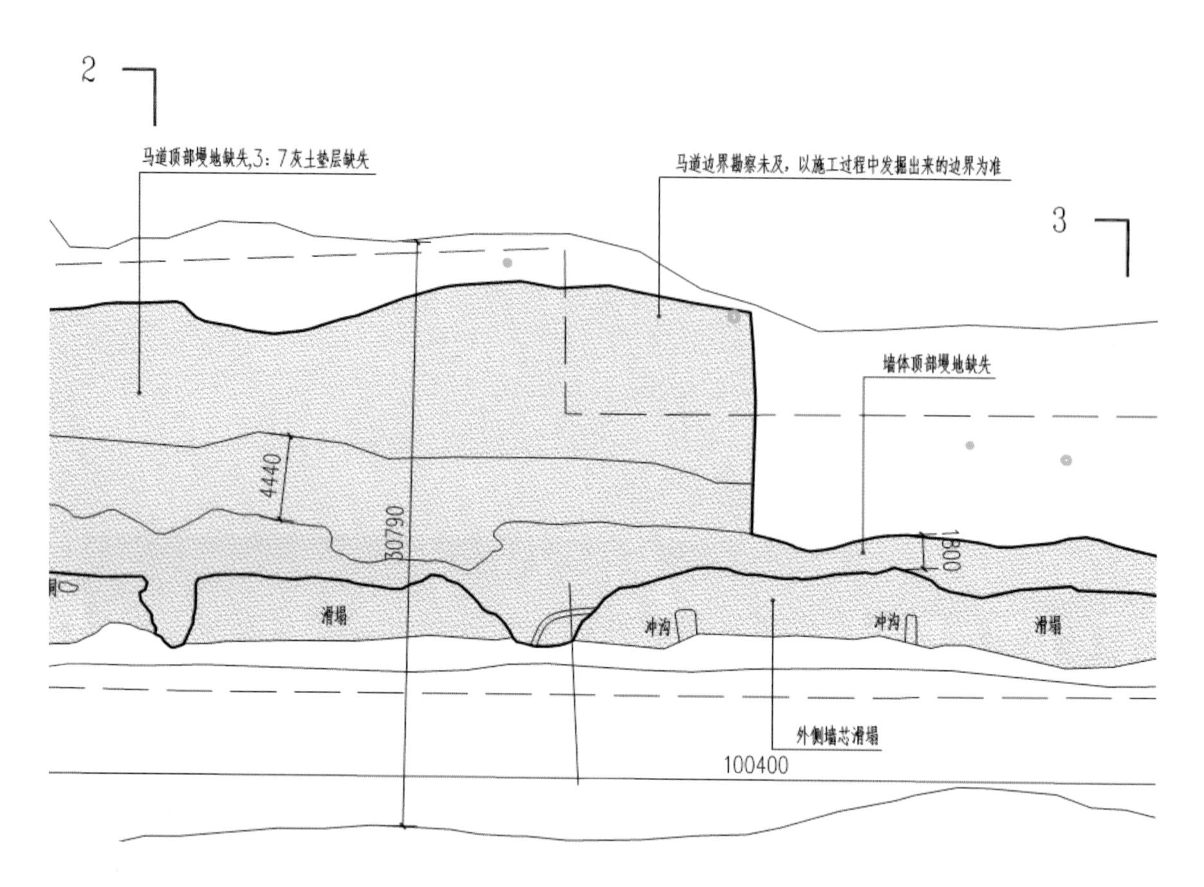

5-46 马道实测图

5-47 马道修缮前照片

5-48 人工清理淤土、杂草

5-49 发现残存礓礤地面

5-50 旧礓礤地面保护

5-51 外墙清理残存墙体

5-52 外墙基础条石制安

5-53 外墙砌筑

5-54 施工放线、外墙体砌筑

5-55 墙体砌筑、灌浆

5-56 内墙清理残存基础

5-57 墙体放线

5-58 墙墙体砌筑

5-59 墙体砌筑、灌浆

5-60 马道地面暗排水沟挖槽

5-61 暗排水沟基础夯实

5-62 铺设石构件

5-63 暗排水沟石构件制安

5-64 夯土回填

5-65 明排水沟挖槽、放线

5-66 明排水沟基础夯实

5-67 石构件制安

5-68 夯土回填

5-69 水篦子制安

5-70 地面灰土夯实

5-71 礓礤地面补墁

5-72 礓礤地面挖补

5-73 马道地面整体铺墁

5-74 马道地面铺墁、勾缝

5-75 马道地面铺墁

5-76 马道侧立面

5-77 马道地面正立面

7. 西南角台

西南角台南侧墙体进行砌筑施工，为了保证现砌筑墙体与后期施工墙体交接处的稳定性，经过有关方现场协商后决定：西南角台南侧墙体与后期施工墙体交接转角处进行下钢筋拉结，防止新旧墙体交接砌筑墙体不稳定坍塌情况出现。

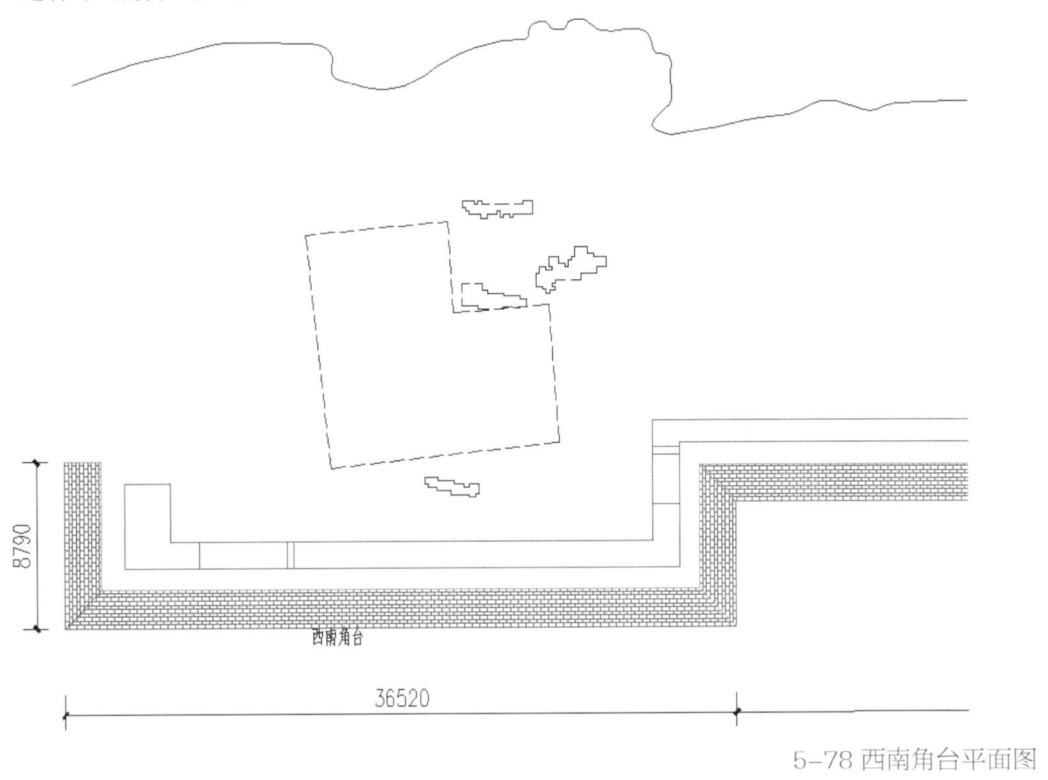

5-78 西南角台平面图

5-79 西南角台平面图

5-80 钢筋拉结

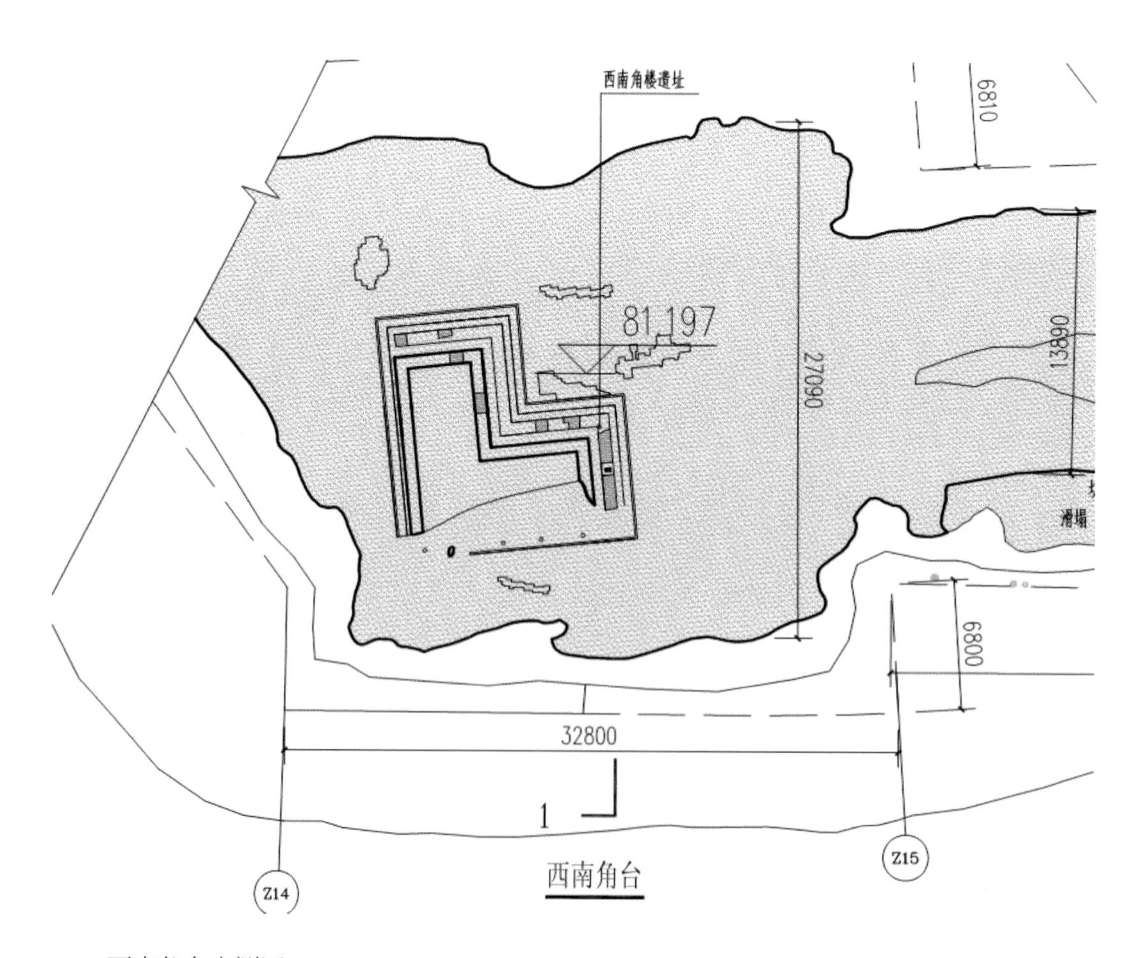

5-81 西南角台实测图

5-82 西南角台修缮前

5-83 人工清理淤土

5-84 施工放线、补砌墙体

5-85 墙体砌筑

5-86 墙体灌浆

5-87 下竹筋

5-88 墙芯夯土

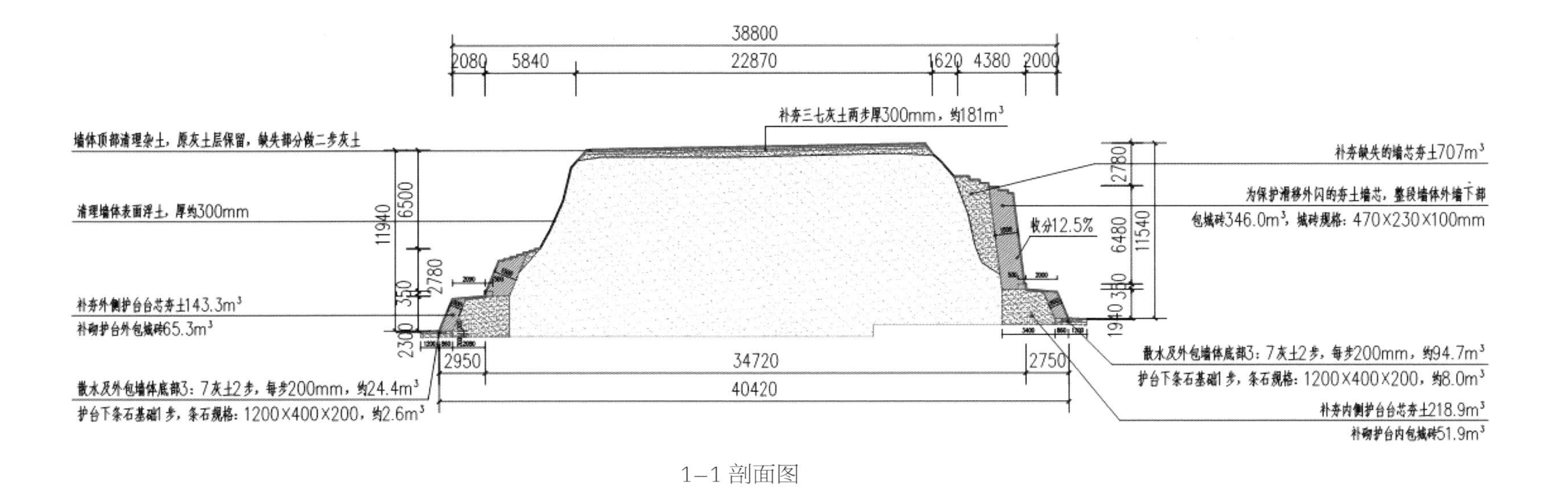
38800
2080
5840
22870
1620
4380
2000
补夯三七灰土两步厚300mm，约181m³
墙体顶部清理杂土，原灰土层保留，缺失部分做二步灰土
清理墙体表面浮土，厚约300mm
11940
6500
2780
350
2300
补夯外侧护台台芯夯土143.3m³
补砌护台外包城砖65.3m³
散水及外包墙体底部3：7灰土2步，每步200mm，约24.4m³
护台下条石基础1步，条石规格：1200×400×200，约2.6m³
2950
34720
40420
2750
补夯缺失的墙芯夯土707m³
为保护滑移外闪的夯土墙芯，整段墙体外墙下部
包城砖346.0m³，城砖规格：470×230×100mm
收分12.5%
2780
6480
11540
350
1940
散水及外包墙体底部3：7灰土2步，每步200mm，约94.7m³
护台下条石基础1步，条石规格：1200×400×200，约8.0m³
补夯内侧护台台芯夯土218.9m³
补砌护台内包城砖51.9m³

1–1 剖面图

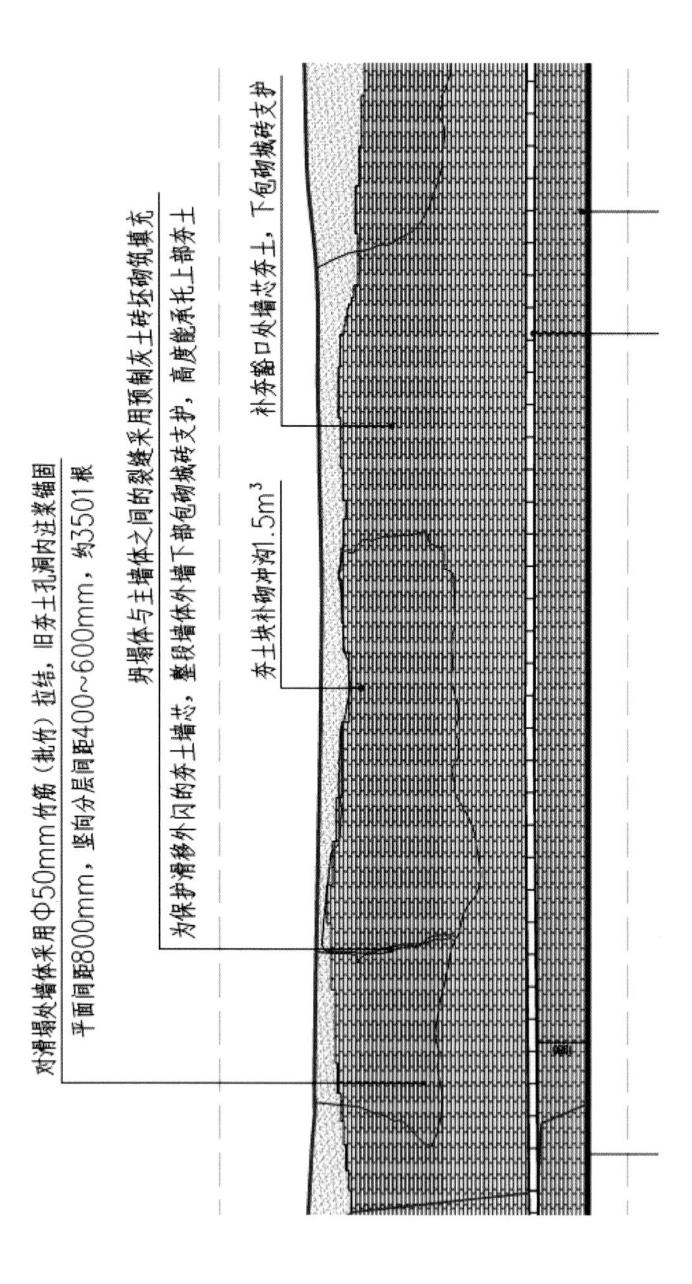
对滑塌处墙体采用Φ50mm竹筋（批竹）拉结，旧夯土孔洞内注浆锚固
平面间距800mm，竖向分层间距400~600mm，约3501根
坍塌体与主墙体之间的裂缝采用预制灰土砖坯砌筑填充
为保护滑移外闪的夯土墙芯，整段墙体外墙下部包砌城砖支护，高度能承托上部夯土
夯土块补砌冲沟1.5m³
补夯豁口处墙芯夯土，下包砌城砖支护

南城墙两侧局部立面图

5-89 垛口墙砌筑

5-90 完成后垛口墙外观

5-91 清理北侧残存墙体

5-92 北侧残存墙体清理后整体效果

5-93 北侧墙体补砌

5-94 北侧局部墙体剔补

5-95 北侧墙体砌筑

5-96 北侧灌浆

5-97 下竹筋

5-98 墙芯夯土

5-99 北侧完成后整体效果

5-100 清理顶部杂草、树木

5-101 顶部防渗层夯土

5-102 顶部防渗层夯土

5-103 顶部北侧效果

5-104 南侧顶部效果

5-105 顶部整体效果

8. 马面

马面指的是古代城墙的马面，在中国冷兵器的古代，它提供了以最经济、合理的方法来使用兵力和兵器的可能性。从明代开始，随着殖民主义者从海上入侵，海防筑城得到蓬勃发展，这种海防筑城体系至清末随着火炮的发展而逐渐演化为炮台要塞。城墙慢慢失去了往日的作用，逐渐淡出了防御系统，日益被人们毁弃。现在全国范围内保存较完整的古城墙已屈指可数。

为了加强城门的防御能力，城墙每隔一定的距离就突出矩形墩台，以利防守者从侧面攻击来袭敌人，这种被称为敌台的城防设施，俗称为“马面”。

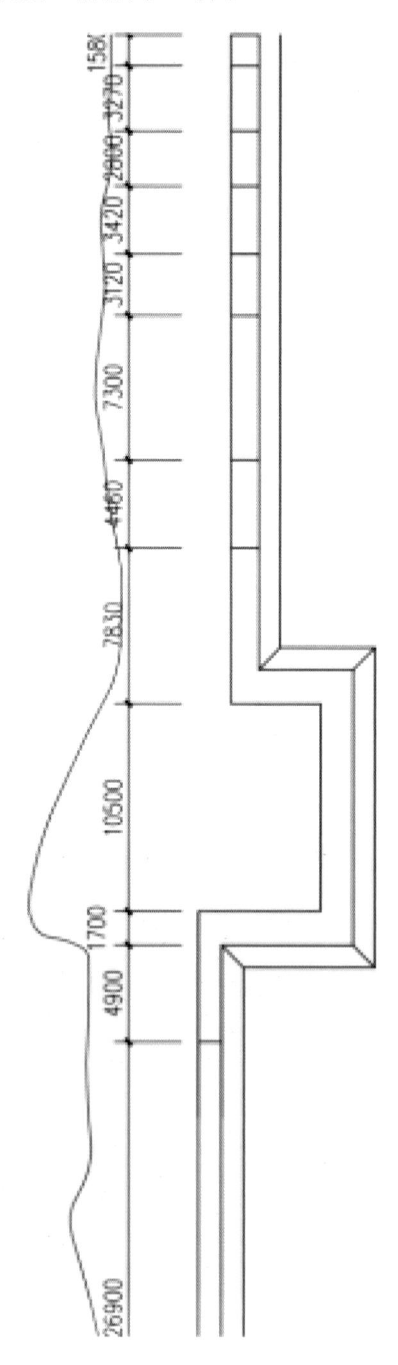

5-106 南一马面平面图

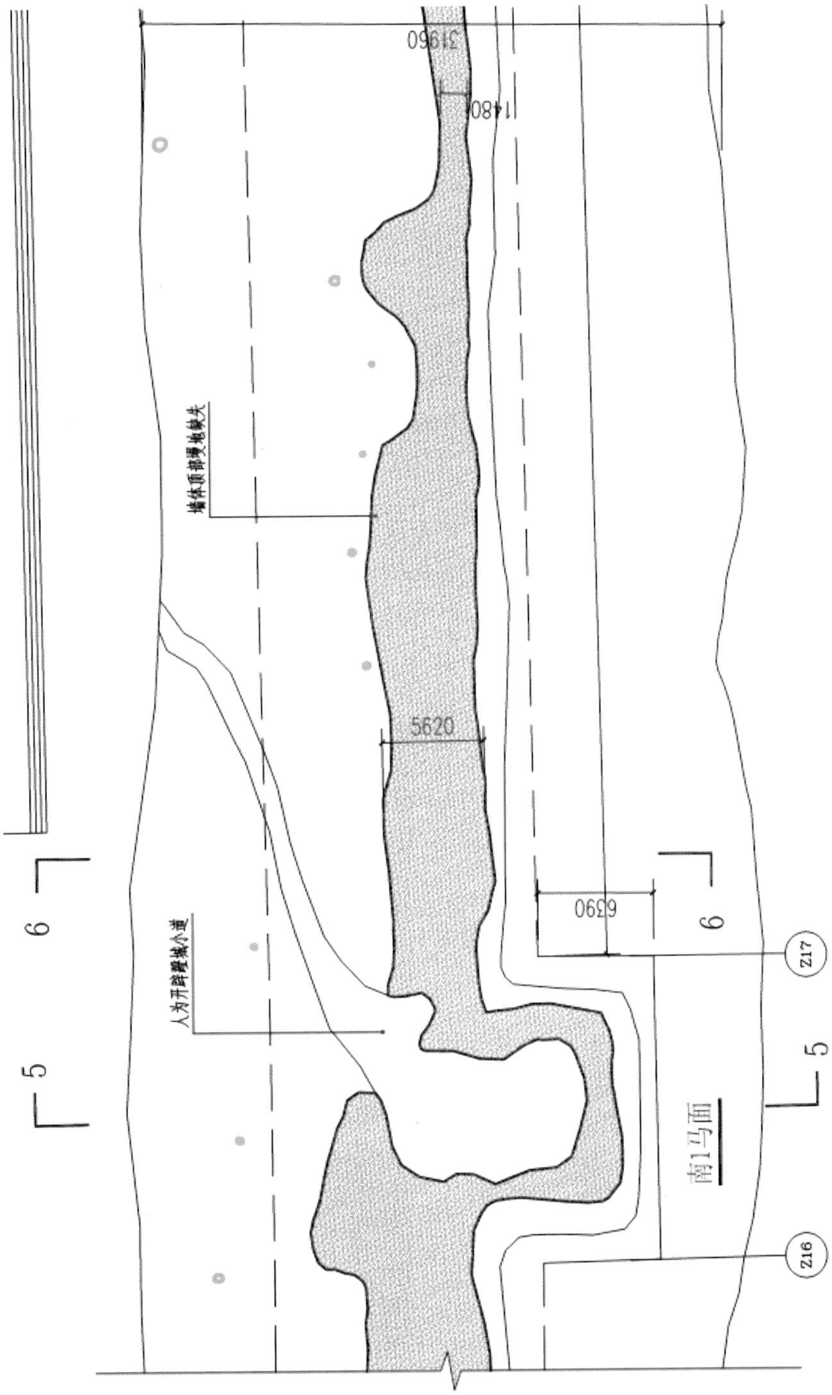

5
6
人为开辟蹬城小道
墙体顶部墁地缺失
5620
31960
1480
6390
南1马面
6
Z16
5
Z17

5-107 南一马面实测图

南侧施工工序

5-108 南一马面修缮前

5-109 人工清理淤土、杂草

5-110 清理旧墙体

5-111 旧墙体剔补

5-112 墙体补砌、剔补

5-113 墙体砌筑

5-114 修补孔洞

5-115 施工放线、墙体砌筑

5-116 墙心灰土夯实

5-117 垛口墙拔檐、放线

5-118 垛口墙砌筑

5-119 顶部防渗层夯土

5-120 护台基础开槽

5-121 基础夯实

5-122 马面顶部效果

5-123 马面南侧墙体完成后效果

北侧施工工序

5-124 清理淤土，保留完好夯土墙芯

5-125 夯土支模

5-126 边角处人工夯实

5-127 外包灰土夯实，修理新旧土交接处

5-128 水槽制安

5-129 夯土拆模

5-130 水槽安装完成

5-131 夯土完成，新旧交接处自然

9. 扶壁水道

在北侧施工过程中，发现扶壁水道。

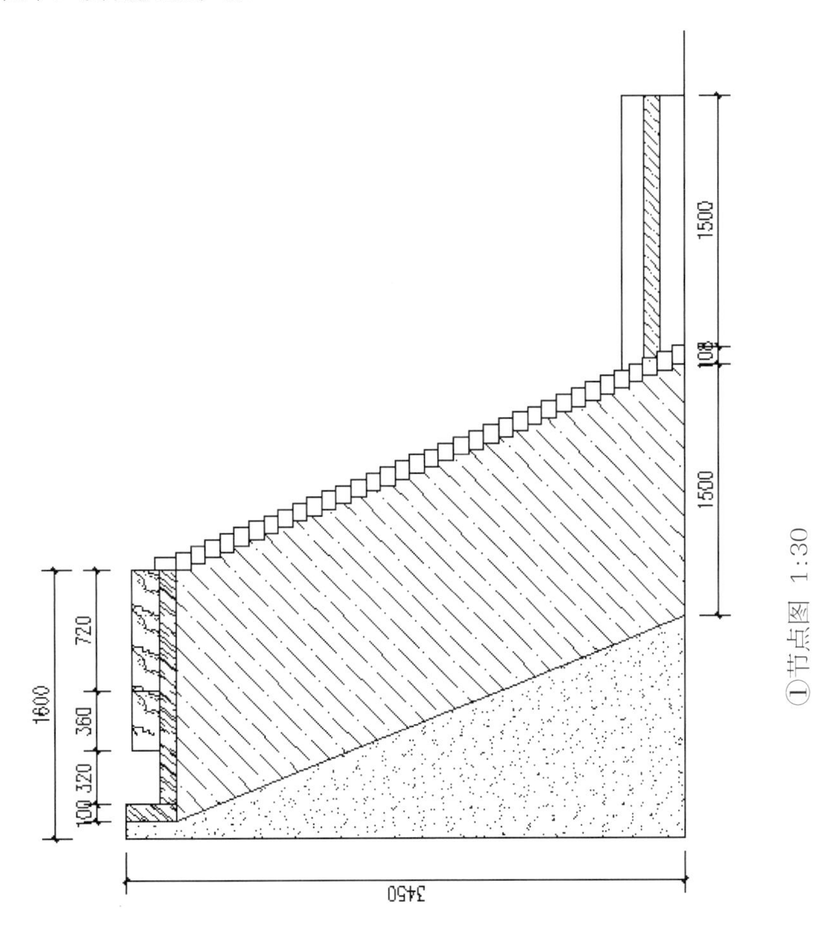

①节点图 1:30

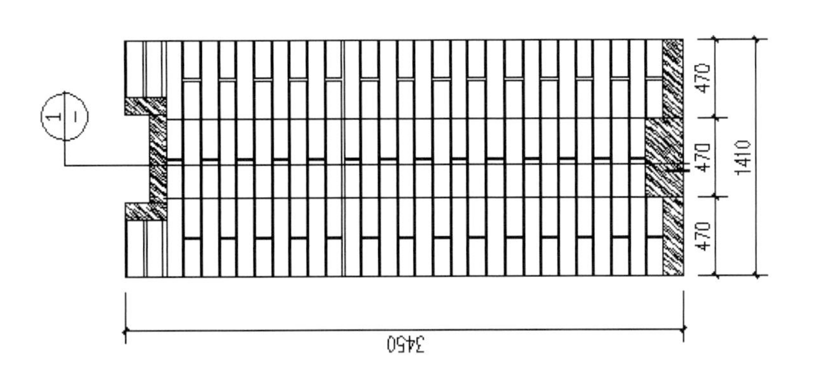

水道2立面图 1:30

5-132 北侧杂草丛生、建筑垃圾堆积

5-133 清理淤土、杂草，发现扶壁水道

5-134 发现残存扶壁水道

5-135 清理挖掘

5-136 墙体剔补

5-137 放线

5-138 墙体补砌

5-139 剔补

5-140 扶壁水道修补完成

5-141 扶壁水道侧立面修补

5-142 水簸箕制安

5-143 水簸箕制安

10. 三七灰土防渗层

城墙顶部为了防止雨水的侵蚀，对墙芯及外包砖砌体造成冻融产生病害，按设计要求增加三七灰土防渗层。分层夯实，每步虚铺200，每层应一次夯成，尽量不留接槎，须留槎时每步不小于0.5米～1米的斜槎，压实系数不得小于0.93MPa。

5-144 三七灰土防渗层虚铺

5-145 三七灰土防渗层夯实

5-146 三七灰土防渗层完成后效果

主要施工内容及前后照片对比

1.1 号马面：现状整修、局部复原

（1）对基础进行清理，清理了两侧植被。

（2）治理了滑塌、裂缝的墙芯，补夯墙芯灰土。

（3）补砌了马面缺失的外包城砖，恢复了垛口墙，恢复了地面夯土垫，完善了顶面排水系统，增设了马面周围散水护台。

5-147 1 号马面南侧施工前

5-148 1 号马面南侧施工后

5-149 1 号马面北侧施工前

5-150 1 号马面北侧施工后

2.Z17-Z18轴之间墙体：现状整修，局部复原。

（1）南侧：清理基础及植被树木，对缺失的条石进行补配，补砌了缺失的外包城砖，恢复了垛口墙、拔檐砖。

（2）北侧：治理了滑塌的夯土墙，补砌筑了内测清理出土的扶壁水道，完善了顶面排水系统。

5-151 Z17-Z18轴之间北侧墙体施工前

5-152 Z17-Z18轴之间北侧墙体施工后

5-153 Z17-Z18 轴之间南侧墙体施工前

5-154 Z17-Z18 轴之间南侧墙体施工后

3. 南 2 号马面：局部复原。

（1）对基础进行清理，清理了两侧植被。

（2）治理了滑塌，裂缝的墙芯，补夯墙芯灰土。

（3）补砌筑了马面缺失的外包城砖，恢复了垛口墙，恢复了地面夯土垫层，完善了顶面排水系统，增设了马面周围散水护台。

5-155 南 2 马面施工前

5-156 南 2 马面施工后

4. Z19 ～ Z20 轴之间墙体：现状整修、局部复原。

（1）南侧：清理基础及植被树木，对缺失的条石进行补配，补砌了缺失的外包城砖，恢复了垛口墙、拔檐砖。

（2）北侧：治理了滑塌的夯土墙，补砌筑了内侧清理出土的扶壁水道，完善了顶面排水系统。

5-157 Z19-Z20 轴之间南侧墙体施工前

5-158 Z19-Z20 轴之间南侧墙体施工后

5-159 Z19-Z20 轴之间北侧墙体施工前

5-160 Z19-Z20 轴之间北侧墙体施工后

5. 马道：现状整修，局部复原。

对原有植被进行清理，发现马道痕迹，经过四方共同洽商，增设了马道。

5-161 马道施工前

5-162 马道施工后

6. 扶臂水道：现状整修，局部复原。

植被清理，对酥碱的城砖进行剔除补配，补夯轴两侧夯土。

5-163 扶臂水道及水簸箕施工前

5-164 扶臂水道及水簸箕施工后

7. Z15 ～ Z16 轴之间墙体：现状整修，局部复。。

（1）南侧：清理基础及植被树木，对缺失的条石进行补配，补砌了缺失的外包城砖，恢复了垛口墙、拔檐砖。

（2）北侧：治理了滑塌的夯土墙，补砌筑了内侧清理出土的扶壁水道，完善了顶面排水系统。

5-165 Z15-Z16 轴之间南侧墙体施工前

5-166 Z15-Z16 轴之间南侧墙体施工后

5-167 Z15-Z16 轴之间北侧墙体施工前

5-168 Z15-Z16 轴之间北侧墙体施工后

8. 西南角台：现状整修，局部复原。

（1）对基础进行清理，条石进行归位，对北侧植被进行清理。

（2）治理了裂缝的墙芯，补筑了墙芯夯土，补砌了角台内外缺失的外包城砖，恢复了垛口墙及周围夯土垫层，完善了顶面排水系统。

5–169 西南角台南侧施工前

5–170 西南角台南侧施工后

5-171 西南角台北侧施工前

5-172 西南角台北侧施工后

5-173 西南角台顶部施工前

5-174 西南角台顶部施工后

文物保护措施

在修缮施工过程中，采取了多种方式来保证文物本体的安全：

1. 对城墙外侧现存条石基进行考察过程中，为保护现存的条石基不遭到破坏，人工进行清理，清理出的条石深度以露出最上两层条石基础为止。清理完成后，用棉被进行苫盖，并设立禁止车辆、机械设备通行的标识。

2. 在处理老墙芯上生长的植物根系过程中，采用人工砍伐，为保护墙安全，需将余下的树根杀死，不再继续生长。我们采取以下两种方法处理剩余树根：

(1) 在留下的树根砍伐端钻眼，向钻孔中灌饱和盐水，然后在其顶部放工业盐或食用盐 500 克，用塑料袋包住柱头，一定保证包裹质量。此种方法在砍伐后马上进行，方能收到良好的效果。

(2) 在树根砍伐端钻眼，钻眼内部注入强酸，并将注酸孔封堵好，防治酸液伤及人员。

3. 对城墙基址清理和勘探应以小型机械为主，人工辅助进行。发现遗迹时立即停止施工，在技术人员的指导下进行清理。清理过程中，注重对城墙遗存和历史信息的保护。遇到设计与遗址现状不符时，及时联系设计单位和文物主管部门进行现场确认，便于及时调整施工方案。

4. 清理残存老墙芯滑塌土、松散土，坚持“最小干预”原则，尽量减小对现状造成的伤害。

5. 对墙砖剔补时，做到随剔随补。对因故暂时不能补而形成的悬空墙砖，用城砖临时支顶。

6. 对出土的文物，人工、机械结合运输至指定地点，进行拍照、覆盖。运输过程中使用棉、绑带、撬棍，避免机械直接接触，造成划伤。

7. 项目经理部明确各个岗位的职责和权限，建立并保持一套工作程序，对所有参与工作的人员进行相应的培训。

8. 工地设专门文保员，建立以项目经理为首的文物保护小组。会同业主、监理和文物部门对文物进行定期检查、确认，并做记录。负责现场的日常文物保护管理工作，并且有完备的文字记录，记录当日工作情况、发现的问题及处理结果等。

9. 开工前会同文物部门划定保护范围，划定重点保护区和一般保护区，对所有参建成员工进行交底。

10. 在工地显著位置安置好文物部门设立的标志，标志中说明文物性质，重要性，保护范围，保护措施，以及保护人员姓名。

11. 建立文物保护科学的记录档案

文字资料：做好对现状的精确描述，对保护情况和发生的问题做好详细的记录。

测绘图纸：做好对文物现状的测绘，地理位置，平面图，保护范围图等各部位的尺寸关系。

照片：包括文物的全景照片，各部位特写，需要重点保护部位的照片。

12. 保护措施上报审批制度。每个具体的文物保护措施在得到文物部门和建设方的批准后再施工。

13. 每周召开一次施工现场文物保护专题会，根据前一周的文物保护情况及施工部位、特点布置下一周的文物工作要点。

14. 文保员每日对现场进行巡回检查，并向项目经理汇报检查结果。

15. 所有施工人员签订《施工文物保护协议书》建立奖罚制度。对不遵守文物保护规定，私闯遗址、破坏文物、破坏植被树木的进行处以 50 ～ 100 元罚款，并停工再次接受教育培训，情节严重的处以更高的罚款，直至除名。对保护文物有突出表现的适当给予奖励。

16. 进场后立即会同甲方和文物部门，共同核查施工区及附近的树木、遗址、古建筑、纪念物、道路、草坪，明确保护项目范围，由文保员做好记录，开工前按遗址文物进行拍照、编号、测绘。做好标识和交底，分别制定保护措施。

17. 对所有进场职工进行文物意识的教育和培训考核，使每位职工弄清文物的文物价值和保护方法。

18. 做好全封闭硬质围挡，不得随意进出施工现场，现场施工人员未经项目经理允许不得进入文物保护区。也不得随意越出指定的施工现场区域。

19. 其他部位的保护

（1）修缮前，对原有建筑采取必要的保护措施，如支搭防护棚，对棱角部位和易受损坏的部位、构件等加设防护装置，如加护板或加护壁。

（2）进入施工现场后，对现场内保留的构件等，用木板做可靠的防护；架子立杆下垫板进行防护，确保文物建筑、设施的现状不受损。

20. 交工前成品保护措施

（1）为确保工程质量美观，达到用户满意，项目施工管理班子及时在装饰安装分区或分层完成成活后，专门组织人员负责成品质量保护，值班巡查进行成品保护工作。

（2）成品保护值班人员，按项目领导指定的保护区范围进行值班保护工作。

（3）对于原材料、制成品、工序产品，最终产品的特殊保护方法及时由方案编制者在施工方案中予以明确。

（4）当修改成品保护措施，或成品保护不当需整改时，由专人制定作业指导书交成品保护负责人执行。

附录

一、名词解释

马　面：为了加强城门的防御能力，城墙每隔一定的距离就有突出的矩形墩台，以利防守者从侧面攻击来袭敌人，这种称为敌台的城防设施，俗称为“马面”。

马　道：指建于城台内侧的漫坡道，一般为左右对称。坡道表面为陡砖砌法，利用砖的棱面形成涩脚，俗称 " 礓 "，便于马匹、车辆上下。

角　台：城墙四隅转角处有凸出墙体的实心台。

垛口墙：指城墙顶部外侧连续凹凸的齿形小墙的凹口。

宇　墙：也作“女儿墙”，指城墙顶上的矮墙，一般建于城墙墙顶的里侧，起护栏作用。

敌　台：城墙上用于防御敌人的楼台，为空心楼，亦称墩台、墙台、马面，为城墙向外凸出墙体部分用以三面防敌的建筑，是在城墙全线防御的基础上构筑的重点防御设施。

望　孔：顾名思义，望孔是为军事目的的瞭望而设置的。长城的敌台、墙体由于相对偏狭，地势局促，所以必须在适当的地方开孔以利瞭望，这是它的主要功用。其次，有的望孔也兼有向外施展武器、发射弓弩火炮等的作用，这样的望孔也可以叫作射孔。

拱券石：拱券石位于敌台的券门上，或是一整块半圆形的石材，或是由两三块石材组合而成。

吐水嘴：形制一头大，一头小，大的一头置于长城或敌台的内侧，小的一层挑出墙外。

垛口石：安装在垛口墙上。两侧的三角形与垛口砖相契合，对于中央圆孔的功能有很多推测，比如架设火铳、安装盾牌、插放旗帜……至今未有定论。

二、施工材料

生石灰块：泼洒水后过筛使用，制作各种灰料的原材料

城砖：用于城墙宇墙、垛口墙的砌筑

尺二方砖：用于敌楼室内及城墙台面墁地

黄土：过筛后使用，用于灰土制作原材料

石材：用于城墙下部基础的条石

三、施工工具

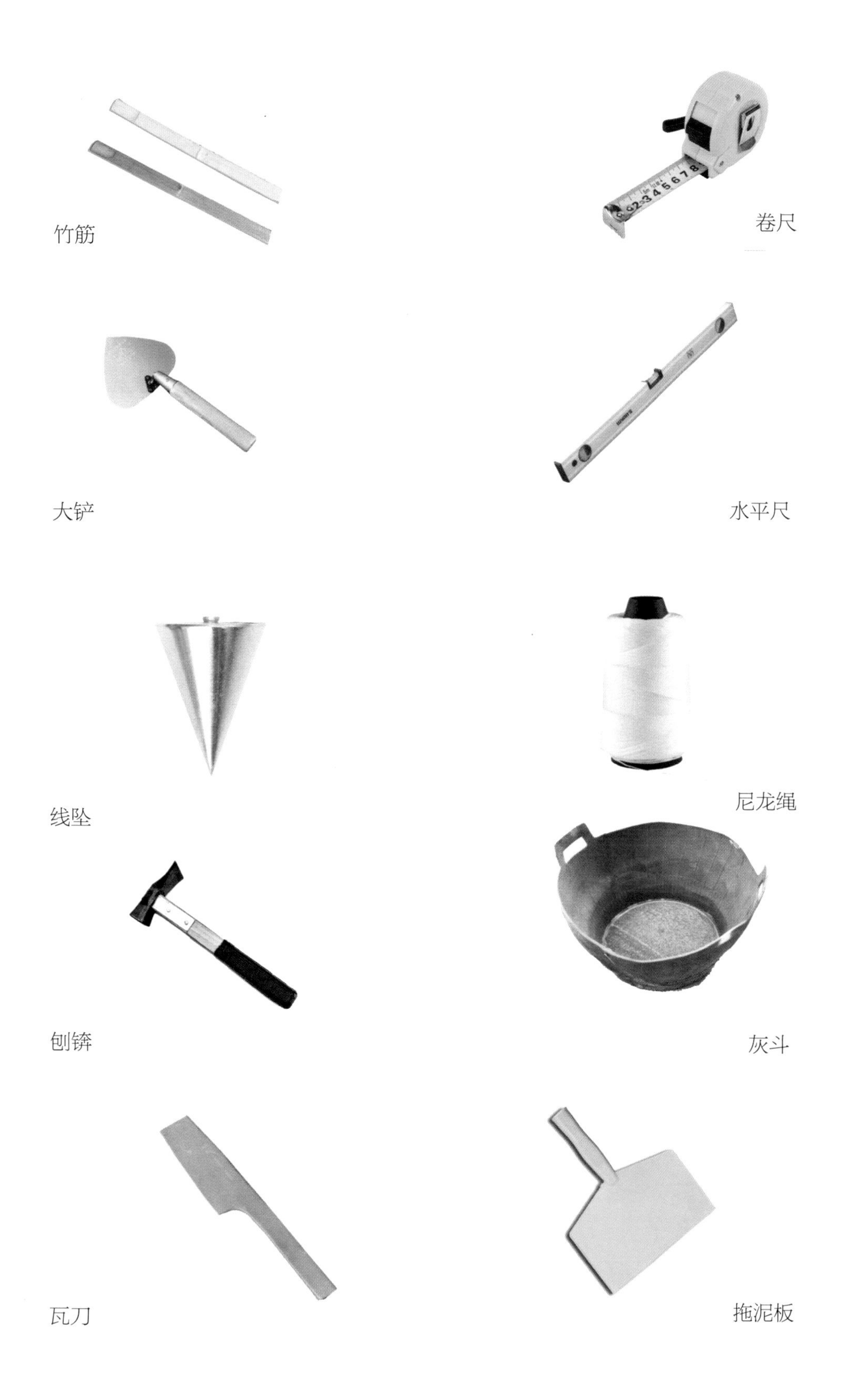

竹筋　卷尺

大铲　水平尺

线坠　尼龙绳

刨锛　灰斗

瓦刀　拖泥板

华文·敬业·同心

后　记

古建修缮，是中华传统文化重要组成部分。华文公司以投身此项事业为荣，继承传统文化，继承传统工艺，以此践行在保护和修复工程的各项工作中。我们记录古建修缮的施工现场，以求资料之保存，以求同行之指正，以求各界方家之研判。

感谢北京市园林古建工程有限公司，它是华文公司的坚强后盾和技术领路者！感谢北京国文琰文物保护发展有限公司，它是华文公司重要的指导者！感谢北京擎屹古建筑有限公司，它是华文公司坚实的合作伙伴！感谢北京房地集团！感谢中国文化遗产研究院！感谢所有支持帮助我们的广大同仁。

此书在编辑过程中，我们参考了部分勘察报告和设计方案，加入了部分现场施工报告，辅以大量现场施工照片，尽力图文互现、真实记录。公司若干参与人员都付出极大心血。在此，对于参与的施工人员和编辑人员，致以真诚谢意！

编辑过程中，我们还参考了其他同行的图文资料，在此一并致谢。其中若有冒犯，实属无意，我们先行道歉，并随时回复。

张爱民

2022 年 5 月